Amelie Funcke, Gabriele Braemer

Ein Herz fürs Team

Methodensammlung für Teamworkshops und Teamentwicklungen

managerSeminare Verlags GmbH, Edition Training aktuell

Amelie Funcke, Gabriele Braemer
Ein Herz fürs Team
Methodensammlung für Teamworkshops und Teamentwicklungen

4. überarb. Aufl. 2024
Endenicher Str. 41, D-53115 Bonn
Tel.: 0228-977910
info@managerseminare.de
www.managerseminare.de

Printed in Germany

ISBN: 978-3-95891-049-2

Herausgeber der Edition Training aktuell:
Ralf Muskatewitz, Jürgen Graf, Nicole Bußmann

Lektorat: Ralf Muskatewitz
Cover: fotolia, shchus
Druck: Memminger MedienCentrum, Memmingen

Der Inhalt des Buchs wurde gedruckt auf Circle Silk Premium White. Das Papier erfüllt die Auflagen der Umweltzeichen „Blauer Engel (RAL-UZ 72)" und „EU-Umweltzeichen (ECO-Label)". Die mit dem Druck verbundenen CO_2-Emissionen werden vom Verlag kompensiert und fließen in unterschiedliche Aufforstungsprojekte zum Klimaschutz. Nähere Informationen finden Sie unter: www.managerseminare.de/verlag/umwelt

5. Themen bearbeiten 187

5.1 Stärken und Ressourcen ermitteln 189
Here comes the Sun 191
Sternstunde 194
Investigatives Talent-Interview 196
Teampuzzle 198
Team beschreiben mit Riemann-Thomann 201

5.2 Werte ergründen 205
Teamwerte 207
Wertstoffbohrung 211
Werte schätzen 214
Wertvolle Kollegen 216

5.3 Mit Stress umgehen 221
SORK-los 223
Sportprogramm fürs Team 226
Belief durchdenken 229
Immer Stress mit dem Druck 232

5.4 Kulturen thematisieren 240
Geheimer Vorbereitungsauftrag 242
Inseln im Strom 245
Die Albatros-Kultur 249
Die Chinesen sind 253

5.5 Probleme bearbeiten 257
Lösungen finden mit System 259
Systemisch konsensieren 261
Symbolisches Theater 264
Osborn-Checkliste 267
Forumtheater 270
Kollegiale Fallberatung 274

6. Transfer anstoßen 279

Ich rette dich 282
Training für danach 284
10 Erbsen 287
With a little Help from a Friend 289
Danach gefragt 291

7. Bestärkend abschließen 295

Komplimente-Quickie 297
Kopfstand 299
Freewriting 302
Ein Herz fürs Team 306

Stichwortverzeichnis 309

menspezifisches Vorgehen zu entwerfen. Es lohnt sich, genau hinzuhören, denn – so unsere Erfahrung – Berater und Moderatoren (wie auch Coachs) werden manchmal aus anderen als den zunächst kommunizierten Gründen engagiert, beispielsweise als verlängerter Arm der Personalentwicklung oder der Führungskräfte.

Mit einer beratenden Haltung, also durch Beobachtung, geeignete Fragen, Spiegelung, Klärung, lassen sich die eigentlichen (wahren) Hintergründe einer Anfrage leichter aufdecken.

Das bedeutet, Auftragsklärungen sind immer im Zusammenhang zu sehen mit dem Unternehmen, dem Auftraggeber, der Organisation und seinen Mitgliedern. Die Einschätzungen und Sichtweisen des Auftraggebers sind also nur eine Seite der Medaille.

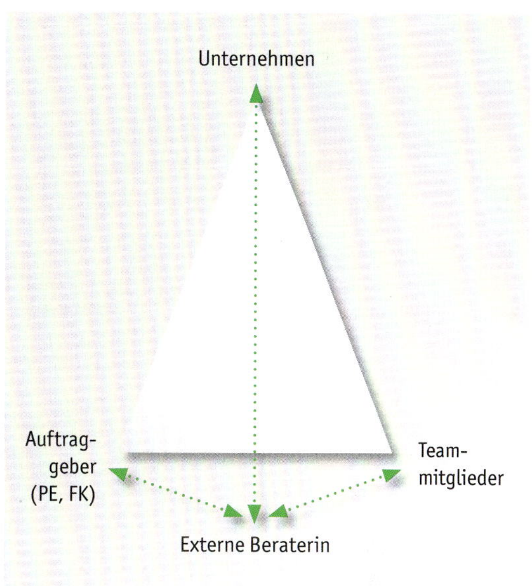

Um eine Gesamtübersicht über die relevanten Themen zu erhalten, führen wir, wenn möglich, vertiefende Einzelinterviews mit der Zielgruppe durch, also mit den (oder einer Auswahl von) Teammitgliedern. Im Idealfall finden diese Face to Face statt; was allerdings nicht immer möglich ist. Manchmal lassen sich Einzelbefragungen auch per Telefon oder Videoschaltung durchführen. Wenn es auch nicht ideal ist, so lohnt es sich dennoch, denn die Ergebnisse liefern in der Regel weitere und erhellende Informationen, die Ihnen die anschließende Konzeptionsarbeit erleichtern.

Was will ich wissen?

Für den Auftrag brauchen Sie Klarheit über:

- Den Zweck/Auftrag des Teams
- Die Ziele des Teams sowie der Teamleitung
- Den Beitrag (Stärken) des gesamten Teams und ggf. des Einzelnen
- Die Beziehungen der Teammitglieder untereinander (Vertrauen, Rollen etc.)
- (Schnittstellenübergreifende) Prozesse
- Die Führung des Teams

Das Akronym LEITER + O unterstützt Sie dabei. Beispiele für mögliche Fragen:

1. Leiden (Was? Was noch?)
Zweck: Thema, Anlass für die Teamentwicklung sowie Symptome klären

- Worum geht es (Ihnen)? Aus welchem Grund benötigen Sie eine Teamentwicklung jetzt?
- Wie äußert sich das?
- Wer sieht die Notwendigkeit? Wer noch? Wer gar nicht? Aus welchem Grund?

2. Entwicklung (Woher? Ursache?)
Zweck: Ursachen, Hintergründe herausfiltern und Ableitungen treffen

- Wann hat das angefangen? Worauf führen Sie das zurück?
- Welche Erklärungen haben andere für die Situation? Ihre Kollegen? Das Team? Der Vorgesetzte? Andere?
- Ist es immer so oder gibt es auch Ausnahmen? Welche? Wann?
- Was war der Auslöser für Ihre Idee, dass eine Teamentwicklung hier sinnvoll sein kann?

3. Identifizierte Personen (Wer?)
Zweck: Zielgruppe, deren Rolle, Funktion, Bedeutung im Umfeld sowie Bekanntheitsgrad der (Team-)Aufgaben und Ziele klären

- Wen betrifft es? Für wen ist die Maßnahme vorgesehen?
- Wie lautet der Auftrag an Ihr Team? Wie lautet der Auftrag an Sie?
- Wie lange arbeitet das Team schon zusammen?
- Mit welchen anderen Abteilungen/Bereichen/Kollegen/Vorgesetzten arbeiten die Teammitglieder noch zusammen?
- Wie würden Sie die Zusammenarbeit beschreiben (Atmosphäre, Ergebnisse, Beziehungen, Kommunikation, Konflikte etc.)? Wie erklären Sie sich das?

4. Target (Wohin?)
Zweck: Gewünschte Ergebnisse und Erkennungsmerkmale klären

- Was soll sich Ihrer Meinung nach ändern; nach der Teamentwicklung anders sein?
- Wann hat sich die Maßnahme gelohnt? Für Sie? Das Team? Die Organisation? Andere?
- Woran werden Sie es merken? Woran noch?
- Woran merken es andere (Mitarbeiter, Kollegen, Schnittstellenpartner, Vorgesetzte, Kunden), dass sich etwas verändert hat?

5. Effekte (Wozu?)
Zweck: Aus- und Wechselwirkungen der Maßnahme, langfristige Konsequenzen bei Zielerreichung ermitteln

- Was wird anders sein, wenn die Teamentwicklung erfolgreich verläuft?
- Angenommen, Sie würden nichts unternehmen: Wo sehen Sie sich/Ihr Team dann in drei Monaten, in sechs, in einem Jahr? Was steht auf dem Spiel, wenn sich nichts ändert?
- Was ist gut an der Situation, so wie sie jetzt ist? Was sollte sich auf keinen Fall ändern?

6. Ressourcen (Womit?)
Zweck: Mögliche Hilfsmittel ausloten, die zur Zielerreichung dienen (Vorerfahrungen, Fähigkeiten, Kenntnisse, Einstellungen, Zeit etc.)

- Was haben Sie schon unternommen, um weiterzukommen? Mit welchem Ergebnis?
- Was müsste aus Ihrer Sicht noch geschehen, damit der Ideal-Zustand Realität wird?
- Wie kann Ihnen diese Teamentwicklung dabei helfen? Was erwarten Sie/wünschen Sie sich inhaltlich?
- Was könnten Sie tun, um das, was in dieser Teamentwicklung gelingt, schnell wieder zunichte zu machen? (Überraschende Fragen können dazu beitragen, die Aufmerksamkeit des Auftraggebers zu erhöhen und ungewohnte Blickwinkel zu schaffen.)
- Wie viel Zeit, Bereitschaft zur Veränderung sind vorhanden?

7. Organisatorische Rahmenbedingungen (Wie?)
Zweck: Den organisatorischen und zeitlichen Rahmen sowie Bedingungen für die Maßnahme klären, z.B.:

- Info der Teammitglieder über die Veranstaltung (wie, durch wen, welche Infos?)

- Zeitraum und Dauer der Maßnahme
- Mögliche Restriktionen (Freiwilligkeit, Teilnahme des Teamleiters gewünscht, sinnvoll etc.)?
- Mein interner Ansprechpartner für die Organisation der Maßnahme?
- Veranstaltungsort (Inhouse? Außerhalb? Umkreis? Mit Übernachtung?)
- Momentane Stimmung? Zu erwartende Schwierigkeiten?
- Anforderungen an das Hotel? Als Auftraggeber? Als Moderator? (Raumgröße, Gruppenräume, Außenbereich für Teamübungen o.Ä.)
- Gruppengröße pro Veranstaltung (Minimum, Maximum)? Möglicher, erforderlicher Einsatz eines zweiten Moderators (Kosten)?
- Dokumentation der Ergebnisse: Fotoprotokoll, Handouts ...?
- Gewünschte bzw. mögliche Vor- und Nachbereitungsmaßnahmen?
- Budgetrahmen für die Gesamtmaßnahme?
- Vertragliche Rahmenbedingungen für mich als Moderator?
- Weitere wichtige Infos an mich als Beraterin/Teamcoach bzw. Erwartungen)?
- Mögliche Tabu-Themen (No Gos, verbrannte Begriffe ...)?

Tipps aus der Praxis

Fokussieren Sie die Aufmerksamkeit aller Beteiligten

Ihre Beobachtungsfähigkeit bzw. Ihr aufmerksames Ohr sind in der Auftragsklärung die stärksten Instrumente, um zum Kern des Anliegens vorzudringen. Konzentrieren Sie sich und alle Befragten immer wieder auf das, was bei der Flut an Daten und Informationen die relevanten sind: Was ist wichtig? Was können Sie ungestraft weglassen?

Seien Sie der Anwalt der Ambivalenz (es gibt nicht DIE Wahrheit)

In Systemen haben Sie es immer mit unterschiedlichen und teilweise widersprüchlichen Wahrnehmungen, Beschreibungen und Erklärungen für eine Situation zu tun. In der Auftragsklärung ist es daher Ihre Aufgabe, den Kunden dabei zu unterstützen, dass er die Kernthemen herausfiltert, um die es im Workshop gehen soll. Nehmen Sie daher eine ambivalente Haltung ein (einerseits – andererseits, ja ... aber ...), um zu verdeutlichen, dass verschiedene Betrachtungsweisen denkbar sind.

Beispiele:
Auftraggeber: *„In den letzten Monaten konnten wir mit dieser Abteilung unser ... um ... steigern."*

Beraterin: *„Das heißt, mit dieser Strategie waren Sie bisher sehr erfolgreich. Andererseits – was ist der Preis, den Sie dafür zahlen?"*

Oder:
Auftraggeber: *„Seit wir von Einzel- in Großraumbüros umgezogen sind, gibt es Spannungen und Probleme in der Absprache untereinander."*
Beraterin: *„Das heißt, das Klima untereinander ist angespannt. Wie sehen es denn die Teammitglieder selbst? Wie sieht es Ihr Chef/die Nachbarabteilung?"*

Seien Sie hartnäckig, wenn es ans Konkretisieren geht

Beispiele:
Auftraggeber: *„Meine Leute müssen mal motiviert werden ..."*
Beraterin: *„Das heißt, sie sind es jetzt nicht? Was genau wäre nach einer Maßnahme anders?"*

Auftraggeber: *„Wenn wir nichts unternehmen, werden wir Probleme kriegen."*
Beraterin: *„Was heißt das konkret? Was genau würde passieren?"*
Auftraggeber: *„Kann ich so aus dem Stand nicht sagen."*
Beraterin: *„Spekulieren Sie mal."*

Vorsicht Falle!

Nur was ergebnisoffen ist, kann moderiert werden

Wenn der Auftraggeber im Klärungsgespräch schon eine konkrete Vorstellung formuliert, welche Lösung beim Workshop herauskommen und auf jeden Fall umgesetzt werden soll (*„Mir ist wichtig, meine Leute zu beteiligen. Es muss jedoch auf jeden Fall auf Lösung XY hinauslaufen. Meine Mitarbeiter sollen aber selbst darauf kommen"*), ist Vorsicht geboten.

Hier empfehlen wir, sehr sorgfältig nachzuhaken und mit dem Auftraggeber zu klären:

- Was ist gesetzt? Und was sind die unumstößlichen Rahmenbedingungen?
- Was ist ergebnisoffen?

Über den Rahmen und die „gesetzten" Vorgaben muss die Führungskraft ihre Mitarbeiter informieren. Alles andere ist Murks. Wenn Sie versuchen, zum gewünschten inhaltlichen Ergebnis hinzumoderieren – sozusagen von hinten durch die Brust ins Auge – verlieren Sie Ihre Neutralität und die Glaubwürdigkeit in Ihrer Rolle ...

Der Workshop beginnt: Ein Plädoyer für die Rollenklärung

Nicht immer ist allen klar, was moderieren bedeutet

Man könnte meinen, dass alles sonnenklar ist, wenn ein Team ausdrücklich zu einem „moderierten Workshop" eingeladen worden ist. Vielleicht sind Sie sogar in der Einladung mit Ihrer Rolle als Moderatorin schon namentlich erwähnt und vorgestellt. Gehen Sie trotzdem lieber nicht davon aus, dass alle Anwesenden im Bilde sind, in welcher Veranstaltung sie sitzen und was „moderieren" bedeutet.

Ein Beispiel aus der Erfahrung, schon häufiger so erlebt: Ein Team kommt zu einem Workshop zusammen, in dem es darum geht, die Arbeitsabläufe zu analysieren und zu verbessern. Trotz recht eindeutiger Vorinformation glauben einige Teilnehmer, dass Sie als Expertin geladen sind, um dem Team zu sagen wie's richtig geht. (Entsprechend ist die Laune dieser Teilnehmer.)

Manchmal versucht auch die Teamleitung – vielleicht aus Unkenntnis, vielleicht aus dem Wunsch heraus, sich zu entlasten, einen Teil ihrer Führungsaufgaben auf die Moderatorin zu übertragen. Das kann ganz offen (und schon im Vorgespräch) geschehen („*Sagen Sie doch bitte meinen Leuten …*") oder auch „undercover". Auf jeden Fall ist es gut, darauf nicht einzugehen, sondern freundlich, klar und konsequent in der Rolle der Moderation zu bleiben.

Was ist wessen Job?

Grundsätzlich ist das Team (einschließlich anwesende Führung) verantwortlich für die Inhalte des Workshops – und damit für die Erarbeitung der Ergebnisse und deren Qualität.

Moderatoren dagegen sind zuständig für die methodische Unterstützung des Arbeitsprozesses, die Steuerung des Geschehens und die Prozessbegleitung.

Sie haben dafür Sorge zu tragen, dass

- ziel- und ergebnisorientiert,
- methodisch sinnvoll und abwechslungsreich,
- dabei zeiteffizient
- und in einem respektvollen Klima

miteinander gearbeitet werden kann.

Zwei entscheidende Grundhaltungen sind die Säulen, auf der diese Arbeit funktioniert:

- Inhaltliche Unparteilichkeit
- Personenbezogene Neutralität

Die Rolle schützt in heiklen Situationen

Es kommt vor, dass gegenüber dem Workshop kritisch eingestellte Teilnehmer Ihnen schon zu Beginn die Grundsatzfrage stellen: „Was soll das Ganze hier eigentlich?“

Überzeugungsarbeit für den Sinn des Workshops ist Sache der Führungskraft!

Wenn Sie nun versuchen, diese Person von der guten Sache zu überzeugen (*„Das ist doch Ihre Chance, nutzen Sie die doch ...“*), haben Sie sofort „verloren“ und bringen sich evtl. selbst unnötig in Schwierigkeiten.

Sie sind als Moderatorin NICHT dafür verantwortlich, die Teilnehmer vom Sinn des Workshops zu überzeugen und zur Teilnahme zu motivieren. Das ist der Job der Führungskraft bzw. des Auftraggebers.

Ist die Teamleitung also im Raum, leiten Sie über, denn es ist seine Sache, dazu kurz Stellung zu nehmen. Wenn nicht, antworten Sie aus Ihrer Funktion heraus: *„Okay, Sie äußern Zweifel am Sinn des Workshops - ich erzähle dann kurz, was ich über die Ziele des Workshops weiß und wie es kommt, dass ich hier stehe (...) - und nun bin ich hier und habe den Auftrag, zu moderieren.“*

Durch das Sprechen aus der Funktion bzw. aus der Rolle heraus („Mein Auftrag ist ..., zu meinen Aufgaben als Moderatorin gehört ...“) können Sie auch eine ganze Reihe anderer Situationen klären und das Geschehen besser steuern.

Sprechen Sie aus Ihrer Rolle heraus

Denn nicht weil es Ihr persönliches Steckenpferd ist, sondern weil es Ihre Rolle erfordert, achten Sie z.B. darauf, dass sich Einzelne nicht zu sehr ausbreiten, Redezeiten eingehalten werden, Wortbeiträge möglichst gut verteilt sind und Methoden eingesetzt werden, durch die ALLE aktiviert und angesprochen sind.

Auch als Autorinnen möchten wir Sie ALLE ansprechen

Deshalb zum Schluss ein Wort zur „gendergerechten“ Sprache:

Einerseits: Wir sind davon überzeugt, dass unsere Sprache unser Denken beeinflusst und damit auch das Bild, das im Kopf entsteht – generisch hin oder her. Wenn da steht „der Moderator“, dann stellt sich niemand eine Frau vor.

Andererseits: Weil wir aber auch Freude an einem schönen Sprachfluss haben, sind wir keine Freundinnen von Doppelnennungen („die Moderatorin oder der Moderator“) oder des großen „In“ (der/die ModeratorIn) oder des * oder was auch immer.

Deshalb formulieren wir in unseren Texten ganz munter mal mit der männlichen, mal mit der weiblichen Sprachform (alle anderen Geschlechter sehen wir inklusive ...).

Ein Dank an dieser Stelle an unseren Verlag managerSeminare, der dieses Vorgehen schon seit Jahren mitträgt.

Wir versuchen darüber hinaus, möglichst entspannt damit umzugehen und nicht päpstlich zu sein. Daran arbeiten wir aber noch ;-)

Viel Vergnügen bei der Lektüre!
Gabi Braemer und Amelie Funcke

Zwei Hinweise, bevor es losgeht

- Bei Zeitangaben und Empfehlungen zu Gruppengrößen handelt es sich stets um ungefähre Angaben, die häufig vom Kontext abhängen.

- Immer, wenn nebenstehendes Symbol auftaucht, finden Sie weitere Infos, Arbeitsblätter oder sonstige nützliche Hilfestellungen in den Download-Ressourcen. Diese digitalen Zusatzangebote gehören zum Buch. Als Leserin oder Leser können Sie sie kostenfrei abrufen, wenn Sie den Link in der inneren Umschlagklappe nutzen und sich auf den Seiten einmalig registrieren.

1.

Interessant beginnen

In jeder Veranstaltung stehen wir gleich zu Beginn und im Verlauf immer wieder neu vor der Aufgabe, die Menschen abzuholen, einzustimmen, zu öffnen – kurz: zu gewinnen – und zwar ...

- für die anderen in der Gruppe,
- für uns als Moderatorinnen,
- für das Thema und die Situation.

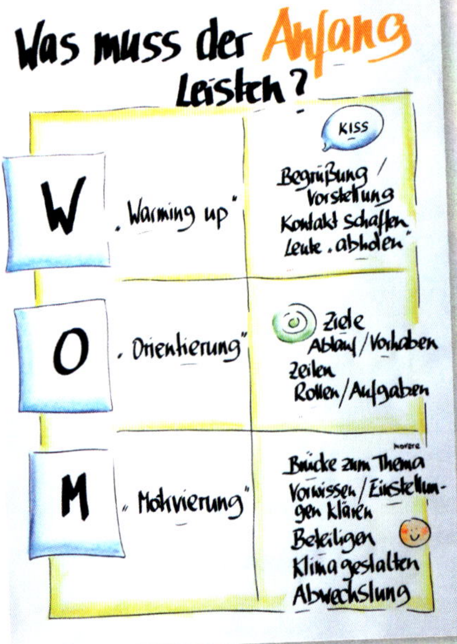

Für die anderen in der Gruppe

Wenn sich, wie es in den meisten Teamentwicklungen der Fall ist, die Menschen untereinander schon kennen, erübrigt sich die „normale" Vorstellungsrunde. Stattdessen haben wir die Chance, ein vertiefendes Kennenlernen zu initiieren und so direkt zu Beginn des Workshops (oder auch später) im Sinne einer konstruktiven Zusammenarbeit erneut Interesse füreinander zu wecken.

Für uns als Moderatorinnen

Eine von Offenheit geprägte Zusammenarbeit im Workshop kann nur gelingen, wenn die Teilnehmer uns als Moderatorin akzeptieren und annehmen. Dabei ist es wichtig, dass wir als kompetent, vertrauenswürdig und krisenfest wahrgenommen werden. Auch eine Portion Humor darf gerne mitschwingen. Von Beginn an ist bedeutsam, wie wir den Teilnehmern begegnen und uns präsentieren. Die Begrüßung, die Art der Ansprache, unsere Formulierungen, das Setting, wie wir es gestaltet haben, die Visualisierungen und Materialien, die wir verwenden – alle diese Dinge „sprechen" und sagen etwas über uns aus.

Für das Thema und die Situation

Schön wär's zwar, aber oft sitzen nicht alle Teilnehmer begeistert und erwartungsfroh im Workshop. Einige „sitzen" vielleicht auf anderen Dingen – sie fühlen sich belastet, sind veränderungsmüde, skeptisch gegenüber dem Workshop-Thema oder blicken mit Sorge in ihre berufliche Zukunft. In solchen Fällen ist es gut, für eine „emotionale Entlastung" zu sorgen. Dann kann ein wenig dicke und heiße Luft entweichen und der Teilnehmer sich etwas leichter auf den Prozess einlassen.

Viele spannende und wirksame Aktivitäten, die alle diese Gedanken aufgreifen und sich für unterschiedliche Einstiegssituationen eignen, sind in einschlägigen Büchern schon veröffentlicht worden. Wir haben uns deshalb entschieden, uns hier auf solche zu beschränken, die nach unserem Wissen noch nicht so häufig beschrieben wurden. Teilweise haben wir eine Grundidee irgendwo gefunden oder erlebt und dann für unsere Zwecke angepasst. Einige Methoden haben wir auch selbst – aus der Situation heraus – erfunden.

In diesem Kapitel finden Sie die folgenden Methoden

Das Leben der anderen

Ein toller Einstieg für Teams, weil auch gut geeignet für Menschen, die sich schon kennen. Ganz schnell und wie von selbst bringt diese Methode Ihre Teilnehmer in intensive, interessante Gespräche.

In welchem Film bin ich?

Mit der Metapher „Film" geben Sie Gedanken und Emotionen Raum – auch Kritisches kann beherzt, mit Augenzwinkern und Humor geäußert werden.

Sprüche klopfen

Indirekt und doch prägnant können über Sprüche Wünsche, Haltungen, Visionen etc. formuliert werden. Sehr vielseitig einsetzbar.

Erste Worte

Gut beginnen mit bewusst formulierten ersten Worten und Gedanken – das ist die Idee hinter dieser Methode. Sie zeigt, wie das auf einfallsreiche, kreative Weise geschehen kann.

Wer bin ich heute?

Eine Einladung, in eine Rolle zu schlüpfen und aus dieser Perspektive das Geschehen zu beobachten, zu erleben und zu gestalten – und dem Team eine neue Dynamik zu verleihen …

Diamonds are forever

Mit der Einführung des Symbols (künstlicher) Diamanten werden die Teilnehmer angeleitet, ihre Wertschätzung für Gesagtes und Getanes einzelner Kollegen an jeder Stelle des Workshops zum Ausdruck zu bringen. Bleibt im Gedächtnis haften.

Das Leben der anderen

Über Neigungen, Talente oder Erlebtes ins Gespräch kommen

Anwendung und Wirkung

Kurz und knackig liefert diese Methode interessante Informationen und initiiert spannende Gespräche. Ein Einstieg, der sich gerade für Teams gut eignet, weil sich die Teammitglieder ja in der Regel schon kennen. Denn diese Menschen, die z.T. schon lange zusammen arbeiten, erfahren überraschende, humorige, tiefschürfende Dinge übereinander, die sie meist zuvor nicht wussten.

Vorgehen

Die Moderatorin hat Karten mit interessanten Aussagen vorbereitet. Diese legt sie verdeckt auf einen Tisch. Jeder Teilnehmer nimmt sich eine der Karten und sucht sich intuitiv zunächst eine Person, auf die diese Aussage zutreffen könnte und fragt nach. Das weitere Geschehen ist offen. Menschen sprechen miteinander über die Aussagen auf den Karten, es entwickeln sich Partnergespräche oder aber es wird in kleinen Gruppen erzählt. Auf jeden Fall erfährt man interessante Episoden aus dem Leben Einzelner ...

Nach einer angemessenen Zeitspanne (10-15 Minuten) beenden Sie die Übung und bitten die Teilnehmer, wieder auf ihren Stühlen Platz zu nehmen.

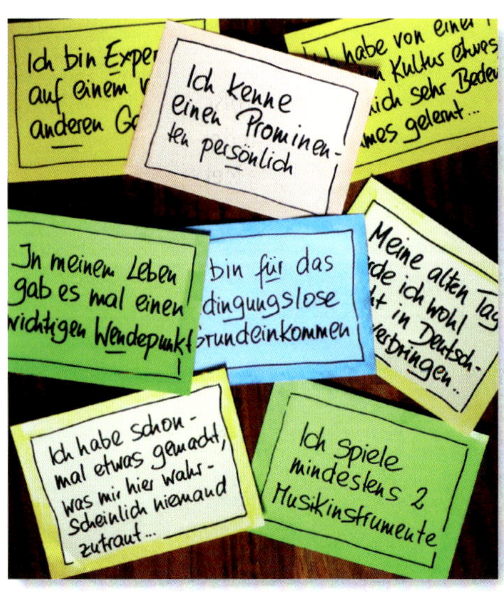

Abb. 1: Anregungen für Kartenbeschriftungen

Abb. 2: Das Flipchart-Motiv unterstützt die Erläuterung

Praxistipps

- Die Methode und das, was die Teilnehmer dabei erfahren und erleben, sprechen in der Regel für sich – wir empfehlen, sie einfach ohne Auswertung stehen zu lassen.
- Evtl. kann sich bei kleinen Gruppen eine Runde anschließen: Welches ist die interessanteste/überraschendste Neuigkeit, die Sie in den letzten Minuten erfahren haben?
- Verwenden Sie bei großen Gruppen die Aussagen auf den Karten doppelt (zwei Karten mit der gleichen Aussage). Nutzen Sie ein akustisches Signal, um die Methode zu beenden.

Vertiefendes/ Hintergrund

- *Phase:* Anfangsphase/Warming-up am ersten oder zweiten Tag
- *Situation:* Wenn die Mitglieder einer Gruppe sich schon gut kennen

Technische Hinweise

- *Gruppierung*: 8-50 Personen
- *Setting*: Alle, bewegt im Raum
- *Medien/Material*: Pro Person mindestens eine Karte mit Fragen
- *Dauer*: 10-15 Minuten
- *Vorbereitung:* Keine, wenn Kartensatz vorhanden ist

Variationen

Variationsmöglichkeiten haben Sie vor allem durch die Auswahl der Karten, die Sie den Teilnehmern zur Verfügung stellen. Kreieren Sie eigene Ideen – auch passend zum Workshop-Thema.

Anregungen für die Karten

- Ich hatte schon mal ein unglaubliches/abenteuerliches Erlebnis.
- Ich habe schon mal etwas Verbotenes gemacht – man hat mich nicht erwischt.
- Ich kann vermutlich etwas besser als die anderen hier in der Gruppe.
- Ich habe eine Eigenschaft, die bei den anderen in der Gruppe wahrscheinlich nicht so ausgeprägt ist.
- Ich hatte schon mal ein ungewöhnliches Heilungserlebnis.
- Ich habe schon mal etwas getan, was ich heute am liebsten ungeschehen machen möchte.
- Ich habe mal etwas entschieden, was ich heute nicht mehr so entscheiden würde.
- Es gibt jemanden, den ich zutiefst bewundere …
- Ich habe eine Angewohnheit aus meiner Kindheit beibehalten.
- Ich habe eine Schwäche für …
- Ich kann gut tanzen.
- Ich hätte gerne einen völlig anderen Beruf ergriffen.
- Ich bin handwerklich sehr geschickt.
- Ich möchte noch etwas Ungewöhnliches dazulernen.
- An mir ist ein/e Schauspieler/in verloren gegangen.
- Ich beherrsche ein (Kunst-)Handwerk.
- Ich kann etwas, was mir wahrscheinlich niemand hier zutraut.
- Ich stehe gerne auf der Bühne.
- Ich habe schon mal in einem Theaterstück mitgespielt
- Ich habe eine peinliche Vorliebe.

In welchem Film bin ich?

Anhand der Titel berühmter Filme beschreiben die Teilnehmer metaphorisch ihre Gedanken und Gefühle zum Workshop

Anwendung und Wirkung

Wenn der Anlass des Teamworkshops den Beteiligten auf den Schultern oder der Seele lastet, kann der Moderator durch diese Methode für eine emotionale Entlastung sorgen. Vorfreude und Skepsis, positive wie negative Gedanken kommen direkt zu Beginn auf den Tisch. Denn mithilfe der Filmtitel können Menschen auf bildhaft verschlüsselte Weise – dabei erstaunlich präzise, offenherzig und mit (Galgen-)Humor – Erwartungen und Hoffnungen, Kritik und Befürchtungen aussprechen.

Vorgehen

Die Karten mit den Filmtiteln werden für alle sichtbar ausgelegt. Der Moderator bittet die Teilnehmer, die Karten zu betrachten, sich für eine zu entscheiden und diese an sich zu nehmen.

Leitfragen für die Auswahl:

- In welchem Film sind Sie hier?
- Was geht Ihnen zu diesem Workshop durch den Kopf und den Bauch?

Es folgt ein „Blitzlicht". Reihum zeigen alle ihre Karten und nehmen kurz und knapp in 1-2 Sätzen Stellung. *Wichtig:* Alle Beiträge werden gehört und bleiben unkommentiert im Raum stehen.

Abb. 1: Bekannte Filmtitel werden visualisiert

Praxistipps

- Die Methode kann sehr gut mit einer Vorstellungsrunde kombiniert werden.
- Mit dieser Übung bewirken Sie einen „vertrauensbildenden Schritt" für den weiteren Prozessverlauf zwischen Ihnen und den Teilnehmern. Dafür ist es immens wichtig, bei den Erklärungen zu den Filmkarten auf den „Blitzlichtcharakter" zu achten. Das heißt, keinerlei Bewertung oder Ungleichbehandlung der Beiträge, am besten auch keine Nachfragen. Denn wenn Sie in der Blitzlichtrunde z.B. den Mut eines kritischen Teilnehmers extra würdigen oder aber die konstruktive Äußerung eines anderen noch einmal unterstreichen, dann machen Sie sich parteilich. Am besten also: Der ganzen Runde danken und das Gesagte stehen lassen – auch später nicht darauf zurückkommen.

Vertiefendes/ Hintergrund

- *Phase:* Beginn oder Ende eines Workshops
- *Situation:* In heterogenen Gruppen, wenn Emotionen und Befürchtungen im Spiel sind bzw. wenn Sie unterschiedliche Meinungen zum Sinn des Workshops vermuten

Technische Hinweise

- *Gruppierung*: 4-18 Teilnehmer
- *Setting*: Alle im Raum, Stuhlkreis
- *Medien/Material*: Karten mit Titeln berühmter Filme bzw. Flipchart
- *Dauer*: 10-20 Min.
- *Vorbereitung:* Karten bzw. Flipcharts vorbereiten (Abb. 1+2)

Variation

Sie können die Methode auch am Schluss der Veranstaltung, zum Workshop-Feedback, einsetzen.

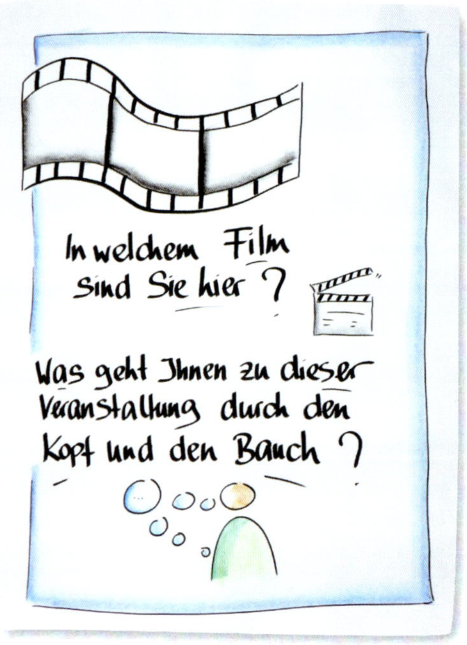

Abb. 2: So können Sie die beiden Leitfragen auf dem Flipchart visualisieren

Sprüche klopfen

Über berühmte Sprichwörter oder Zitate ausdrücken, was wichtig ist

Anwendung und Wirkung

Über ein metaphorisches Medium können Menschen Gedanken, Gefühle, Haltungen, Wünsche, Visionen, Zielvorstellungen etc. indirekt und verschlüsselt, dennoch treffend, dazu unterhaltsam, ausdrücken. Eine vielseitige Sprüche-Sammlung ist ein solches Medium, am besten mit einer Mischung aus bekannten Sprichwörtern, Zitaten, Merksätzen, Weisheiten.

Die Anwendungsmöglichkeiten sind vielfältig – Beispiele:

- Stimmungsbild zu Beginn eines Workshops oder Meetings,
- Individuelle Standpunkte/Haltungen zum Thema
- Motto zur Selbstmotivation oder Gruppenermutigung
- Zusammenfassung/Fazit zum Workshop

Vorgehen

Die Sprüche werden auf einem Tisch oder einfach auf dem Fußboden ausgebreitet. Zu einer Fragestellung nimmt sich jede Person die für sie passende Formulierung. Reihum stellt jeder kurz den Spruch seiner Wahl vor und erläutert den Hintergrund.

Praxistipp

Das Foto rechts zeigt einige Beispiele. Wir empfehlen Ihnen, passend zur jeweiligen Veranstaltung und Situation immer wieder erneut nach Redewendungen/Sprichworten/Zitaten zu recherchieren. Bereiten Sie eine Mischung vor: positive, nach vorne gewandte, kritische, nachdenkliche, freche, tiefsinnige, humorvolle …

Abb.: Bekannte Sprüche aus den Heimatstädten der Autorinnen

Vertiefendes/ Hintergrund

- *Phase:* Anfangsphase oder Thematischer Einstieg
- *Situation:* In heterogenen Gruppen, wenn Sie die Teilnehmer anregen möchten, auf unterhaltsame Art Stimmungen, Gedanken, Wünsche o.Ä. zum Thema auszudrücken

Technische Hinweise

- *Gruppierung*: 4-12 Personen
- *Setting*: Alle im Raum
- *Medien/Material*: Karten mit Zitaten oder Sprichworten
- *Dauer*: 10-20 Minuten
- *Vorbereitung:* Keine, wenn Material vorhanden

Variationen

- Nutzen Sie die Übung als (aufmunterndes) Fazit, zum Schluss der Veranstaltung.
- Gestalten Sie persönliches Feedback über die Sprüche: Welcher Spruch passt zu wem?
- Anregungen für die Karten finden Sie …
  - in Sprichwort-Zitatesammlungen,
  - auf Sprüche-Postkarten,
  - bei Dichtern, die für ihren Witz bekannt sind (z.B. Wilhelm Busch, Christian Morgenstern, Joachim Ringelnatz, Robert Gernhardt),
  - in regionalen, mundartlichen Sprüchen
  - und natürlich in Ihrer eigenen Erinnerung.

Erste Worte

Einstiegstext kreativ visualisieren und vortragen

Anwendung und Wirkung

Manchmal sind die ersten Worte der Moderatorin maßgeblich dafür, ob ein Workshop gut beginnt. In diesen „Einführungstext" gehören:

- Infos zum Hintergrund (was hat die Moderatorin in der Auftragsklärung mit dem Auftraggeber besprochen?),
- das Ziel des Workshops (was ist vom Auftraggeber als Ziel formuliert worden?),
- ein Überblick zum Ablauf und zu den Zeiten
- und darüber hinaus ganz wichtig: die Rollenklärung.

Das kann, wie die Methode zeigen wird, durchaus auf knackige, kreative Weise geschehen.

Vorgehen

Wählen Sie einen zum Workshop-Thema passenden Schlüsselbegriff. Bewährt haben sich fünf, höchstens neun Buchstaben. Schreiben Sie das Wort in schönen, großen Buchstaben senkrecht auf ein Flipchart. Entlang dieser Buchstaben formulieren Sie nun die Infos und Botschaften, die Sie zu Beginn sagen wollen. Schreiben Sie dazu Stichworte auf Stattys oder Klebekarten (Abb.), diese Karten sind nun gleichzeitig Ihr roter Faden für Ihre ersten Worte.

1. Beispiel:

- *„Erlauben Sie mir ein paar* ***Gedanken*** *vorweg ...*
- ***Rente*** *ist noch nicht – es lohnt sich also für Sie als Team, sich das Arbeitsleben und die Zusammenarbeit möglichst angenehm und entspannt zu gestalten ...*

- *Ziel ist es, **Unzufriedenheiten** anzusprechen und ihnen auf den Grund zu gehen …*
- *… und **Perspektiven** für die Zukunft zu entwickeln - sich zu fragen: Was möchten wir verändern? Was können wir dazu tun? …*
- *Ein Wort zu meiner Rolle hier: Ich bin nicht gekommen, um Ihnen zu sagen, was Sie besser machen sollen, sondern mein Job ist es, zu moderieren, d.h., den **Prozess zu steuern** …*
- *… die Verantwortung für die Inhalte tragen Sie. Ihre Aufgabe ist es also, für die Ideen und die **Ergebnisse** zu sorgen."*

2. Beispiel (aus einem LEAN-Workshop):

- *„Es wird in diesem Workshop darum gehen, die spezifische **Lage** in diesem Team zu analysieren*
- *… und **elegante Lösungen** zu finden, wie Prozesse verbessert werden können …*
- *… mein Job dabei ist es, sowohl einen **achtsamen Umgang** miteinander als auch den **Ablauf** im Blick zu haben. Ich gebe alles für eine strukturierte und methodisch sinnvolle Gestaltung des Workshops, damit zielgerichtet und effizient gearbeitet werden kann …*
- *… Ihr Job ist das **Nachvornedenken**. Ihre Verantwortung sind die Inhalte und die Ergebnisse und im Nachhinein auch deren Nachhaltigkeit."*

Praxistipps

- Die Reihenfolge muss nicht zwingend von oben nach unten erfolgen.
- Umgangssprache ist erlaubt, kommt sogar gut an, weil sie zu einer lockeren Atmosphäre beiträgt.
- Wichtige Überleitungsformulierungen können Sie ruhig wörtlich in kleiner Schrift mit auf die Karten schreiben – das stört niemanden.
- Öfter mal einsetzen – das übt!

Vertiefendes/ Hintergrund

- ***Phase:*** Einstiegssequenz – erste Worte nach dem Kennenlernen
- ***Situation:*** Wenn Sie ansprechend beginnen möchten

Technische Hinweise

- *Gruppierung*: Beliebig viele Personen
- *Setting*: Alle im Raum
- *Medien/Material*: Flipchart, Klebekarten oder Karten und wieder ablösbarer Klebestift (Scotch), Stift
- *Dauer*: 5 Minuten
- *Vorbereitung:* Roten Faden erdenken, Chart und Karten beschriften

Variation

Sie können mit dieser Methode auch „Letzte Worte" verfassen – z.B. als Ihr Feedback an die Gruppe. Das folgende Beispiel diktierten (humorvolle) Teilnehmer.

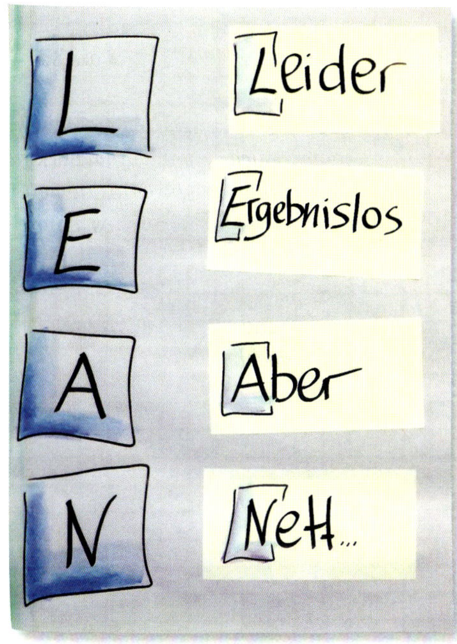

Wer bin ich heute?

Die Teammitglieder erleben die verschiedenen Aspekte der Gruppendynamik und den Zusammenhang zwischen Prozess und Ergebnis anhand unterschiedlicher Rollen

Anwendung und Wirkung

Von Rollen wird viel gesprochen in Teams. Aber was bedeutet es wirklich, eine Rolle einzunehmen und aus dieser Rolle heraus den Prozess der Zusammenarbeit und die Zielverfolgung zu gestalten? Und wodurch wird die Dynamik innerhalb des Teams beeinflusst? Diese einfache Übung sensibilisiert die Teilnehmenden für das Verhalten in unterschiedlichen Rollen sowie die Auswirkung, die dies auf Verlauf sowie Ergebnis bzw. Ziel des Workshops hat.

Vorgehen

Verteilen Sie zu Beginn des Workshops verschiedene Rollen auf freiwilliger Basis. Diese sind auf DIN-A5-Kärtchen sowie auf Flipcharts kurz beschrieben (Abb.):

Beispiele für Rollen:

- **Prozess-Beobachter:** Beobachtet die Interaktion in der Gruppe und gibt der Gruppe Feedback.

- **Decision-Driver:** Sorgt dafür, dass die Gruppe eine Entscheidung trifft, immer wenn sie sich in Diskussionen im Kreis dreht.
- **Advocatus Diaboli:** Bringt sich mit kritischen Kommentaren und Gegenpositionen ein, um die Diskussion in der Gruppe zu beleben.

Bei einer Gruppenstärke von 12-15 Teilnehmenden sollte es mindestens zwei Prozess-Beobachter, einen Decision-Driver und möglichst auch einen Advocatus Diaboli geben.

Erläutern Sie kurz die Rollen. Sie gelten immer für einen halben Tag; Advocatus Diaboli und Decision-Driver können in der Zeit immer dann eingreifen, wenn ihnen dies nötig erscheint.

Eine weitere wichtige Information, die Sie den „Rollenbesitzern" geben sollten: Sie arbeiten in dieser Zeit in einer Doppelfunktion. Zum einen sind sie Teilnehmende im Workshop, gleichzeitig beobachten sie den Prozess aus ihrer zugewiesenen oder gewählten Rolle heraus.

Zum Ende jedes halben Tages geben die „Rollenbesitzer" der Gruppe Feedback über den Prozessverlauf. Anschließend werden die Rollen neu besetzt.

Auswertung

Nach der ersten Feedback-Runde können Sie auf die Metaebene gehen und die Rolleninhaber fragen: *„Worauf habt ihr geachtet?"* Im Anschluss daran lassen sich gut die Dimensionen der Gruppendynamik erläutern (Abb. rechts) und damit für die nächste Runde das Beobachtungsspektrum erweitern.

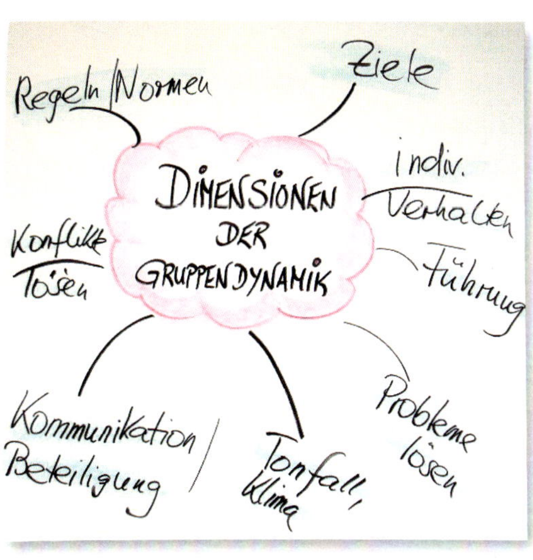

Die Auswertung der Beobachtungen schafft häufig auch eine gute Überleitung dazu, mit dem Team darüber zu sprechen,

- welche Rollen im Team vorhanden sind,
- welche schon besetzt sind und welche fehlen – und welche Auswirkung dies hat,
- was passiert, wenn jemand eine Rolle übernimmt (oder in sie gedrängt wird)

und sie aufgrund seiner Eigenschaften und Fähigkeiten nicht ausfüllen kann
- oder genau deshalb lieber eine andere Rolle übernehmen würde, die im Team aber schon besetzt ist.

Praxistipp

Diese Methode lässt sich gut sowohl in Teamtrainings als auch in Teamentwicklungen mit realen Teams einsetzen und sorgt für regen Austausch. Manchmal kann es sinnvoll sein, Einzelnen – insbesondere denjenigen, die sich weniger beteiligen oder weniger sichtbar sind – eine der Rollen zuzuweisen. Ziel dabei ist es, ihre Komfortzone zu erweitern und ihnen den Raum zu geben, sich einmal anders zu verhalten.

Vertiefendes/ Hintergrund

- *Phase:* Zu Beginn eines Teamtrainings/einer Teamentwicklung, dann fortlaufend
- *Situation:* Wenn es sinnvoll ist, dass die Teammitglieder sich über ihre Rollen verständigen und ihre Beobachtungsfähigkeit schärfen

---

Technische Hinweise

- *Gruppierung*: 6-15 Personen
- *Setting*: Stuhlkreis ohne Tische
- *Medien/Material*: Flipchart mit Rollenbeschreibungen sowie Dimensionen der Gruppendynamik, Rollenbeschreibungen auf DIN-A5-Kärtchen
- *Dauer*: Während des gesamten Workshops, Auswertung der Beobachtungen nach jeweils einem halben Tag
- *Vorbereitung:* Flipcharts und Kärtchen vorbereiten

Variation

Je nach Bedarf der Gruppe sowie Prozessverlauf können weitere Rollen hinzugefügt werden. Zum Beispiel Time-Keeper, Coach, Unternehmer etc.

Diamonds are forever

Die Teilnehmenden werden für positive und wertschätzende Verhaltensweisen sensibilisiert und üben sich darin, Wertschätzung untereinander zu zeigen

Anwendung und Wirkung

Diese einfache symbolische Intervention zu Beginn und während einer Teamentwicklung oder eines Workshops eignet sich, um die Teilnehmenden für positive Verhaltenssignale, Eigenschaften und Beiträge jedes Einzelnen zu sensibilisieren (Awareness) und darin zu trainieren, diese auch zu würdigen.

Das Symbol für die Wertschätzung, die Diamanten (kann auch etwas anderes sein, z.B. Murmeln, Bonbons o.Ä.), dient der Gruppe als Anker und Erinnerung.

Vorgehen

Vor Beginn des Workshops bitten Sie jeden Hereinkommenden, sich aus einer Schale fünf Diamanten zu nehmen (Abb.). Alternativ können die Diamanten auch, in kleine Gaze-Säckchen gepackt, vor Beginn der Veranstaltung auf die Stühle verteilt werden.

Nach der allgemeinen Begrüßung erläutern Sie, was es mit den Diamanten auf sich hat: Die Bitte ist, diese im Verlauf des gesamten Workshops spontan an die Personen zu verteilen, die etwas Wichtiges sagen oder tun bzw. durch ihre Beiträge zum Gelingen des Workshops beitragen.

Hier ein paar Beispiele:

- Gute Ideen
- Jemand hat mir aufmerksam zugehört
- Sätze, Ausdrücke, Statements einer Person, die mir aus der Seele sprechen und die hilfreich waren
- Geistreiche Kommentare
- Förderung eines positiven Gruppenklimas (wodurch auch immer)

Sie können Ihrer Bitte auch noch mehr Ausdruck verleihen, wenn Sie hinzufügen, dass die Diamanten mit der Zeit heiß werden, wenn sie zu lange unbenutzt in der Hosentasche stecken.

Zum Ende des Workshops regen Sie eine abschließende Reflexionsrunde darüber an, mit wie vielen Diamanten jeder nach Hause geht, wie das Team den Umgang mit den Diamanten erlebt hat und mit Feedback anderer umgegangen ist.

Praxistipps

- Es hat sich bewährt, während des Workshops immer wieder einmal an die Diamanten und ihren Zweck zu erinnern.
- Der Prozess kommt manchmal auch dadurch in Schwung, wenn Sie als Moderatorin den Anfang machen und bei z.B. einer witzigen Bemerkung, wo alle lachen, anfügen: *„Könnte das jetzt nicht einen Diamanten wert sein?“* Wichtig dabei ist es, dass Sie Ihre neutrale Rolle wahren.

Vertiefendes/ Hintergrund

- ***Phase:*** Zu Beginn eines Workshops und dann bis zum Ende
- ***Situation:*** Wenn auch Beziehungen ein Thema sind, es im Team darum geht, sich in Wertschätzung zu üben, die Stärken, positiven Eigenschaften und Beiträge des Einzelnen wahrzunehmen und sie anzuerkennen

Technische Hinweise

- *Gruppierung*: Beliebig viele Personen
- *Setting*: Stuhlkreis ohne Tische; Diamanten am Eingang des Veranstaltungsraumes gut sichtbar platzieren, in Schalen, Säckchen, mit einem Hinweisschild, z.B.: „Take five"
- *Medien und Material:* Schale, Gaze-Säckchen o.Ä., fünf Diamanten pro Person, Hinweisschildchen (siehe Abb.)
- *Dauer*: Erläuterung 5 Minuten; Verteilen während des gesamten Workshops
- *Vorbereitung:* Acrylsteine („Diamanten") besorgen (verschiedene Farben, z.B. von Rayher „Table & Style, Artikelnr. 39-262-264), Hinweisschild malen, Schale, Säckchen o.Ä. organisieren

Variationen

- Gut eignen sich auch Murmeln, Süßigkeiten oder Gegenstände, die etwas mit den Produkten/Dienstleistungen des Unternehmens zu tun haben. Sie sollten eher klein und leicht transportierbar sein und sich später z.B. gut auf dem Schreibtisch machen.
- Führen Sie zu Beginn der Veranstaltung die Regel ein, dass jede Person mindestens drei Diamanten im Laufe des Tages/Workshops weitergegeben haben muss. Führen Sie ggf. zwischendurch sogenannte „Diamantenrunden" ein. Lenken Sie dabei den Fokus auf die Wertschätzung und fordern Sie alle in der Gruppe auf, zu überlegen, wem sie jetzt einen Diamanten schenken möchten – und für was.

2.

Herausfinden, was ist

Einer „Behandlung" geht sinnvollerweise eine „Diagnose" voraus. Die Analyse der Teamsituation hilft den Einzelnen, der Gruppe und uns Moderatorinnen, die aktuelle (Gefühls-)Lage zu verstehen und den genauen Standort zu bestimmen, von dem aus sich das Team miteinander auf den weiteren Weg begibt.

Wir haben dieses Kapitel in zwei Schwerpunkte untergliedert:

2.1 Sichtweisen erheben

Hier finden Sie vier Möglichkeiten, wie individuelle Wahrnehmungen und Perspektiven zur aktuellen Situation zum Thema gemacht und „formuliert" werden können.

2.2 Zusammenarbeit live erleben

Wir stellen sieben kooperative Übungen vor, in denen das Team jeweils eine Aufgabe bewältigen muss. Zusammenarbeit kann erprobt, erfahren, beobachtet und anschließend reflektiert und auf das richtige Leben übertragen werden.

2.1

Sichtweisen erheben

Häufiger Anlass für einen Teamworkshop: In der Zusammenarbeit oder zwischen den Menschen läuft es nicht an allen Stellen rund – aus verschiedenen Gründen aber kommt man nicht dazu, sich auszutauschen. Knackpunkte, „Störungen“ sind eher unterschwellig spürbar, Stärken und Ressourcen sind nicht bewusst oder nicht im Blick.

Dazu liegt es in der Natur des Menschen, dass

- „jeder Jeck anders ist“ (wie der Kölner so schön sagt) und
- Wahrnehmungen eben Wahrnehmungen sind – und nicht die alleinige Wahrheit. So sind sie oft unterschiedlich, manchmal sogar recht gegensätzlich.

Bei „Sichtweisen erheben“ geht es uns darum, Raum zu geben, genau hinzugucken und das bisher Verborgene ans Licht zu bringen (soweit es für das Funktionieren des Teams wichtig ist), um es würdigen, bearbeiten und für einen Zukunftsentwurf nutzen zu können.

Wir empfehlen dabei immer, beide Seiten zu betrachten. Denn: Wo ein Schatten hinfällt, da ist auch Licht!

Zu diesem Schwerpunkt finden Sie diese Methoden

Situationsskizze

Jeder Einzelne zeichnet (oder stellt) sein Erleben des Teams. Individuelle Sichtweisen über Stärken, Knackpunkte, Hoffnungen, Enttäuschungen, Beziehungen werden transparent und bilden die Basis für Aussprache und Reflexion.

Etwas wird zu etwas anderem

Auf rein intuitive, kreative Weise drücken die Teilnehmenden mithilfe von Knete ihre Gedanken und Emotionen in Bezug auf eine Veränderung aus. Für das Nachgespräch interessant und aufschlussreich ist dann nicht nur das Ergebnis, sondern auch der Schaffensprozess.

Sag jetzt ehrlich!

Eine sehr ungewöhnlich anmutende Methode, durch die Meinungen und Empfindungen zu einem Thema prägnant, gerne etwas zugespitzt und anonym, ausgesprochen werden. Ziel ist, dass deutlich wird, was zu klären ist.

The Dark Side of the Moon

Das Bild des Mondes mit seiner hellen und dunklen Seite dient als Projektionsfläche. Erhoben und visualisiert werden auf der einen Seite Stärken und Ressourcen, auf der anderen Seite die Defizite und Entwicklungsfelder des Teams.

Situationsskizze

Mithilfe einer Zeichnung die momentane Sicht des Einzelnen auf das Team und die Situation transparent machen und im Team Bilanz ziehen zwischen Ressourcen und Belastungen

Anwendung und Wirkung

Ein gleichermaßen inhaltlicher und gefühlsmäßiger Einstieg in die Situation des Teams. Über eine Zeichnung drücken alle Anwesenden aus, wie sie sich und die Situation im Team momentan erleben. Die bisher verborgenen Gründe hinter Anschuldigungen, Klagen, Enttäuschungen und Vorwürfen werden über eine sich anschließende Reflexionsrunde vertiefend herausgearbeitet und die Stärken und Knackpunkte in der Zusammenarbeit im Team zusammengefasst.

Vorgehen

Schritt 1: Einleitung und Bild malen

Bitten Sie die Teammitglieder, sich einen Flipchart-Bogen (alternativ ein DIN-A4-Blatt) und Stifte zu nehmen und ein Bild zu malen, das ihre Gefühlslage, ihre Sicht auf das Team und die eigenen Standpunkte nachvollziehbar ausdrückt.

Die Wahrnehmungen sollen eher über Symbole, Bilder, Farben, Formen, Strichmännchen etc. und weniger über Worte ausgedrückt werden. Es ist nicht wichtig, dass die Bilder schön, originell, lustig oder interessant werden. Es geht darum, dass jeder Einzelne verstanden wird.

Legen Sie nach dem Malen eine kurze „Umschaltpause" ein.

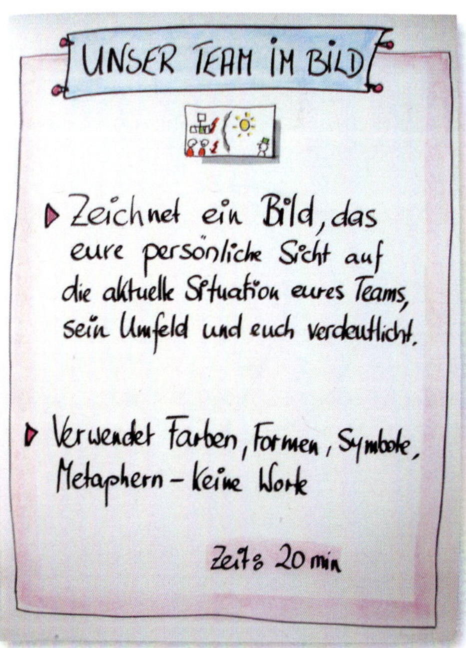

Schritt 2: Vorstellen der Bilder (Vernissage)

Nacheinander präsentiert nun jedes Teammitglied sein Bild gut sichtbar an Pinnwand oder Flipchart oder auf dem Boden.

Dann beschreiben zunächst die anderen Teammitglieder, was die Zeichnung für sie aussagt. Machen Sie deutlich, dass es hier um Eindrücke geht und nicht um die Beschreibung der einzelnen Bestandteile des Bildes oder gar dessen Bewertung.

Nachdem alle übrigen Teammitglieder ihre Sichtweisen geschildert haben, liefert der „Urheber" des Bildes seine Bedeutung. Die Teamkollegen sind hier aufgefordert, aufmerksam zuzuhören.

Das Ziel dieser Phase ist, dass jeder Einzelne von allen anderen aus seiner subjektiven Sicht heraus verstanden wird. Dialog und Auseinandersetzung folgen anschließend.

Hier ein paar Beispiele:

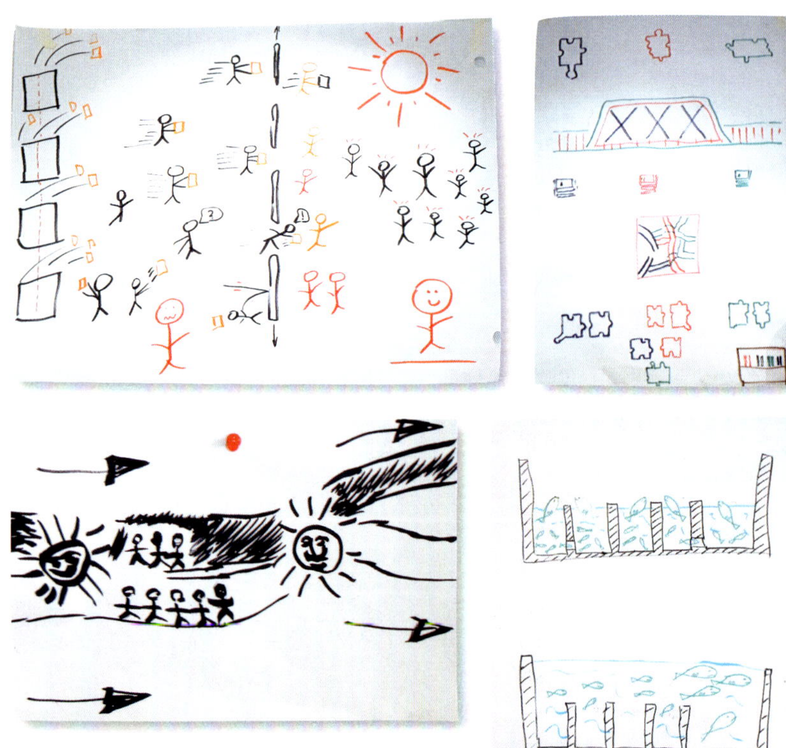

Schritt 3: Auswertung der Bilder und Diskussion

Bitten Sie die Teammitglieder, anschließend die Eindrücke zusammenzufassen und zu diskutieren.

Hier ein paar Beispiele für Reflexionsfragen:

- Hat sich mein Eindruck von der Teamsituation verändert?
- Was sind für mich die wichtigsten Ressourcen, Stärken des Teams?
- Worin sehe ich die größten Belastungen?
- Wo gibt es Gemeinsamkeiten?
- Sehe ich irgendein Teammitglied jetzt in einem neuen Licht?
- Welches Bild hat mich besonders beeindruckt? Warum?

Gemeinsam empfundene Stärken und Belastungen des Teams können anschließend in einem „Mond“ (siehe „The Dark Side of the Moon“, Seite 52) zusammengefasst und die Hindernisse anschließend weiter bearbeitet werden.

Praxistipps

- Wichtig beim Vorstellen der Bilder ist Ihre stringente Steuerung als Moderator. Diskussion in der Gruppe, abfällige Bemerkungen, vermeintliche Witze etc. sollten Sie sofort unterbinden.
- Für die weitere Bearbeitung der relevanten Themen kann es auch hilfreich sein, wenn Sie die aus Ihrer Sicht relevanten Kommentare und Deutungen der Bilder mitschreiben (lassen). Wesentliche, auch wiederkehrende Schlüsselworte und Begriffe lassen sich so schneller identifizieren und für die nächsten Arbeitsschritte nutzen.

Vertiefendes/Hintergrund

- *Phase:* Zu Beginn einer Teamentwicklung, nach dem Einstieg
- *Situation:* Zur Klärung der unterschiedlichen Sichtweisen auf die Situation im Team und Identifizieren der Themen für die weitere Bearbeitung

---

Technische Hinweise

- *Gruppierung*: 4-12 Personen
- *Setting*: Stehend, sitzend; Stuhlkreis mit Tischen an der Seite zum Malen
- *Medien/Material*: Je nach Platz Flipchart-Bögen oder DIN-A4-Blätter, Stifte, Pinnwände bzw. freie Wände zum Aufhängen
- *Dauer*: 60-120 Minuten gesamt; 20 Minuten Bild malen; 2-10 Minuten pro Person Bildauswertung (andere, selbst)
- *Vorbereitung:* Papier und Stifte bereitlegen

Variationen

- Filtern Sie Gemeinsamkeiten und Unterschiede heraus. Alternativ lassen sich nach der Präsentation der Bilder auch folgende Fragen anbringen:
  - Was ist allen Bildern gemeinsam?
  - Wo gibt es Unterschiede?
  - Was fehlt völlig?

  Nach der Auseinandersetzung mit diesen Fragen im Plenum oder in Kleingruppen können Sie die Gruppe auf die Bearbeitung der Hindernisse lenken.

- Gegenstände statt Malstift: Eine zeitlich kürzere Variante ist es, die Teammitglieder ihre momentane Situation mit Gegenständen (Süßigkeiten etc.) legen zu lassen. Dazu erhält jeder Teilnehmer zwei DIN-A4-Blätter. Auf dem ersten Blatt gestaltet er die Situation im Team so, wie er sie momentan erlebt. Auf dem zweiten so, wie sie sein sollte. Anschließend stellt jedes Teammitglied sein Bild vor, und im Anschluss klären alle zusammen die Unterschiede und Gemeinsamkeiten aller Bilder und vereinbaren die nächsten Schritte.

Etwas wird zu etwas anderem

Mit Knetmasse den Prozess einer Veränderung mit „allen Sinnen" gestalten

Anwendung und Wirkung

Eine ausgesprochen kreative Übung, wenn es darum geht, die Emotionen und Gedanken, die das Team bei Veränderungen bewegen, auszudrücken. Theoretische Themen wie Planung, Widerstände in Veränderungen, die eigene Vision etc. können mithilfe von Knetmasse, die verändert wird, bewusst gemacht werden.

Vorgehen

Legen Sie verschiedenfarbige Knetmasse in die Mitte des Kreises.

Bitten Sie die Teilnehmenden, jeweils drei Stangen Knetmasse auszuwählen und folgenden Auftrag in Einzelarbeit (und schweigend) umzusetzen: „Etwas wird zu etwas anderem."

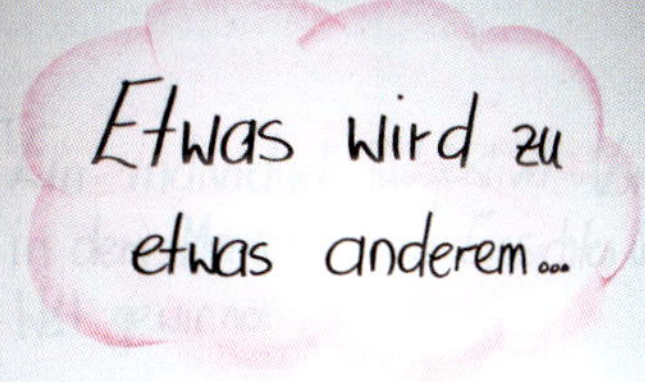

Auswertung

Zur Auswertung stellt bzw. legt jeder Teilnehmende sein Werk vor sich auf den Boden oder einen Tisch. Im ersten Schritt beschreiben zunächst die übrigen Gruppenmitglieder, was für sie das Ergebnis darstellt.

Anschließend beschreibt der jeweilige „Künstler" seine Arbeit anhand folgender Fragen:

- Was stellt meine Arbeit dar (Ergebnis)?
- Wie ist meine Arbeit verlaufen?
- Was habe ich bei mir wahrgenommen?
- Inwieweit entspricht das Ergebnis meinen Vorstellungen?
- Was hat mich behindert, was hat mir geholfen?

Hier einige Beispiele für Modellierungen:

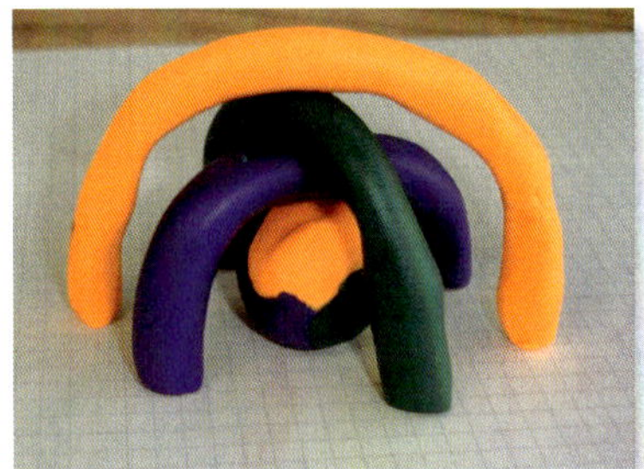

Mit Fragen wie „Was hat das mit Ihren Themen, mit Ihrem Berufsalltag zu tun? Was bedeutet diese Erfahrung für Ihren konkreten Veränderungsprozess?“ leiten Sie den Transfer ein. Tipp: Visualisieren Sie die Beiträge der Gruppe.

Praxistipp

Dieser eher ungewöhnliche Einstieg in eine Teamentwicklung löst mitunter Verwirrung und Kommentare aus, wie z.B.: „Habe ich zuletzt als Kind gemacht ...“ Hier zählt Ihre Haltung: Wenn Sie von der Wirksamkeit der Übung überzeugt sind, sind es die Teammitglieder auch. Also nicht beirren lassen – es lohnt sich!

Vertiefendes/ Hintergrund

- ***Phase:*** Zu Beginn einer Teamentwicklung nach dem Einstieg
- ***Situation:*** Zur Klärung der momentanen Befindlichkeit bzw. Situation des Teams bei einem Veränderungsprojekt. Auch als Einleitung in das Thema „Change" für Führungskräfte gut geeignet.

Technische Hinweise

- ***Gruppierung***: 4-12 Personen
- ***Setting***: Stuhlkreis ohne Tische; Tische am Rand des Raumes zum Arbeiten
- ***Medien/Material***: Knetmasse (z.B. Kinderknete von Idena, Eberhard Faber o.Ä.)
- ***Dauer***: 40-60 Minuten; 10 Minuten kneten, 30 Minuten Auswertung (je nach Gruppenstärke und Intensität der Auswertung)
- ***Vorbereitung:*** Frage ans Flipchart schreiben, Knetmasse besorgen (3 Stangen pro Person)

Variation

Statt Knetmasse lassen sich z.B. auch Drahtbügel aus der Reinigung verändern.

Sag jetzt ehrlich!

Die momentane Situation der Gruppe aus unterschiedlichen Perspektiven kreativ beschreiben lassen und erlebbar machen

Anwendung und Wirkung

Ein ungewöhnlicher, kreativer Einstieg, um die relevanten Themen als Team herauszuarbeiten – und eine willkommene Alternative zum Kartenschreiben.

Dieses Zettelspiel ist eine Interaktionsmethode aus der themenorientierten Improvisation (TOI). Damit lassen sich spielerisch die in der Gruppe unausgesprochenen Meinungen und Empfindungen zu einem Thema sowie mögliche Defizite offenlegen. Da die auf Zettel aufgeschriebenen Kommentare (O-Ton) anonym sind, braucht niemand evtl. Schuldzuweisungen und Finger-Pointing befürchten. Durch das entspannte Betrachten der Situationen aus der Beobachtungsperspektive kann das Team Missverständnisse schnell erkennen, lernt unterschiedliche Blickwinkel kennen – und die zu klärenden Themen werden transparent.

Vorgehen

Schritt 1: Brainstorming: „Wo wir stehen"

Eine zum Thema oder zur Veranstaltung passend formulierte Frage wird an die Gruppenmitglieder gegeben. Beispiel Kundenorientierung in unserem Team: „Wie nehmen Kunden unser Team wahr?"

Jedes Gruppenmitglied schreibt anonym auf einen Zettel in wörtlicher Rede einen Satz oder ein Zitat, welches von Kunden geäußert wird und etwas über das Team in Bezug auf Kundenorientierung aussagt. Beispiel: „Wer ist eigentlich unser Ansprechpartner?"

Je nach Thema und Bedarf lassen sich auch weitere (insgesamt drei) Perspektiven einfügen (Abb.). Dazu werden unterschiedlich farbige Zettel für die jeweiligen Blickwinkel eingesetzt.

Beispiel: „Wie denken wir als Teammitglieder über unsere Kundenorientierung? Was sagt die Geschäftsleitung? Der Pförtner am Empfang?"

Schritt 2: Zettel einsammeln

Die Zettel werden eingesammelt. Bei mehr als einer Perspektive werden diese getrennt gesammelt, z.B. in verschiedenen Hüten.

Schritt 3: Spontan-Rollenspiele

Bilden Sie Kleingruppen à 3-5 Personen (je nach Gruppengröße). Bitten Sie jede Kleingruppe, je einen Stellvertreter auf die Bühne zu schicken (Beispiel: drei Kleingruppen, drei Spieler).

Alle Zettel der ersten Perspektive (z.B. Sicht der Kunden) werden auf dem Boden verteilt (Abb.).

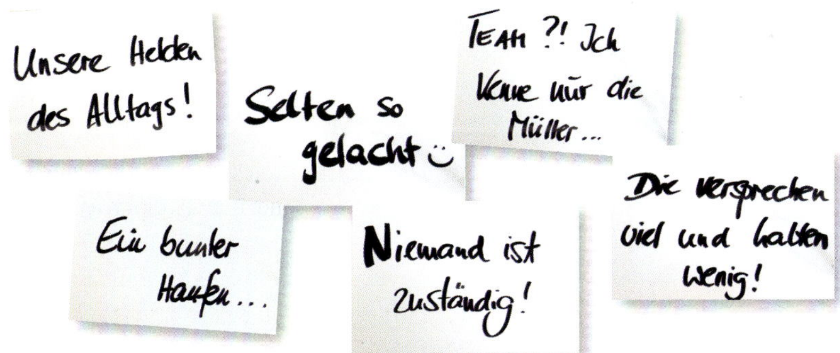

Die freiwilligen Teammitglieder kommen auf die Bühne. Bestimmen Sie als Moderatorin einen Ort der Szene. Beispiel: „Wir sehen jetzt eine Szene, in der sich wartende Fahrgäste an einer Bushaltestelle unterhalten."

Die Spieler lesen ihre Dialoge abwechselnd von den Zetteln ab und lassen diese dann auf den Boden fallen. Dabei verdeutlichen sie die Szene kreativ und pantomimisch.

Die Szene wird so lange gespielt, bis alle Zettel zur jeweiligen Perspektive verbraucht sind. Wechseln Sie als Moderatorin auch zwischendurch den Ort des Geschehens (z.B. Tankstelle, Tante-Emma-Laden, im Spielcasino, im Supermarkt o.Ä.)

Der beschriebene Ablauf wird nun für jede Perspektive durchgeführt. Die übrigen Teammitglieder verfolgen als Beobachter die Szenen aufmerksam.

Schritt 4: Reflexion

Im Plenum oder (bei größeren Gruppen) zunächst in der Kleingruppe tauschen die Gruppenmitglieder ihre Eindrücke aus. Beispiele für Auswertungsfragen:

- Was ist mir aufgefallen? Was schließe ich daraus?
- Was habe ich wiedererkannt? Was hat mich überrascht?
- Was hat mir gefallen?
- Was haben die Dialoge bei mir ausgelöst?
- Welche Ähnlichkeit besteht in der Praxis?

Visualisieren Sie als Moderatorin die Beiträge der Zuschauer.

Anschließend können die Themen des Teams herauskristallisiert und weiter bearbeitet werden (Karten, Diskussion o.Ä.)

Praxistipps

- Die Scheu, sich auf die Bühne zu „wagen“, kann etwas abgebaut werden, wenn Sie schon gleich beim Start in den Workshop erkennen lassen, dass es diesmal etwas „anders ablaufen wird“. Das können Sie tun, indem Sie zu Beginn z.B. Diamanten als Wertschätzungssymbol verteilen (siehe „Diamonds are forever“, Seite 33) oder mit einfachen Impro-Übungen starten, um die Gruppe „anzuwärmen“.
- Um alle Teilnehmenden zu aktivieren, hat es sich auch bewährt, die Spieler zwischendurch auszuwechseln.
- Haben Sie während der Szenen den Eindruck, dass die Spieler sich scheuen, die Aussagen auf den Zetteln auszusprechen, können Sie den folgenden Hinweis geben: „Sie sind nicht verantwortlich für das, was Sie da sagen. Den Text haben ja andere geschrieben.“

Vertiefendes/ Hintergrund

- ***Phase:*** Zu Beginn einer Teamentwicklung, nach dem Einstieg
- ***Situation:*** Wenn es darum geht, die IST-Situation der Gruppe erlebbar zu machen und die Problemfelder herauszuarbeiten

Technische Hinweise

- ***Gruppierung***: 6-30 Personen
- ***Setting***: Stuhlkreis ohne Tische und „Bühne"
- ***Medien/Material***: Unterschiedlich farbige Zettel, Stifte und Behälter zum Einsammeln
- ***Dauer***: 60 Minuten inkl. Auswertung
- ***Vorbereitung:*** Zettel zuschneiden, Stifte bereitlegen, Behälter besorgen

Variationen

- Fangen Sie die momentane Stimmung ein. Diese Methode kann auch als humorvolle Erwartungsabfrage eingesetzt werden. Dazu erhalten die Gruppenmitglieder bei der Ankunft zu Beginn des Workshops einen Zettel mit der Bitte, einen Satz/Zitat o.Ä. in wörtlicher Rede aufzuschreiben, der ihnen gerade in den Sinn kommt bzw. ihre momentane Stimmung gut wiedergibt.
- Die erlebten Szenen können bei Bedarf für den weiteren Verlauf aufgegriffen und weiter bearbeitet werden.

The Dark Side of the Moon

Das Team fasst gemeinsam empfundene Stärken und Belastungen in der Zusammenarbeit in einem Bild zusammen

Anwendung und Wirkung

Das Bild des Mondes kann gut eingesetzt werden, um die momentane Situation des Teams zusammenzufassen und damit weiterzuarbeiten.

Das Team zieht Bilanz zwischen Ressourcen und Belastungen und legt untergründige Schwierigkeiten (Konflikte nach innen und außen) offen. Der Blick auf den Mond macht dann sofort deutlich, worauf das Team bauen kann (helle Seite) und was eine effektive und konstruktive Zusammenarbeit momentan erschwert oder gar verhindert (dunkle Seite).

Vorgehen

Visualisieren Sie einen Mond mit einer hellen und einer dunklen Seite auf einer Pinnwand.

Bitten Sie die Gruppe, sich in Kleingruppen über folgende Fragen auszutauschen und die Beiträge auf einzelnen Karten festzuhalten:

- Was macht uns aus als Team? Was können wir gut? Wo sind wir stark?
- Wo blockieren wir uns? Was gelingt uns nicht (so gut)?

In der Präsentation ordnen die Kleingruppen ihre Beiträge den Seiten des Mondes zu und nennen Beispiele:

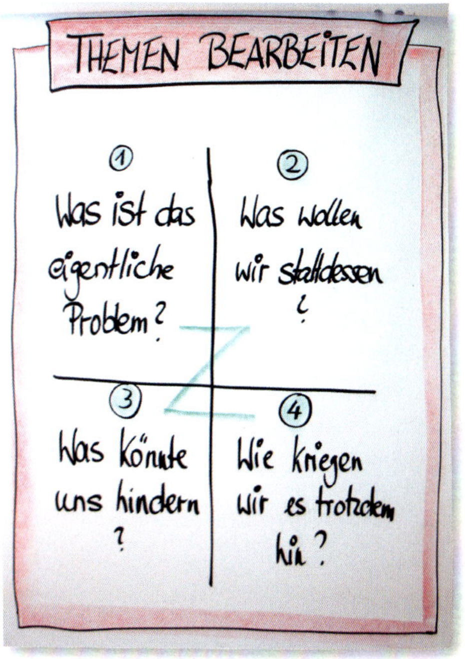

Auf der hellen Seite werden die Ressourcen des Teams zusammengetragen, auf der dunklen Seite liegen die Hindernisse/Belastungen.

Sind die wichtigsten Themen auf der dunklen Seite durch Auswahl und Priorisierung identifiziert, leiten Sie deren weitere Bearbeitung ein, (siehe auch Übung „Lösungen finden mit System", ab Seite 259).

Praxistipps

Achten Sie bei der Auswahl der Belastungen darauf, dass diese später durch den Einfluss des Teams bearbeitet und entschieden werden können und nicht von anderen abhängig sind (z.B. Konzernvorgaben).

Vertiefendes/ Hintergrund

- ***Phase:*** Zur Klärung der momentanen Situation im Team
- ***Situation:*** Wenn es darum geht, auf einen Blick die Ressourcen und Belastungen des Teams aufzuzeigen und gemeinsam herauszufiltern, wo im Folgenden der Fokus liegen soll/muss, um als Teams (wieder) effektiv zusammenzuarbeiten

Technische Hinweise

- ***Gruppierung***: 6-15 Personen
- ***Setting***: Stuhlkreis ohne Tische, auch stehend
- ***Medien/Material***: Pinnwand, Karten
- ***Dauer***: 30-60 Minuten
- ***Vorbereitung:*** Mond mit heller und dunkler Seite auf Pinnwand zeichnen, Fragen für die Z-Matrix überlegen

Variationen

- Statt eines Mondes lassen sich auch andere Motive einsetzen, z.B. ein Haus mit Keller …
- Der Mond kann auch genutzt werden, um eine vorangegangene Aktivität (im Kontext) des Teams (z.B. Situationsskizze, S. 41), Kooperationsübung, Auswertung von Kundenbefragungsergebnissen, … zusammenzufassen oder auszuwerten.

Als Ergebnis einer Zuruffrage oder einer Kleingruppenarbeit kann dann ein solches Chart (s. Abb.) entstehen.

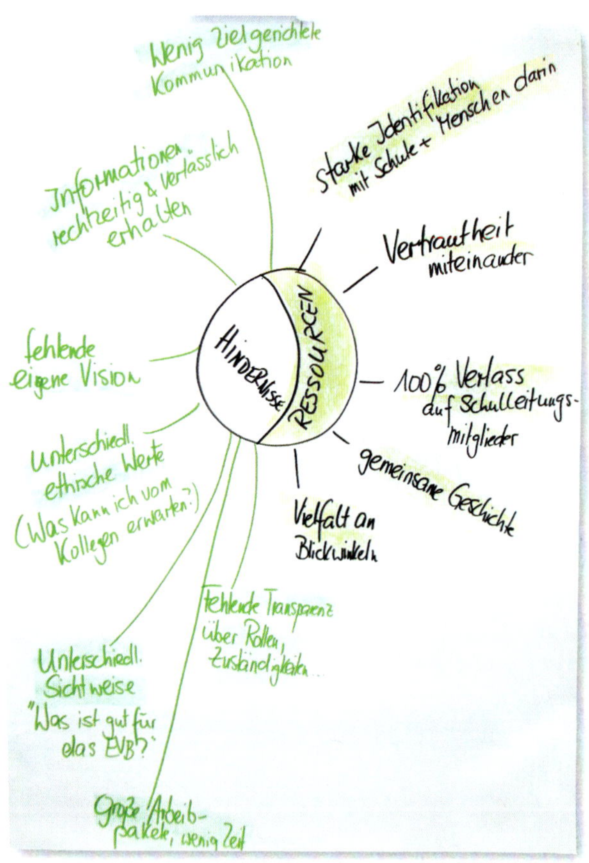

Zusammenarbeit live erleben

Die große Chance von Kooperationsübungen liegt ja darin, dass sowohl die einzelne Person als auch das Team als Ganzes „aus dem Kopf herauskommen". Weg vom theoretischen Darüberreden, hin in die Handlung und damit in andere, häufig nicht so bewusste, Verhaltensmuster.

Man kann unvergessliche Sternstunden erleben – dann, wenn die Zusammenarbeit auf die Probe gestellt wird und das Team dabei an Punkte gelangt, die auch im richtigen Leben gut tun – oder eben „schmerzen". Das gelingt nicht immer gleich gut, denn mehrere Faktoren spielen eine Rolle. Die Übung muss passen – zur Situation, zum Thema, zur Gruppe. Vor allem muss das Team – oder wenigstens Einzelne, auch bereit sein, hinzugucken, die Parallelen zur echten Praxis wahr- und anzunehmen.

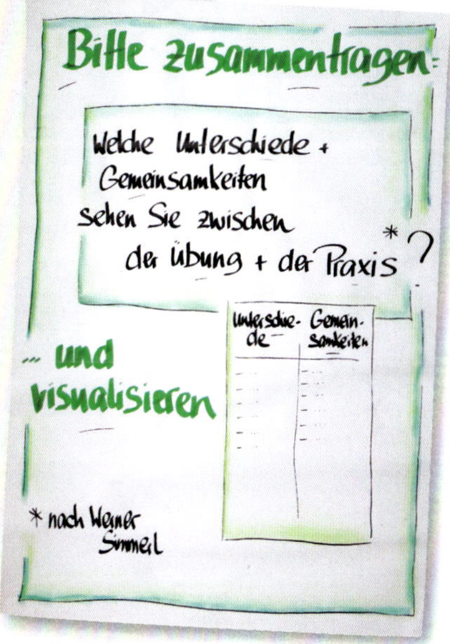

Bekanntlich sind die Dinge besonders lehrreich, wenn sie selbst entdeckt werden. Wir lassen die Teilnehmer bewusst ihre Auswertungserkenntnisse selbst finden. Und wir setzen gerne, vorausgesetzt die Gruppengröße lässt es zu, Beobachter aus der Gruppe ein. Eine Rückmeldung durch die Moderatorin oder den Trainer ist allenfalls eine Ergänzung.

Grundsätzlich ganz genial finden wir die abgebildete Auswertungsfrage auf der voranstehenden Seite (veröffentlicht und besprochen in: Die Fragen-Kollektion).

Einige der Übungen, die wir hier vorstellen, bieten viel Raum für die Selbsterkenntnis – andere sind eher einfache Aktivierungen, die herausfordern und schnell ein Gemeinschaftsgefühl schaffen.

Noch ein Hinweis, der Aktualität geschuldet: Bei fast allen Übungen geht es auch um Selbstorganisation – und damit um agiles Arbeiten.

Zu diesem Schwerpunkt finden Sie diese Methoden

Raum im Chaos

Workshop-Beginn: Der Raum ist nicht vorbereitet, stattdessen befindet er sich in einem chaotischen Zustand. Für die Gruppe eine Zumutung der erkenntnisreichen Art.

Uhrenlauf

Eine einfache, kooperative Übung, die die Teilnehmer schnell miteinander in Aktion bringt. Alle müssen auf Zeit einen Kreis durchqueren, dazu gibt es Regeln. Kann, muss aber nicht unbedingt ausgewertet werden.

Zahlen tippen

Auch hier geht es auf Zeit – und um Wettbewerb. Für den Erfolg braucht es eine gute Strategie und disziplinierte Umsetzung. Die Übung ist auf verschiedene Art (einfach oder schwieriger) einsetzbar bzw. veränderbar.

Seilerei

Ganz schön komplex, diese Kooperationsübung, bei der es besonders auf kommunikative Fähigkeiten ankommt. Ein Kundenauftrag muss erfüllt werden, mehrere „Geschäftsbereiche" sind involviert und müssen trotz verschiedener Handicaps irgendwie miteinander klarkommen …

Flying Frisbee Factory

Diese spannende Aktion bildet einen Produktionsprozess ab, an dessen Ende ein Kunde mit hohen Qualitätsansprüchen steht. Der Umgang mit (starren) Regeln, schnittstellenübergreifende Zusammenarbeit, agile Selbstorganisation und Führung sind die Schwerpunkte dieser Übung.

Schachbrett

Die Lieblingsübung der Autorin Amelie Funcke – sehr vielschichtig und erkenntnisreich. Durch ein Spielfeld muss ein Weg gefunden und von allen gemeistert werden. Eine überraschende Veränderung sorgt für Verwirrung. Die Aktion kann metaphorisch für die Bewältigung eines Projektes oder eines Change-Prozesses stehen.

Change Parcours

Die typischen Tücken eines Veränderungsprozesses werden hier erlebt oder auch „durchlitten". Dabei geht es um Vertrauen, den Umgang mit dem Ungewissen, Kommunikation und Kontakt und die Rolle der Teamleitung. Auf der Grundlage des Erlebten kann in die Zukunft geschaut werden.

Raum im Chaos

Durch einen unerwarteten Workshop-Auftakt für Veränderungen und die eigenen Reaktionen darauf sensibilisieren

Anwendung und Wirkung

Veränderungen in der Organisation bringen es häufig mit sich, dass man Vertrautes aufgeben und sich in einer ungewohnten Umgebung neu zurechtfinden muss. Was bewirkt dies in einem Team? Dies können Sie im Workshop zu Beginn einer Teamentwicklung „erleben lassen", indem die Teammitglieder beim Eintreten einen völlig chaotischen Raum vorfinden. Als Moderator haben Sie vor Beginn der Veranstaltung zwar alle Hände voll damit zu tun, das entsprechende Chaos herzustellen. Bringt aber auch Spaß und sorgt für einen Einstieg, der länger nachwirkt. Manchmal helfen dabei engagierte (und zuweilen überraschte) Hotelangestellte.

Vorgehen

Klären Sie vorab mit dem Hotelpersonal die ungewöhnliche Raumgestaltung: kreuz und quer stehende Stühle, umgekippte Flipcharts, Moderationsmaterial verstreut etc. (Abb.)

Fangen Sie die Teammitglieder vor Beginn der Veranstaltung ab und versammeln Sie sie im Foyer.

Ist das Team vollständig, lassen Sie sie eintreten. Sorgen Sie für ein bisschen Dramatik, entschuldigen Sie sich für die Unordnung und bitten Sie die Gruppe, den Raum so einzurichten, dass sie gern dort arbeiten möchten, z.B. so:

„Ich weiß nicht, was da passiert ist. Normalerweise ist das Personal hier sehr zuverlässig. Tut mir sehr leid für diese Unordnung. Vielleicht, wenn Sie alle mit anpacken und sich den Raum so einrichten, dass Sie sich wohlfühlen, dann können wir starten."

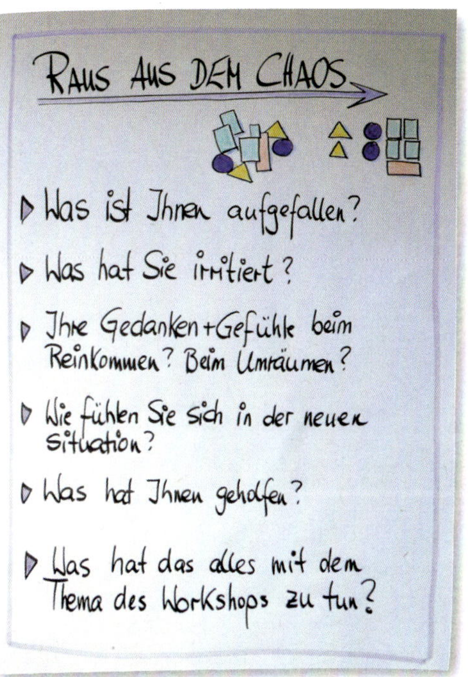

Auswertung

Nach der Aufräumaktion bitten Sie die Teilnehmenden zur Auswertung im Plenum zusammenzukommen. Hier ein paar Beispiele für Leitfragen:

- Was ist Ihnen aufgefallen?
- Was hat Sie irritiert?
- Ihre Gedanken und Gefühle beim Reinkommen?
- Beim Umräumen?
- Wie fühlen Sie sich in der neuen Situation?
- Was hat Ihnen geholfen?
- Was hat das alles mit dem Thema des Workshops zu tun?

Je nach Dauer des Aufräumens und der Intensität der Diskussion können Sie anschließend eine kleine „Umschaltpause" einlegen oder direkt in den Workshop einleiten.

Praxistipps

- Die Reaktionen der einzelnen Teammitglieder können sehr unterschiedlich sein; von sofortigem Ärmelhochkrempeln über verdattert Stehenbleiben bis hin zur Totalverweigerung (Kaffeetrinken im Foyer) ist alles möglich.
- Als Moderator sollten Sie möglichst der Erste im Raum sein, um Gesichtsausdrücke sowie die Szenen der Absprache und des Gestaltens wahrzunehmen und zu dokumentieren. Die Erlebnisse und Reaktionen

der einzelnen Teammitglieder können im weiteren Verlauf der Teamentwicklung immer wieder herangezogen und – je nach Thema des Teams – erweitert und vertieft werden.

- Es hat sich auch bewährt, sich selbst ein Eckchen zu schaffen für die eigenen Vorbereitungen, um sie dann schnell aufbauen zu können.

Vertiefendes/ Hintergrund

- *Phase:* Ungewöhnlicher Auftakt in einen Team-Workshop
- *Situation:* Wenn es darum geht, für den eigenen Umgang mit Veränderungen sowie den als Team zu sensibilisieren

---

Technische Hinweise

- *Gruppierung*: Ab 6 Personen
- *Setting*: Wilde Verteilung der Stühle, Tische, Pinnwände etc. im Raum
- *Medien/Material*: s.o.
- *Dauer*: Insgesamt 20-30 Minuten inkl. Vorbereitung und Auswertung im Plenum; ggf. später darauf zurückkommen
- *Vorbereitung:* Den Raum chaotisch gestalten

Uhrenlauf

Strategisch klug und möglichst schnell mit dem gesamten Team eine Fläche durchqueren

Anwendung und Wirkung

Diese einfache Teamübung bringt die Gruppe schnell miteinander in Aktion. Um eine gute Zeit zu erreichen – und das ist das Ziel – muss optimal kooperiert werden. Die Methode eignet sich als Aktivierung nach der Mittagspause oder auch als eine Metapher für Zusammenarbeit, bei der unterschiedliche Aspekte von Kooperation herausgearbeitet werden können (aber nicht müssen!).

Vorgehen

Alle stehen im Kreis, ein Ring (30-50 cm Durchmesser) liegt in der Mitte. Die Moderatorin gibt der Gruppe folgende Aufgabe: Alle müssen auf Zeit den Kreis einmal durchqueren und dabei in den Ring treten oder fassen, ohne diesen oder ein anderes Gruppenmitglied zu berühren. Für jede Berührung werden zwei Strafsekunden berechnet. Gleich im ersten Durchgang wird die Zeit gestoppt. Anschließend überlegt und probiert die Gruppe Strategien, mit denen das Zeitergebnis verbessert werden kann.

Auswertung

Sie ist nicht zwingend erforderlich. Falls jedoch gewünscht, können Sie wählen zwischen einer schnelleren und einer intensiveren Variante.

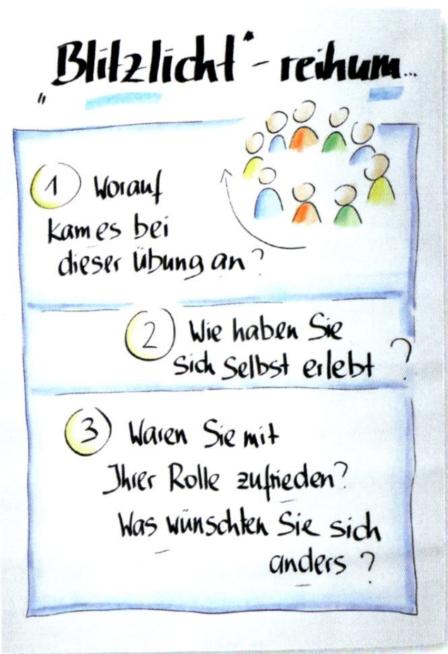

Die schnelle Variante – hier arbeiten wir gerne mit der folgenden Fragenauswahl:

- Beschreiben Sie, was passiert ist.
- Worauf kommt es bei dieser Übung an?
- Wie haben Sie sich persönlich erlebt? Waren Sie mit Ihrer Rolle zufrieden?
- Was hat das Erlebte mit uns als Team zu tun?

Geantwortet wird als Blitzlicht: Reihum äußert sich jeder Teilnehmer kurz und knackig zur Frage. Die Antworten werden gehört und nicht kommentiert, das Gesagte bleibt so stehen.

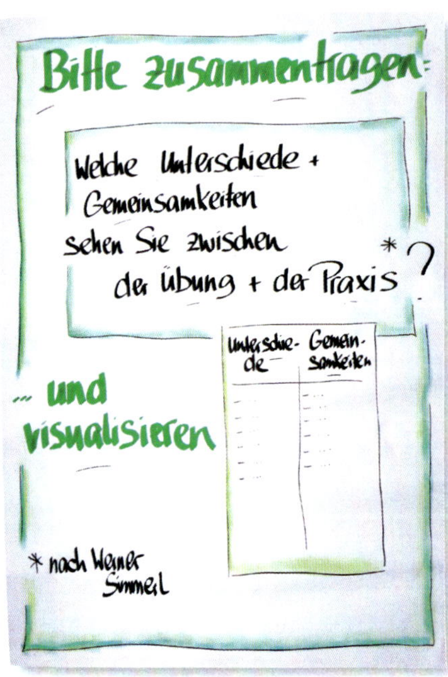

Die intensive Variante – beginnen Sie ggf. mit 1-2 der Blitzlichtfragen und notieren Sie die Antworten auf Flipchart.

Bilden Sie anschließend Kleingruppen und erteilen Sie diesen den Auftrag,

- Unterschiede und
- Gemeinsamkeiten

zwischen der soeben erlebten Übung und der Praxis zusammenzutragen und zu visualisieren. Die Ergebnisse werden präsentiert und ggf. Themen für die weitere Teamentwicklung daraus abgeleitet.

Praxistipps

- Normalerweise passiert bei der Übung Folgendes: Nach dem ersten Versuch werden im Team verschiedene verbesserte Durchführungsstrategien überlegt, wieder verworfen, diskutiert, schließlich einigt man sich auf eine, die ausprobiert wird. Im ganzen Prozess engagieren sich einige mehr, andere weniger. Das dann gestoppte Ergebnis ist immer besser als beim ersten Durchgang. Fragen Sie die Gruppe nun, ob sie damit zufrieden ist. Einige rufen dann sofort „Ja!" und wenden sich erleichtert ihren Plätzen zu, andere haben mehr Ehrgeiz und meist einigt man sich auf einen weiteren Versuch. Was auch immer geschieht – alles beinhaltet (bei Bedarf) Auswertungsstoff.
- Bei der intensiveren Auswertungsvariante könnte sich auch der Blick auf das Verhalten des Einzelnen lohnen. Wie hat er sich im Prozess verhalten und was hat das mit dem richtigen Leben zu tun? Und weiter: Wie ist die Gruppe mit Einzelnen umgegangen? Wurden z.B. kreative Ideen aufgegriffen oder gar nicht gehört?

Vertiefendes/ Hintergrund

- *Phase:* Einstieg in die Themenbearbeitung oder nach einer Pause
- *Situation:* Wenn Sie die Gruppe in Aktion bringen wollen, wenn eine Kooperationserfahrung im Team sinnvoll ist

Technische Hinweise

- *Gruppierung*: 8-20 Personen
- *Setting*: Alle im Raum
- *Medien/Material*: Ein Ring oder alternativ ein Seil oder Tesakrepp
- *Dauer*: 10-15 Minuten ohne Auswertung
- *Vorbereitung:* Ggf. Chart mit Fragen bzw. Anleitungschart für die Gruppenarbeit (Auswertung)

Variation

Lassen Sie zwei oder mehr Teams parallel um die Wette agieren.

Zahlen tippen

Karten möglichst schnell in der richtigen Reihenfolge berühren

Anwendung und Wirkung

Mit dieser unaufwendigen Teamübung können Sie zwei Phasen in Kooperationsprozessen symbolisieren und erlebbar machen: die Strategieentwicklung und die Umsetzung. Die Methode lässt sich entweder als herausfordernde Aktivierung für zwischendurch einsetzen – und kann dann (evtl. nach kurzer Reflexion) einfach so stehen bleiben. Sie bietet aber durchaus auch „Stoff" für genauere Beobachtung von außen und anschließende Auswertung der Verhaltensweisen, der Organisation und der Zusammenarbeit in den beiden unterschiedlichen Phasen. Auch zum Verständnis von „agilen Arbeitsformen" kann die Methode beitragen. Die gewonnenen Erkenntnisse lassen sich dann gemeinsam auf die Berufspraxis und künftige Vorhaben übertragen.

Vorgehen

Auf dem Fußboden des Veranstaltungsraumes wird mithilfe eines Seiles oder Tesakrepp ein Spielfeld abgegrenzt (4x3 m). In diesem Bereich werden Karten willkürlich verteilt, auf denen Zahlen von 1-30 notiert sind.

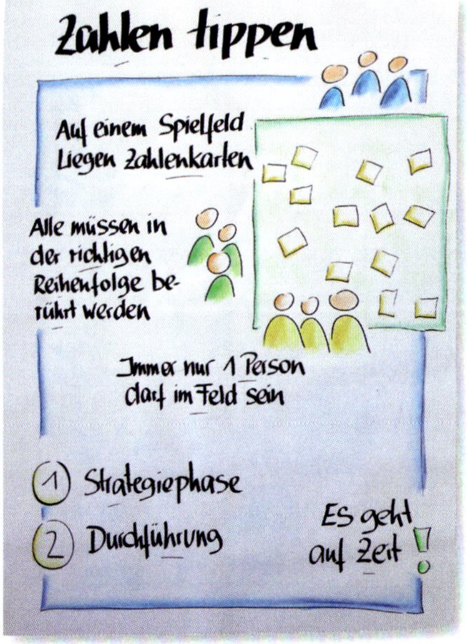

Bilden Sie nun Kleingruppen („Tippgemeinschaften") à 3-6 Personen und erläutern Sie die Aufgabe:

- Alle Zahlenkarten müssen in aufsteigender Reihenfolge berührt werden.

- Jeweils alle Teammitglieder sollen sich beteiligen.
- Innerhalb des Spielfelds darf sich jedoch immer nur eine Person befinden.

Die Übung findet nun in zwei voneinander getrennten Phasen statt:

1. Die Teams überlegen sich eine gute Strategie (5-10 Minuten).
2. Nacheinander führen die Gruppen die Aufgabe durch bzw. setzen ihre Strategien um. Dabei wird die Zeit gestoppt. Jede Regelverletzung kostet drei Sekunden, die dem Ergebnis zugerechnet werden.

Das Team, das am wenigsten Zeit benötigt, gewinnt.

Praxistipp

Wenn Sie die Methode als „Lernprojekt" einsetzen wollen, empfehlen wir, eine der schwierigeren Varianten auszuwählen (s. Rubrik Variationen).

Vertiefendes/ Hintergrund

- *Phase:* Einstieg in die Themenbearbeitung oder nach einer Pause
- *Situation:* Wenn Sie die Gruppe in Aktion bringen wollen, wenn eine Kooperationserfahrung im Team sinnvoll ist

Technische Hinweise

- *Gruppierung*: Mehrere Teams im Raum
- *Setting*: Stehend auf einer Freifläche
- *Medien/Material*: Seil oder Tesakrepp zur Spielfeldabgrenzung, Karten mit Zahlen von 1-30, Stoppuhr
- *Dauer*: 10-20 Minuten ohne Auswertung
- *Vorbereitung:* Karten mit Zahlen beschriften, Spielfläche abgrenzen

Variationen

- **Geben Sie die Möglichkeit zur Optimierung:** Nach der ersten Runde haben die Teams kurz Zeit, ihre Strategien neu abzustimmen. Danach findet ein weiterer Durchgang statt.
- **Nehmen Sie die Konkurrenz heraus:** Die ganze Gruppe arbeitet am gleichen Ziel und hat mehrere Anläufe, um ihr Zeitergebnis zu verbessern.
- **Setzen Sie Beobachter ein:** Diese beobachten das Geschehen und geben Rückmeldung, z.B.: Wie arbeitet das Team zusammen? Welche Rollen werden sichtbar und wer übernimmt welche Rolle? Wie wird die Strategie/wie werden Vereinbarungen umgesetzt? Wie wird mit Fehlern umgegangen?

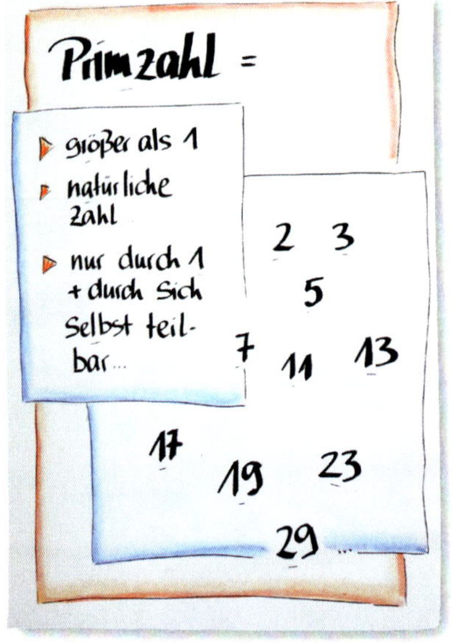

- **Erschweren Sie die Übung bzw. erhöhen Sie den Druck.** Zahlreiche Varianten sind möglich und Ihrer Kreativität überlassen, z.B.:
  - Mehr Zahlenkarten nutzen.
  - Absteigende Reihenfolge vorgeben.
  - Nur gerade oder nur ungerade Zahlen dürfen berührt werden.
  - Bestimmte Zahlen (z.B. alle Primzahlen) werden gesondert behandelt, z.B. dürfen sie gar nicht oder müssen mit dem Fuß berührt werden. (Übrigens, die Primzahlen sind: 2, 3, 5, 7, 11, 13, 17, 19, 23, 29.)
  - Die Teilnehmer dürfen während der Durchführung nicht sprechen und keine Geräusche machen.
  - Es werden mehrere Durchgänge mit jeweils veränderten Aufgabenstellungen durchgeführt.

- **Einsatz als Metapher für ein „Teamprojekt":** Eine etwas komplexere, aufwendigere Variante, ähnlich dem „Schachbrett" (Seite 81). Den beiden Schritten „Strategiebildung" und „Umsetzung" wird eine weitere Phase („Verständnisphase") vorangestellt, in der sich das Team mit der Aufgabe und den Regeln vertraut macht. Die Teilnehmer bekommen dazu einen DIN-A4-Bogen, auf dem die folgenden Regeln notiert sind:

Berühren Sie, so schnell es geht, die Zahlen von 1-30 in der aufsteigenden Reihenfolge. Diese Regeln gelten, jeder Regelverstoß kostet 3 Sekunden.

- Es darf sich immer nur eine Person im Feld befinden. Alle anderen müssen hinter der Linie bleiben.
- Die festgelegte Reihenfolge der Personen muss eingehalten werden.
- Immer nach dem Berühren einer Primzahl ist Wechsel
- Sie bekommen 10 Minuten Planungszeit. Jede angefangene Minute, die Sie länger brauchen, kostet 3 Sekunden.
- Nach der Planungsphase dürfen Sie nicht reden und auch keine Geräusche machen.

Bitte geben Sie dieses Papier vor der Strategiebildung zurück.

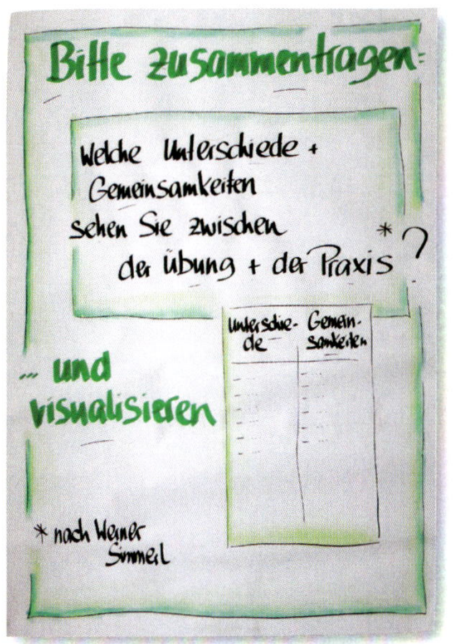

- Bei der Auswertung sind dann die folgenden Gesichtspunkte interessant:
  - Gab es ein gemeinsames Aufgabenverständnis? Wie wurde es hergestellt?
  - Wurde die Aufgabe richtig verstanden – und wurde die Möglichkeit, dem Moderator Verständnisfragen zu stellen genutzt? („Haben Sie Fragen?“)
  - Wie wurde mit den Regeln umgegangen?
  - Wie wurde die Strategie geplant? Wer hat dabei welche „Rolle“ übernommen?
  - Wie gestaltete sich die Durchführungsphase? Wie wurde miteinander und z.B. mit Fehlern umgegangen?
  - Wie hat sich die Gruppe insgesamt organisiert?

  Zur Übertragung auf den Berufsalltag hat sich diese Frage (von Werner Simmerl) bewährt: Welche Unterschiede und Gemeinsamkeiten sehen Sie zwischen dieser Übung und der Praxis?

- Die Firma Metalog bietet mit „Complexity“ ein Materialset sowie eine weitere, ebenfalls etwas komplexere Variante dieser Übung an. Details: www.metalog.de

Seilerei

Spielerisch das Rollenverständnis sowie das Kommunikationsverhalten im Team herausfiltern und erlebbar machen

Anwendung und Wirkung

Bei diesem Spiel macht das Team die Erfahrung, wie es insbesondere um seine kommunikativen Fähigkeiten bestellt ist. Die Auswertung ermöglicht anschließend die Klärung folgender Fragen: Inwieweit denken und handeln wir vorausschauend? Überprüfen wir eigene Annahmen oder verlassen wir uns nur auf unsere eigene Sichtweise? Wie überwinden wir Hindernisse und finden Lösungen? Inwieweit gelingt es uns, Informationen einfühlsam zu vermitteln, auch wenn die Situation unklar ist?

Vorgehen

Vorbereitung

Die Gruppe teilt sich in drei Bereiche: Geschäftsleitung (GF, 2 Personen), mittleres Management (M, 2-4 Personen), Produktion (P, 3-4 Personen) sowie, wenn möglich, Beobachter (B).

Die Arbeitsbereiche der drei Gruppen werden räumlich getrennt; zwischen Geschäftsleitung und Produktion besteht kein Sichtkontakt.

Die Beobachter können zwischen allen Bereichen hin und her wechseln (siehe Abb.).

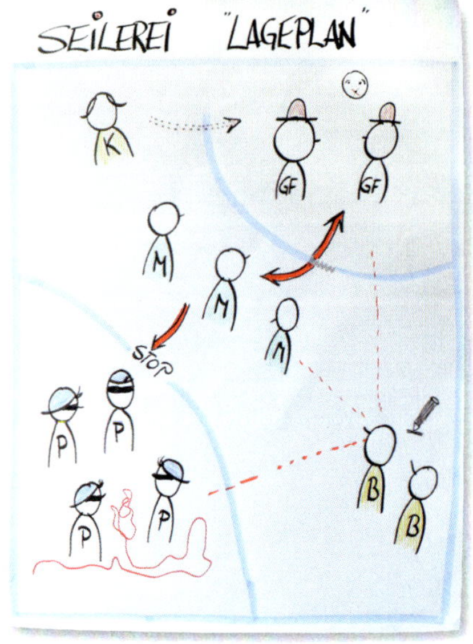

Wichtig für Sie: Es gibt drei Handicaps:

1. Die Produktion ist blind.
2. Die Geschäftsleitung ist stumm.
3. Geschäftsleitung und Produktion wissen nichts über die „Handicaps" der jeweils anderen Gruppe.

In dieser Übung übernehmen Sie eine Doppelrolle: die der Moderatorin und die einer Kundin (K). Beauftragen Sie in der Rolle der „Kundin" die Geschäftsleitung, innerhalb einer gesetzten Frist (15 Minuten) aus einem Seil ein gleichschenkliges Dreieck zu bilden, dessen Enden mit drei Wäscheklammern justiert sind.

Aufgabe der Geschäftsleitung ist es, diesen Auftrag nonverbal und ohne Hilfsmittel an das mittlere Management weiterzugeben. Die Geschäftsleitung erhält den Auftrag von Ihnen zusätzlich schriftlich (Aufgabenblatt in den Download-Ressourcen).

Das mittlere Management gibt den Auftrag an die Produktion weiter, darf aber den Produktionsraum nur bis zu einer gezogenen Linie betreten. Die Produktion wiederum ist eingeschränkt, da ihr von Ihnen die Augen verbunden wurden.

Wichtig:

a) Das mittlere Management erfährt von der „Blindheit" der Produktion erst, wenn sie den Produktionsbereich betritt.
b) Der Produktionsbereich wird durch eine Linie vom restlichen Raum abgetrennt, und das mittlere Management muss für die Einweisung der Produktion hinter der Linie bleiben (Produktionsraum darf nicht betreten werden).

Action

Der Produktion werden von Ihnen die Augen verbunden, während die Geschäftsleitung sich auf die Vermittlung des Auftrages an das mittlere Management vorbereitet (5 Minuten). Legen Sie das Seil und die Wäscheklammern in den Arbeitsbereich. Wenn es keine weiteren Fragen gibt, läuft die Zeit.

Sollte der Fertigungsprozess zu „reibungslos" verlaufen, können Sie zwischendurch und insbesondere gegen Ende der Produktionszeit zusätzlichen Druck aufbauen. Haken Sie z.B. nach: *„Ich kam gerade an Ihrer*

Fabrik vorbei: Sie sind noch nicht sonderlich weit gekommen, stimmt's? Wird die Produktion überhaupt fristgerecht fertig?" Oder teilen Sie der Geschäftsleitung gegen Ende mit, dass Sie als Kundin ihre Meinung geändert haben und nun statt des Dreiecks ein Quadrat (oder einen Kreis) wünschen.

Die Beobachter erhalten einen Beobachtungsbogen (den Bogen finden Sie auch in den Download-Ressourcen) und machen sich Notizen.

Zentrale Fragen für die Auswertung sind:

- Inwieweit wussten Geschäftsleitung und Produktionsgruppe von den Handicaps der jeweils anderen Gruppe (keine Sprache, keine Sicht)?
- Wie ist der Informationsaustausch zwischen Geschäftsleitung, dem mittleren Management und der Produktionsgruppe gelaufen? Hat z.B. das mittlere Management die ganze Zeit Kontakt zu beiden Seiten gehalten?
- Wurden alle notwendigen Informationen gegeben oder ist etwas auf der Strecke geblieben?
- Wurden alle Ressourcen (Personen Produktion, Arbeitsmittel etc.) genutzt?
- Wie war die Arbeitsatmosphäre: im Produktionsteam vor Start des Projektes? Während der Produktionsphase? Zwischen den Mitgliedern des mittleren Managements? Zwischen Geschäftsleitung und dem mittleren Management?
- Wie war das Zeitmanagement? Inwieweit wurde das Zeitbudget ausgeschöpft?

Auswertung 1: Qualitäts-Check

Nach Abschluss der Spiels bitten Sie Geschäftsleitung und mittleres Management in den Produktionsbereich. Überprüfen Sie als Kundin die Umsetzung der Qualitätskriterien (Zollstock).

Auswertung 2: Reflexion

Bei der Auswertung der Übung werden zunächst das Produktionsteam, dann das mittlere Management, dann die Geschäftsleitung und abschließend die Beobachter nach ihren Eindrücken gefragt.

Beispiele für Reflexionsfragen:

- Was war über die jeweiligen Handicaps bekannt?
- Wann wurde der Liefertermin genannt? Gab es Änderungen? Mit welchen Auswirkungen?
- Wie geschah der Austausch in den Gruppen? Wie wurde kommuniziert?
- Wie viel Eigeninitiative und wie viel Lenkung von außen war in der Produktion beobachtbar?
- Wie hat die Geschäftsleitung den Informationsaustausch mit dem mittleren Management sichergestellt?

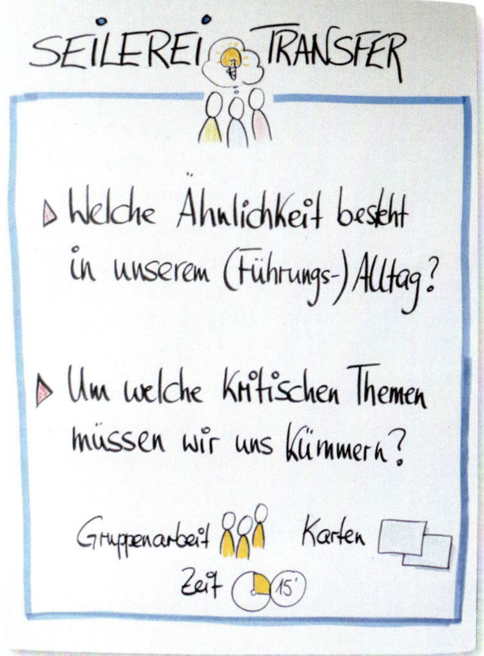

Auswertung 3: Transfer in die Praxis

Abschließend werden Parallelen zum Alltag des Teams gezogen, Erkenntnisse aus dieser Übung für die weitere Zusammenarbeit in Kleingruppen gesammelt und zusammengetragen (Abb.)

Praxistipps

- Je länger die „Produktion" blind und untätig herumsitzt und ohne Anweisung über das Was und Warum brütet, desto treffender kommen entsprechende Emotionen zum Ausdruck, wie sie häufig auch bei Veränderungsprojekten entstehen, wo nach der Ankündigung zunächst einmal scheinbar nichts geschieht und dies viel Raum für Spekulation und Gerüchte lässt.
- Ihre Doppelrolle als Moderatorin und Kundin können Sie z.B. über einen Hut deutlich machen.

Vertiefendes/ Hintergrund

- ***Phase:*** Zu Beginn der Teamentwicklung, nach dem Einstieg oder zum Ende als Zusammenfassung
- ***Situation:*** Zur Klärung der momentanen Situation und der zu bearbeitenden Themen des Teams

Technische Hinweise

- ***Gruppierung***: 6-12 Personen (mit 1-2 Beobachtern)
- ***Setting***: Stehend, in drei getrennten Räumen. Die Geschäftsleitung sollte keinen Einblick in die „Fabrik" haben

- *Medien/Material*: Ein 10 m langes Seil, 2-5 Augenbinden, 3 Wäscheklammern, Klebeband, um den Produktionsbereich abzugrenzen, eine Stoppuhr, Zollstock, Beobachtungsbogen, Arbeitsauftrag für die Geschäftsleitung
- *Dauer*: 60-90 Minuten inkl. Auswertung
- *Vorbereitung:* Material besorgen, Arbeitsauftrag und Beobachtungsbogen ausdrucken

---

Variationen

- Für ein international zusammengesetztes Team kann es eine zusätzliche Herausforderung sein, wenn die Mitglieder des mittleren Managements sowohl untereinander als auch mit der Geschäftsleitung und der Produktion nur in ihren Landessprachen sprechen dürfen.
- Statt eines Dreiecks können Sie auch aus zwei Seilen einen Kreis und ein Quadrat bauen lassen. Dabei müssen die Ecken des Quadrates den Kreis berühren.

Flying Frisbee Factory

Mit Kommunikation und klugen Führungsentscheidungen als Team agil zusammenarbeiten

Anwendung und Wirkung

In dieser Übung erleben die Teammitglieder eindrucks- und mitunter leidvoll, was ein agiles Zusammenwirken bedeutet, welche Tücken darin lauern und was es braucht, um die an das Team gestellten Anforderungen zu meistern. Sie können diese spannende Intervention als Auftakt in Workshops einsetzen, um die momentane Situation des Teams auf die „Bühne" zu bringen. Oder Sie nutzen sie als zusammenfassenden Abschluss eines Workshops, in dem das Team verschiedene Aspekte einer agilen Zusammenarbeit bearbeitet hat.

Die Vorbereitung für diese Intervention mag etwas aufwendiger sein (u.a. gehört dazu, dass der Moderator eine Vorlage bastelt, was mitunter auch die Geduld auf die Probe stellt). Dennoch lohnt sich der Aufwand, da der Betroffenheitsgrad in der Regel hoch ist, die Fragen aus der Übung meist zu regen Diskussionen führen und die Erkenntnisse sich dann nahtlos auf die relevanten Themen der Gruppe übertragen lassen.

Vorgehen

Vorbereitung durch die Moderatoren

Bereiten Sie in einer Pause das Setting im Raum vor. Legen Sie hierfür auf einem Materialtisch zunächst das gesamte Material aus (s. Liste auf der Folgeseite) und verteilen Sie (bei 20 Teilnehmenden) fünf weitere Arbeitstische wahllos im Raum – möglichst weit voneinander entfernt und so, dass sich die Arbeitsgruppen nicht ansehen.

Markieren Sie nun die einzelnen Tische („Abteilungen") durch die Aufsteller und verteilen Sie je nach Station die dort benötigten Materialien und Werkzeuge. Teamleitung und Qualitätskontrolle haben keinen Tisch.

Materialtisch

- ▶ 16 Bögen Tonpapier (max. 130 g) à 50 x 70 cm oder 8 Bögen (max. 130 g) à 100 x 130 cm, 8-10 Farben (ggf. je 2 Bögen eine Farbe)
- ▶ ein Ansichts-Frisbee
- ▶ Bleistifte
- ▶ 3 Scheren
- ▶ 3 Lineale (40 cm)
- ▶ Farbstifte
- ▶ 3 Winkelmesser
- ▶ Faltanleitungen für die Falterei A und B
- ▶ Coaching-Angebot im Umschlag (für die Moderatoren)
- ▶ Beobachterbögen und Arbeitsanweisungen für die Stationen
- ▶ Aufsteller für die Tische

Ablauf

Leiten Sie die Übung ein und skizzieren Sie dabei den Ablauf:

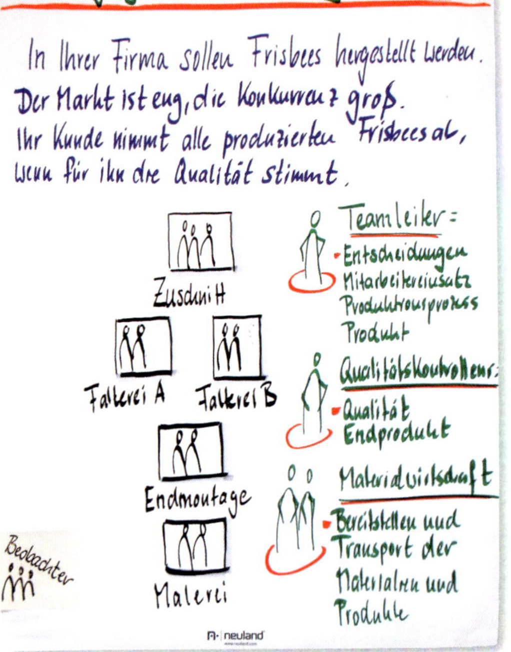

„In Ihrer Fabrik sollen Frisbees hergestellt werden. Der Markt für dieses Produkt ist sehr eng und die Konkurrenz sehr groß. Es wurde jedoch ein Kunde gefunden, der alle in Ihrer Firma produzierten Frisbees abnehmen würde, wenn seine sehr hohen Qualitätsanforderungen erfüllt werden. Für die Produktion stehen 90 Minuten zur Verfügung.

Ihr Betrieb besteht aus:

- ▶ *Abt. Zuschnitt*
- ▶ *Abt. Falterei A*
- ▶ *Abt. Falterei B*
- ▶ *Abt. Endmontage*
- ▶ *Abt. Malerei*

Alle Abteilungen haben klar definierte Aufgaben. Diese befinden Sie auf Ihren Arbeitsanweisungen, die Sie erhalten werden.

Wichtige Funktionen darüber hinaus sind:

1. ***Teamleiter (1 Person):*** *Entscheidet über Einsatz der Mitarbeiter, Produktionsprozess, Produkt*
2. ***Qualitätskontrolle (1 Person):*** *Verantwortlich für die Qualität des Endproduktes*
3. ***Materialwirtschaft (2 Personen):*** *Verantwortlich für Bereitstellung und Transport der Materialien und Produkte."*

Beantworten Sie nun aufkommende Fragen.

Verteilen Sie anschließend die Rollen. Bei 20 Teilnehmenden z.B.: 1 x Teamleiter, 1 x Qualitätskontrolle (beide ohne Tisch), 2 x Materialwirtschaft, 3 x Zuschnitt, je 3 x Falterei A und B, 2 x Endmontage, 2 x Malerei, sowie 3 Beobachter.

Achten Sie darauf, dass Führungskräfte in eine andere als die Führungsrolle schlüpfen.

Wenn Sie in der Moderation zu zweit arbeiten, lassen Sie die Gruppe wissen, dass Sie die Rollen als Kunde sowie als Coach übernehmen. Sind Sie allein, dann können Sie den Wechsel zwischen den Rollen durch unterschiedliche Attribute (Hut, Schal, Button o.Ä.) kennzeichnen.

Zeigen Sie dann für alle gut sichtbar die Regeln und Anweisungen für die Übung auf dem Flipchart (Abb.):

- Arbeitsanweisungen der einzelnen Abteilungen beachten
- Materialbeschaffung und Transport obliegt allein dem Verantwortlichen für Materialwirtschaft
- Jeder Teilnehmer muss in seiner Abteilung bleiben
- Keine freie Kommunikation mit den anderen Abteilungen, nur über den Teamleiter
- Keine Veränderung der Methode oder der Werkzeuge möglich
- Nur der Teamleiter kann über Veränderungen, z.B. die Abteilungszusammenstellung, entscheiden
- Prinzipielle Änderungen sind verboten!

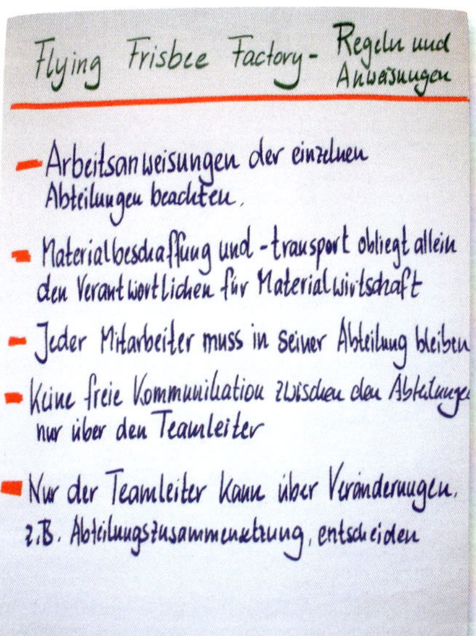

Sind die Rollen aufgeteilt, geben Sie die dazugehörenden Arbeitsanweisungen aus und bitten Sie die Teammitglieder, sich zu ihrer entsprechenden Station zu begeben (Instruktionen siehe Beitragsende). Überlassen Sie dem Teamleiter, wie er mit den (absurden) Regeln umgeht.

Und Action! Es beginnt der Produktionsprozess. Der Teamleiter hat nun 90 Minuten Zeit, dafür zu sorgen, dass die Frisbees gemäß den Qualitätsanforderungen des Kunden gefertigt werden.

Im Verlauf der Übungen streuen Sie Interventionen ein:

Kundenwünsche

Bitten Sie in Ihrer Rolle als Kunde den Teamleiter z.B. um Vorschläge für ein Logo sowie mögliche Motive für die Bemalung (z.B. weihnachtliches Motiv in der Weihnachtszeit). Ändern Sie bei Bedarf diesbezüglich auch Ihre Meinung, um den Emotionsgrad zu erhöhen bzw. lehnen Sie Frisbees ab, die nicht den Qualitätsanforderungen entsprechen (z.B. Bleistiftspuren, unsaubere Faltungen etc.).

Die Führungskräfte-Coaching GmbH bietet exklusiv für Leiter von Produktionsprozessen ein Spezial-Coaching an.

Unser Speed-Coaching dauert nur 5 Minuten, die sich für Sie lohnen werden.

Kosten: 1 Frisbee

Coaching-Angebot

In der Rolle des Coachs übergeben Sie dem Teamleiter nach ca. 30-40 Minuten Produktionszeit den Umschlag mit dem Coaching-Angebot (s. Kasten).

Nimmt der Teamleiter das Angebot an, ziehen Sie sich als Coach mit ihm in einen ruhigen Bereich des Produktionsbetriebes zurück. Geben Sie ihm Feedback oder helfen Sie ihm durch geeignete Fragen bei seinem Anliegen weiter. Manchmal versucht der Teamleiter mit Ihnen über die Kosten zu verhandeln („Momentan noch kein Produkt fertig") und Sie mit einem Frisbee aus der „Erste Versuche"- oder „Ausschuss"-Kiste zufriedenzustellen. Überlegen Sie sich vorab, wie Sie mit solchen Situationen umgehen und mit welcher „Honorarlösung" Sie ggf. auch einverstanden wären.

Abb.: Ein mangelhaftes Exemplar

Produktionsende und Auslieferung

Nach spätestens 90 Minuten beenden Sie den Produktionsprozess und sichten gemeinsam die Ergebnisse. Entscheiden Sie in der Kundenrolle, welche Ware Sie akzeptieren und welche nicht.

Gelungene Exemplare könnten beispielsweise so aussehen (siehe rechts):

Auswertung 1

Bitten Sie die Gruppe, sich für die erste Auswertung in folgenden Teilgruppen zusammenzusetzen:

Gruppe 1: Teamleiter, Qualitätskontrolleur, Materialwirtschafter
Gruppen 2: Gemischte Gruppen aus Zuschnitt, Falterei A und B, Endmontage, Malerei
Gruppe 3: Beobachter

Beispiele für Auswertungsfragen Teamleiter, Qualitätskontrolle, Materialwirtschaft:

- Was ist uns gut gelungen?
- Was war schwierig?
- Wie ging es uns?
- Wie ging es unseren Mitarbeitern?
- Was hätten wir uns von den Mitarbeitern gewünscht?
- Wie hat sich der Prozess entwickelt?
- Wo gab es Wendepunkte? Und wodurch?
- Was würden wir das nächste Mal anders machen?

Beispiele für Auswertungsfragen für Zuschnitt, Falterei A + B, Endmontage, Malerei:

- Was ist uns gut gelungen?
- Was waren unangenehme Situationen?
- Wie sind wir damit umgegangen?
- Wie haben wir als Abteilungen zusammengearbeitet?
- Was wäre uns an Führung noch wichtig gewesen?
- Was würden wir als Mitarbeiter das nächste Mal anders machen?

Wahrnehmungen und Beobachtungen werden am Flipchart oder an einer Pinnwand gesammelt.

Auswertung 2: Transfer in die Praxis

Die Teilgruppen berichten von ihren Eindrücken und Erkenntnissen aus der Übung (Beobachter zuletzt). Ergänzende Kommentare als Kunde und Coach sowie als Moderatoren können hilfreich sein.

Anschließend erfolgt der Transfer auf den Alltag der Teammitglieder bzw. auf das Leitthema des Workshops: Was lernen wir daraus für unseren Alltag als Team bzw. für die Umsetzung unseres Teamauftrages? Was machen wir damit und wo gibt es „Hausaufgaben?"

Aus den gesammelten Erkenntnissen können Sie anschließend die Kernthemen herausarbeiten und im Folgenden Lösungen, Handlungsoptionen und konkrete Maßnahmen entwickeln.

Praxistipps

- Sorgen Sie beim Anordnen der Tische in der Vorbereitung dafür, dass die Organisation der Produktion dadurch möglichst umständlich wird und längere Wege entstehen.
- Wenn die Übung zu reibungslos abläuft, fordern Sie den Teamleiter (und das gesamte Produktionsteam) in Ihrer Rolle als kapriziöser Kunde heraus. Ändern Sie z.B. Ihre Meinung zur Gestaltung oder zum Motiv auf den Frisbees, und zwar während der Produktion oder wenn Sie die ersten Prototypen gezeigt bekommen. Geben Sie sie zurück mit dem Hinweis, der Markt sei eben sehr anspruchsvoll oder die Entscheidung komme „von ganz oben, weil die Mitbewerber diesem Betrieb um einiges voraus seien und sich was „ganz Tolles haben einfallen lassen."
- Je dicker das Papier, desto schwieriger ist es, sauber zu falten. Mit 130g-Tonpapier sind die geforderten Produkte möglich. Wir hatten unbeabsichtigt auch vereinzelt 160g-Bögen dazwischen – was zu einer größeren Herausforderung für die „Produktionsbereiche" wurde. Gleichzeitig hat dies den Reiz der Übung erhöht, denn: Wie wird dieses Problem gelöst? Wie gehen Teamleiter und Qualitätskontrolle damit um?
- Sollte die Materialwirtschaft nach mehr Material fragen: Gibt es nicht.
- Wenn die Gruppe sich schwertut, die Frisbees in der Endmontage zu bauen, können Sie die Anleitung aus dem Internet gegen einen Frisbee „verkaufen" (Tipp der Leserin Katrin Schubert).
  – https://de.wikihow.com/Einen-Origami-Stern-falten-(Shuriken)

Vertiefendes/ Hintergrund

- *Phase:* Als Einstieg in einen Teamworkshop zur Bearbeitung von Hindernissen und Lösungen in der Zusammenarbeit
- *Situation:* Wenn es sinnvoll erscheint, Zusammenarbeit unter herausfordernden Bedingungen zu erleben und daraus Schlüsse zu ziehen

Technische Hinweise

- *Gruppierung*: Mind. 16 Teilnehmende
- *Setting*: Bewegt und an Stationen im Raum
- *Medien/Material*: 6 Tische im Raum, 1 Ansichtsfrisbee, 16 Bögen Tonpapier 130 g, Bleistifte, 3 Scheren, 3 Lineale, Farbstifte, 3 Winkelmesser, Faltanleitungen, Rollenanweisungen, Aufsteller für Tische, Coaching-Angebot, Beobachterbögen
- *Dauer*: 120 Minuten, inkl. Einleitung und Auswertung
- *Vorbereitung:* Material besorgen, Fragen für die Auswertung überlegen, Flipchart mit Ablauf und Regeln erstellen

Variationen

- Die Auswertungsfragen für die jeweiligen Teilgruppen können je nach Anlass und Thema der Teamentwicklung angepasst werden.
- Die Farben der Bögen können variiert werden. Wichtig dabei ist, dass die Farben gut zusammen aussehen und Sie sie entsprechend auf Falterei A und B aufteilen. Denken Sie daran, die Farbänderungen auch in den Arbeitsanweisungen von Falterei A, B sowie Endmontage entsprechend zu ändern.
- Diese Übung kann auch gut als Abschluss eines Workshops eingesetzt werden, wenn es darum geht, als Team ein gemeinsames Fazit aus den besprochenen Themen zu ziehen – sozusagen als „Stunde der Wahrheit".

Infos und Rollenanweisungen

Instruktion für den Teamleiter

Der Teamleiter trägt die Verantwortung für den gesamten Produktionsprozess. Er ist Ansprechpartner für alle Stationen, koordiniert die einzelnen Abteilungen und kontrolliert die Qualität der Produkte sowie die Produktionsmenge.

Instruktion für die Qualitätskontrolle

Der Qualitätskontrolleur trägt die Verantwortung dafür, dass die Produkte in der gewünschten Qualität fertiggestellt werden. Er überwacht die Arbeit der einzelnen Stationen und nimmt ggf. Korrekturen gemäß der Qualitätskriterien und Abnahmebedingungen des Kunden vor (s. Kasten). Bei Qualitätsproblemen wendet er sich an den Teamleiter. Sein Material: ein Ansichts-Frisbee.

Instruktion für die Materialwirtschaft

Die Materialwirtschaft sorgt dafür, dass vom Zuschnitt bis zur Malerei alle Bereiche mit Werkzeug und Materialien versorgt sind. Sie beschafft die nötigen Arbeitsmittel und erstattet dem Teamleiter Bericht, sollte es Probleme im Materialfluss o.Ä. geben.

Instruktion für den Zuschnitt

Der Zuschnitt ist verantwortlich für das Zerschneiden der von der Materialwirtschaft bereitgestellten Papierbögen auf das Maß 23 x 23 cm.

Instruktion für die Falterei A

Die Falterei A ist verantwortlich für das Falten der A-Stücke gemäß der Faltanleitung und in den vorbestimmten Farben.

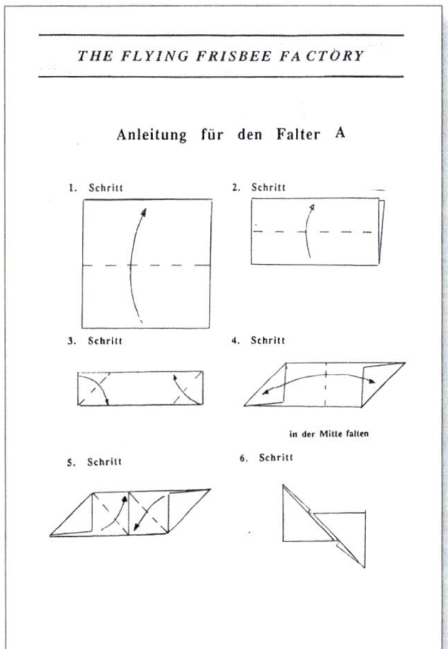

Instruktion für die Falterei B

Die Falterei B ist verantwortlich für das Falten der B-Stücke gemäß der Faltanleitung und in den vorbestimmten Farben.

Instruktion für die Endmontage

Die Endmontage setzt die A- und B-Stücke wie in der beiliegenden Anleitung beschrieben zusammen.

Instruktion für die Maler

Die Maler malen die montierten Frisbees auf einer Seite an. Anweisungen, was die künstlerische Ausgestaltung angeht, erhalten sie vom Teamleiter.

Instruktion für die Beobachter

Die Beobachter achten insbesondere auf das Führungsverhalten des Teamleiters, das Kommunikationsverhalten der Mitarbeiter, das Zusammenspiel zwischen Qualitätskontrolle und Teamleitung sowie zwischen den Abteilungen.

Ein persönliches Feedback zur Übung: „Ich fand die Übung sehr anspruchsvoll, sehr realitätsabbildend und super-geeignet, um Team-Prozesse erkennbar zu machen." (Auch hierfür Dank an Katrin Schubert).

Downloads/Quelle

- Die Instruktionstexte und Rollenbeschreibungen sowie zwei Faltanleitungen in A4 können Sie über die Download-Ressourcen abrufen.
- Erstmals kennengelernt bei einer gemeinsamen Teamentwicklung mit meinem Kollegen Johannes Gramß und dann immer wieder mit Vergnügen eingesetzt.

Das Schachbrett

Durch ein Spielfeld muss ein Weg gefunden und von allen bewältigt werden; eine überraschende Veränderung sorgt für Verwirrung und (inneren) Aufruhr

Anwendung und Wirkung

Diese Teamübung kann metaphorisch für ein Projekt oder einen Veränderungsprozess stehen, den die Gruppe symbolhaft gemeinsam meistert. Erlebbar werden drei Phasen in Entwicklungsprozessen: Instruktionsphase (gemeinsames Aufgabenverständnis), Strategieentwicklung und Umsetzung. In der hier beschriebenen Version der Übung ändert die Moderatorin einmal mittendrin plötzlich die Regeln. Nicht nur die Übung selbst, sondern auch die (Gefühls-)Reaktion der Einzelnen und des Teams darauf bietet anschließend viel Stoff zur nachdenklichen Reflexion und zur Übertragung des Erlebten auf die Echtsituation.

Vorgehen

Vorbereitung

Auf dem Fußboden des Veranstaltungsraumes wird mithilfe von Tesakrepp ein Schachbrett abgebildet. Bewährt haben sich 6x6-, 5x6- oder 5x7-Felder.

Fertigen Sie für sich selbst ein Lösungsblatt an, auf dem Sie das Spielfeld skizzieren und einen Weg einzeichnen. Dieses Blatt dürfen die Teilnehmer nicht sehen (s. Zeichnung weiter hinten)!

Einstieg in die Übung

Versammeln Sie nun alle Teilnehmer am Spielfeld und teilen Sie der Gruppe in knappen Worten mit, worum es geht:

„Durch das Spielfeld/Schachbrett (den anstehenden Change-Prozess) gibt es einen unsichtbaren Weg, dieser muss gefunden werden.

Die Aufgabe ist erst gelöst, wenn ALLE Teammitglieder den Weg gegangen sind und das Ziel bzw. die gegenüberliegende Seite des Spielfeldes erreicht haben.

Die Aufgabe besteht aus drei Phasen: der Instruktionsphase, der Strategiephase und der Durchführung.

Zur Bewältigung bekommen Sie ein Kapital von 12 Millionen Euro. Alles Weitere ergibt sich aus den Regeln …"

Bei diesen Worten geben Sie EINEN Papierbogen mit den Instruktionen in die Gruppe (Instruktionsblatt auf Seite 87 und als Download).

Phase 1: Instruktion

Die Gruppe hat nun so viel Zeit, wie sie möchte, die Instruktionen und damit die (Regeln der) Aufgabe zu verstehen. Wenn Verständnisfragen direkt an Sie adressiert werden (und nur dann!), hören Sie aufmerksam zu und antworten Sie genau auf das, was Sie gefragt wurden – nicht mehr und nicht weniger. In der Praxis wird die Fragemöglichkeit, die dem Aufgabenblatt entnommen werden kann, oft nicht oder nur halbherzig genutzt.

Wichtig: Fordern Sie sofort das Instruktionsblatt zurück, wenn strategische Überlegungen („Wie gehen wir am besten vor?") angestellt werden.

Phase 2: Strategieentwicklung

Ab jetzt läuft die Zeit – für diese Phase stehen nur 10 Minuten zur Verfügung.

Wichtig: Es werden keinerlei Fragen mehr von Ihnen beantwortet! Beenden Sie nach genau 10 Minuten die Strategieentwicklung durch ein akustisches Signal.

Phase 3: Durchführung

Bitten Sie die Gruppe nun, Ihnen die Reihenfolge der Personen mitzuteilen und notieren Sie sich diese auf Ihrem Lösungsblatt.

Erläutern Sie kurz das Vorgehen: *„Die erste Person beginnt mit einem ersten Schritt in ein Feld und wartet auf das Ergebnis, d.h., ich teile Ihnen mit, ob es sich um ein richtiges oder ungültiges Feld handelt. Erst danach macht* *die Person den nächsten Schritt usw. Ist etwas falsch oder wird gegen eine Regel verstoßen, so ertönt das akustische Signal, ich begründe kurz den Verstoß und ziehe die Million ab."*

Fragen Sie nun die Gruppe, ob sie startklar ist – und teilen Sie mit, dass nach dem erneuten Ertönen des akustischen Signals die Durchführungsphase unwiderruflich beginnt.

Starten Sie die Phase durch das Signal. Ab jetzt gelten streng die Regeln.

Überraschende Änderung

Symbolisieren Sie nun für die Gruppe überraschend den Eintritt in einen „Change-Prozess", indem Sie mitten in der Übung den Weg verändern. Das heißt, ein vorher schon als richtig deklariertes Feld bezeichnen Sie beim nächsten Betreten durch eine Person plötzlich als falsch. Oft zeigen sich die Teilnehmer sehr irritiert und äußern dies auch laut, was Sie sofort mit dem Abzug einer Million wegen des Regelverstoßes (man darf ja nicht reden) beantworten. Meist bringt die Gruppe, nach wie vor irritiert und „aus dem Takt", die Übung nun zähneknirschend zu Ende. Jedoch: Die Stimmung ist gekippt und einige Teilnehmer können nur mühsam ihren Ärger unterdrücken.

Auswertung

Sprechen Sie zur emotionalen Entlastung zu Beginn der Auswertung mit den Teilnehmern über die plötzliche Änderung – manche Personen müssen sich vielleicht ein bisschen Luft machen. Die Intervention wird als unfair, ungerecht empfunden und geht oft mit einem Vertrauensverlust einher. Fragen Sie die Gruppe bzw. die Einzelnen, was die Veränderung in ihnen ausgelöst hat, wie sie für sich und im Team damit umgegangen sind und ob sie Parallelen sehen zum „richtigen Leben".

Für die Auswertung der Übung sind dann weiterhin die folgenden Gesichtspunkte interessant:

- Gab es ein gemeinsames Aufgabenverständnis? Wie wurde es hergestellt?
- Wurde die Aufgabe richtig verstanden – und wurde die Möglichkeit, der Moderatorin Verständnisfragen zu stellen genutzt? („*Haben Sie Fragen?*")
- Wie wurde mit den Regeln umgegangen?

- Wie wurde die Strategie geplant? Wer hat dabei welche „Rolle“ übernommen? Wie wurde mit Ideen umgegangen?
- Wie gestaltete sich die Durchführungsphase? Wie wurde miteinander und z.B. mit Fehlern umgegangen?
- Wie hat sich die Gruppe insgesamt organisiert?
- Und wie zufrieden oder nicht zufrieden sind die Gruppenmitglieder mit sich selbst und ihrer Zusammenarbeit?
- Zur Übertragung auf den Berufsalltag hat sich auch diese Frage (von Werner Simmerl) bewährt: Welche Unterschiede und Gemeinsamkeiten sehen Sie zwischen dieser Übung und der Praxis?

Praxistipps

Erläuterungen für die Moderatorin zum Weg und zu den Instruktionen

- Achten Sie bei der Auswahl des Weges unbedingt darauf, dass wirklich nur EIN angrenzendes Feld für den nächsten Schritt infrage kommt (s. Zeichnungen).

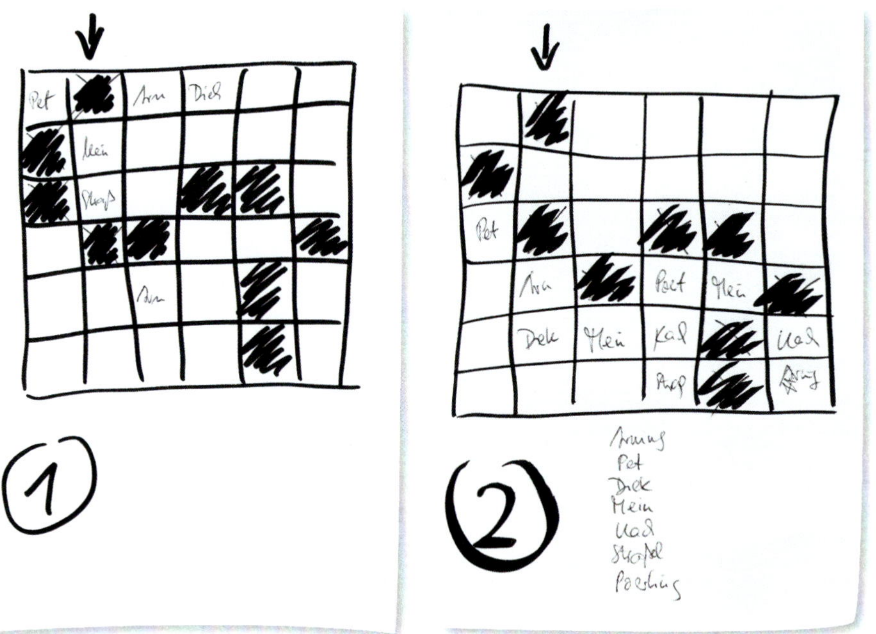

- Die Startlinie ist die verlängerte (!) Seite des Spielfelds, an der der Weg beginnt. Die Teilnehmer dürfen während der Durchführungsphase die Startlinie nicht übertreten, d.h., sich auch nicht um das Schachbrett herumgruppieren.

- Ungültig ist jedes Feld, das nicht zum Weg gehört, wenn es zum ERSTEN MAL betreten wird. Falsch ist dasselbe Feld, wenn zum WIEDERHOLTEN MAL jemand hineingeht. Das Betreten eines ungültigen Feldes kostet nichts, ein falsches Feld dagegen 1 Million.
- Oft schludert das Team schon in der ersten Phase.

Die häufigsten Versäumnisse und Missverständnisse aus der Praxis

- Das Vorlesen bzw. das Informieren über die Aufgabe und die Instruktionen wird nicht vernünftig organisiert.
- Der Unterschied zwischen „ungültig" und „falsch" wird nicht geklärt. Das führt bei einigen Teilnehmern zu der irrigen Annahme, man könne nur mit viel Glück die Aufgabe meistern, weil das Spielfeld ja 36 Felder hat, das Startkapital aber nur 12 Millionen beträgt.
- Die Regel der Reihenfolge wird manchmal missverstanden und so interpretiert, dass der erste Teilnehmer erst das Ziel erreicht haben muss, bevor die nächste Person in der Reihenfolge dran ist.
- Die Regel, dass alle hinter der Startlinie bleiben müssen, wird gerne vergessen. Es wird auch nicht geklärt, wo die Startlinie verläuft.
- In der Instruktionsphase besteht die Möglichkeit, der Moderatorin Verständnisfragen zu stellen (*„Haben Sie Fragen?"*). Dies wird häufig nicht genutzt. Versucht die Gruppe, das in der Strategiephase nachzuholen, werden die Fragen nicht mehr beantwortet!
- Zu Beginn der Strategiephase vergessen die Teammitglieder manchmal, auf die Uhr zu schauen. So verlieren manche Gruppen schon vor Beginn der Durchführung die erste Million, weil sie die Planungszeit überschreiten.

Tipps für Ihr Lösungsblatt

- Zeichnen Sie sich das Spielfeld (1) wie im nebenstehenden Beispiel auf, daneben ein zweites Spielfeld (2) mit dem veränderten Weg. Der Pfeil oben kennzeichnet den Einstieg, die verlängerte Linie ist die Startlinie.
- Schreiben Sie sich die Namen der Teilnehmer, die als erstes ein ungültiges Feld betreten haben, in das betreffende Kästchen. Sobald ein weiterer Teilnehmer dasselbe Feld betritt, ist es ja nicht mehr ungültig, sondern falsch (und damit kostenpflichtig). Sie können dann sofort sagen: *„Das ist falsch, da stand XY schon drin ..."*

Weitere Tipps

- Wenn die Gruppe nur noch 4 Millionen hat, können Sie unterbrechen und eine Auszeit geben. Zwei Minuten lang darf gesprochen und strategisch neu geplant werden. Es ist hochinteressant zu beobachten, was genau das Team/die einzelnen Personen in der Zeit tun.
- Manchmal geht es schon in der Instruktions- und Strategiephase (emotional) hoch her – es zeigen sich viele Auswertungsanlässe. In solch einem Fall könnte die Veränderung des Weges die Übung überfrachten. Lassen Sie sie dann spontan einfach weg.

Vertiefendes/ Hintergrund

- ***Phase:*** Einstieg in die Themenbearbeitung oder nach einer Pause
- ***Situation:*** Wenn Sie die Gruppe in Aktion bringen wollen, wenn eine Kooperationserfahrung im Team sinnvoll ist

---

Technische Hinweise

- ***Gruppierung***: 6-16 Personen
- ***Setting***: Bewegt auf einer Freifläche
- ***Medien/Material***: Eine Rolle Tesakrepp für das Schachbrett, Instruktionsblatt, Stoppuhr, 12 Gegenstände (Karten, Münzen, Steine, Schokoladentafeln o.Ä.) als Symbol für die 12 Millionen, akustisches Signal
- ***Dauer***: 30-60 Minuten ohne Auswertung
- ***Vorbereitung:*** Schachbrett und Lösungsblatt vorbereiten

---

Variationen

- Je nach Gruppe, Ziel oder Zeit können Sie einfache oder schwierigere Wege vorgeben. Etwas schwieriger ist es erfahrungsgemäß, wenn es, wie auf den Beispielen, auch mal in die Gegenrichtung geht.
- Der Weg wird NICHT verändert.

Quelle

Die Idee ist angelehnt an eine Übung von Hans-Georg Renner, veröffentlicht in Rachow, A. (Hrsg.): Spielbar I. 6. Aufl. 2017, managerSeminare.

Instruktionsblatt

Aufgabe

Finden Sie einen Weg durch das „Schachbrett". Alle Personen müssen das Feld durchquert haben. Ihr Startkapital beträgt 12 Millionen Euro. Versuchen Sie, so wenig Geld wie möglich zu verlieren.

Instruktionen

- Nur jeweils eine Person darf sich im Spielfeld aufhalten. Alle anderen müssen hinter der Startlinie bleiben.
- Halten Sie bei Ihrer Begehung des Spielfelds eine feste Reihenfolge der Personen ein. Eine Abweichung kostet 1 Million Euro.
- Rücken Sie jeweils ein Feld vor und warten Sie auf das Ergebnis. Sind Sie auf dem richtigen Weg, können Sie einen weiteren Schritt machen.
- Sind Sie auf ein ungültiges Feld gelangt, müssen Sie den gleichen Weg zurück nehmen, auf dem Sie in das Spielfeld gelangt sind. Eine Abweichung kostet 1 Million Euro.
- Betritt ein Gruppenmitglied ein bereits vorher als ungültig erkanntes Feld, wird eine Gebühr von 1 Million Euro fällig.
- Nur ein angrenzendes Feld kann als Nächstes betreten werden (vorwärts, rückwärts, seitwärts, diagonal).
- Wird ein Feld mit einem Fuß berührt, gilt dies als ein Schritt.
- Sie bekommen 10 Minuten Planungszeit. Für jede angefangene Minute, die Sie länger benötigen, zahlen Sie 1 Million Euro.
- Es dürfen keine Notizen, Markierungen etc. gemacht werden. Dies gilt auch für die Durchführungsphase.
- Nach der Planungszeit dürfen Sie weder reden, noch Geräusche machen. Bei jedem Verstoß zahlen Sie 1 Million Euro.
- Haben Sie Fragen?

Bitte geben Sie dieses Papier vor der Strategie-Entscheidung zurück.
Viel Erfolg!

(Nach H. G. Renner)

Change Parcours

Mit Kommunikation und Vertrauen als Team durch ein Veränderungsprojekt gehen

Anwendung und Wirkung

Diese erlebnisreiche Übung lässt sich prima einsetzen, um die typischen Tücken in einem Veränderungsprozess zu erleben und zu erfahren, worauf es als Team und auch in der Rolle als Teamleiter ankommt. Sie können diese spannende Intervention als Auftakt in das Thema „Change" einsetzen oder als Zusammenfassung zum Abschluss eines Workshops, in dem das Team verschiedene Themen im Zusammenhang mit Veränderungsprojekten bearbeitet hat.

Vorgehen

Aufbau des Parcours durch den Moderator

Bauen Sie den Parcours in einer Pause auf (ca. 10 x 3 Meter): Die Strecke wird an den Rändern mit Krepp-Klebeband abgeklebt, in der Mitte des Parcours liegen verstreut mindestens 15 Hindernisse: z.B. Mausefallen, Stühle, Gläser gefüllt mit Wasser ... (Beispiel Abb. unten).

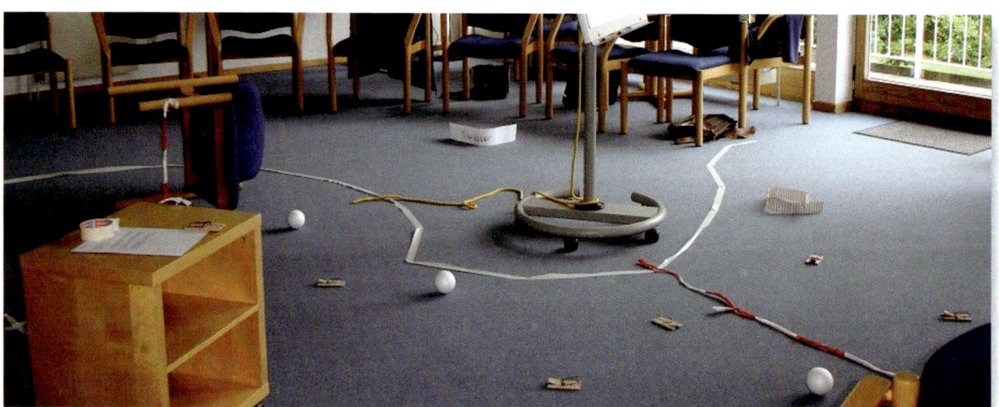

Abb.: Parcours

Erläuterung der Übung

Skizzieren Sie grob den Ablauf der Übung am Flipchart (Abb. nächste Seite) und beantworten Sie aufkommende Fragen dazu.

Anschließend teilt sich die Gruppe auf in (z.B. bei 12 Teilnehmern): 4 Mitarbeiter, 4 Führungskräfte, 2 Change-Berater sowie 2 Beobachter. Achten Sie darauf, dass bei anwesenden Leitern diese in eine andere als die Führungsrolle schlüpfen.

Wenn keine weiteren Fragen kommen (letzte Gelegenheit!), erhält jede Teilgruppe zusätzlich zum Gehörten schriftliche Instruktionen (siehe unten).

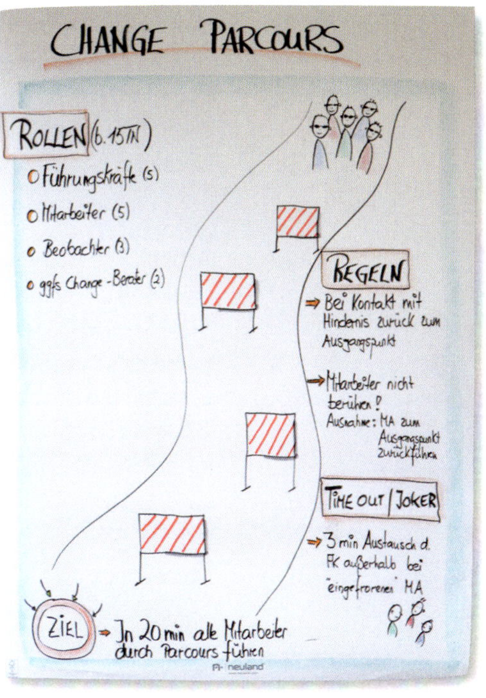

Vorbereitung in Kleingruppen

Alle Gruppen haben nun 15 Minuten Zeit, Ihre Instruktionen zu lesen und sich vorzubereiten. Das heißt z.B., während die Führungskräfte damit beschäftigt sind, eine Kunstsprache zu überlegen, mit der sie die Mitarbeiter durch den Parcours führen, begehen die Mitarbeiter die Strecke und prägen sie sich ein.

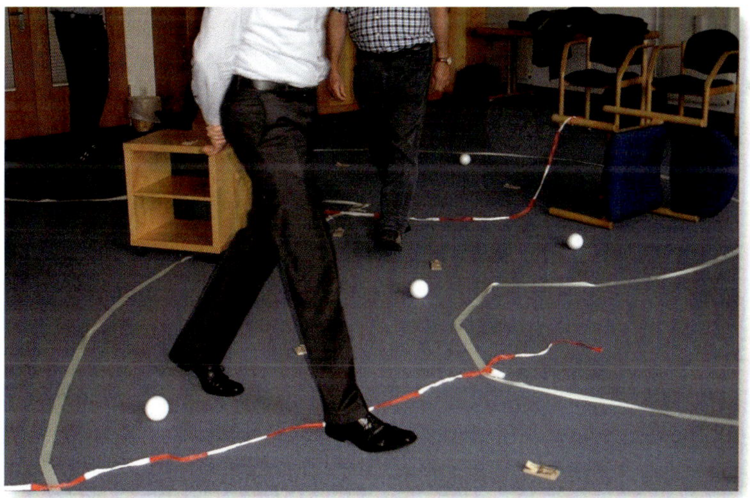

Abb.: Die Mitarbeiter prägen sich den Parcours ein.

Anschließend bekommen sie von den Führungskräften die Augen verbunden (manchmal setzen in Veränderungsprozessen ja die „Sinne" aus bzw. die Führungskräfte sehen mehr als die Mitarbeiter ...) und werden in die Kunstsprache eingeführt.

Umbau des Parcours

Während die Mitarbeiter die Kunstsprache lernen, bauen Sie den Parcours um (z.B. Seil zum Drüber-/Druntersteigen wird eingebaut). Achten Sie darauf, dass die Mitarbeiter dies nicht sehen bzw. gesagt bekommen. Nach dem Motto: Wandel ist nur zum Teil berechenbar und planbar.

Action

Danach beginnt das eigentliche Durchlaufen des Parcours: Den Führungskräften stehen nun 20 Minuten zur Verfügung, um die Mitarbeiter (1:1) durch den Parcours zu leiten – und zwar nur mithilfe der neuen Kunstsprache! Die Mitarbeiter dürfen dabei nicht berührt werden. Ausnahme ist, wenn sie zum Ausgangspunkt zurückgeführt werden müssen, weil sie ein Hindernis berührt haben. Alle beginnen gleichzeitig.

Abb.: Hindernisse dürfen nicht berührt werden

Die Beobachter sowie die internen Change-Berater verfolgen den gesamten Prozess; die Berater können den Führungskräften während der Durchführung noch Tipps geben, dürfen aber nicht selbst mit den Mitarbeitern sprechen. Sie können einmal eine „Auszeit" von 3 Minuten zur Beratung der Führungskräfte nehmen.

Nach Ablauf der 20 Minuten erfolgt die Auswertung im Plenum.

Auswertung Teil 1

Mitarbeiter, Führungskräfte, Beobachter und ggf. Change-Berater setzen sich 10 Minuten in ihren Gruppen zusammen und sammeln ihre Beobachtungen und Eindrücke anhand vorbereiteter Fragen an Flipchart oder Pinnwand.

Auswertungsfragen für die *Mitarbeiter* sind (Beispiele):

- Was war hilfreich und unterstützend?
- Was war hinderlich oder demotivierend, und aus welchem Grund?
- Welche Fähigkeiten/Kompetenzen konnte ich als Mitarbeiter besonders nutzen?
- Welche Haltung hat mir geholfen?
- Was hat gefehlt, und was hätte ich mir gewünscht bzw. gebraucht?

Auswertungsfragen für die *Führungskräfte* (Beispiele):

- Was ist uns gut gelungen?
- Was war herausfordernd in der Leitung der Mitarbeiter?
- Was hat gefehlt?
- Was würden wir das nächste Mal anders machen?

Auswertungsfragen für die *Beobachter* und ggf. *Berater* (Beispiele):

- Was ist uns aufgefallen in der Kommunikation zwischen ...
  - Führungskräften + Mitarbeitern
  - Führungskräften untereinander
  - Führungskräften + Beratern
- Was hat gut geklappt? Was hat gefehlt?
- Welche Parallelen sehen wir zu unserem Alltag?

Auswertung Teil 2

Nach Ablauf der 10 Minuten berichten die Teilgruppen, wie es ihnen in der Übung ergangen ist und welche Eindrücke und Erkenntnisse sie mitbringen (Beobachter zuletzt). Anschließend werden diese auf den Teamalltag übertragen.

Leitfrage: „Was lernen wir daraus für unser Veränderungsprojekt (z.B. Erfolgsfaktoren, Umgehen mit Misserfolg und Rückschritten etc.)?"

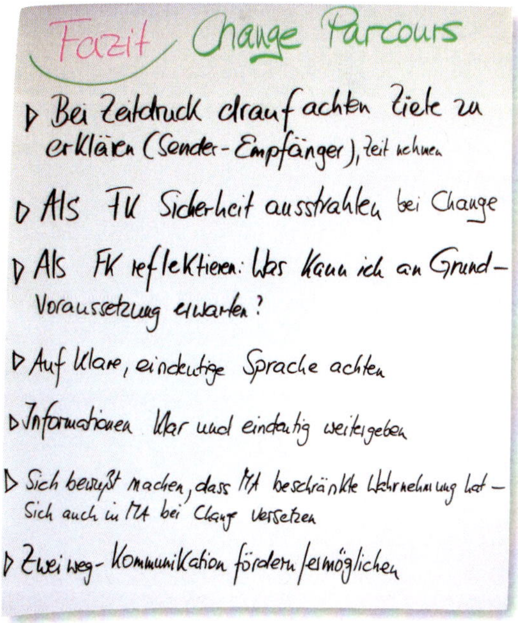

Praxistipp

Die Auswertungsfragen für die jeweiligen Teilgruppen können je nach Workshop-Thema angepasst und variiert werden.

Vertiefendes/ Hintergrund

- ***Phase:*** Als Einstieg in einen Workshop zu einem Veränderungsthema oder als dessen Abschluss
- ***Situation:*** Wenn es darum geht, das Team auftauchende Emotionen und Tücken bei Veränderungen erleben zu lassen oder wenn es wichtig erscheint, ein Resümée über das Zusammenwirken als Team bei (einem) Change-Projekt(en) zu ziehen

Technische Hinweise

- ***Gruppierung***: 10-30 Personen
- ***Setting***: Stehend, Vorbereitung in separaten Räumen (Sichtschutz)
- ***Medien/Material***: Augenbinden für die Mitarbeiter, Kreppband zum Abkleben des Parcours, ca. 15 Hindernisse (Stühle, Seile, Wassergläser aus Hotel, Mausefallen etc.)
- ***Dauer***: 60-90 Minuten inkl. Auswertung
- ***Vorbereitung:*** Material besorgen, Charts vorbereiten

Variationen

- Die Gestaltung des Parcours lässt sich variieren und unterschiedlich schwierig aufbauen; je nach Zielgruppe und Themen der Gruppe.
- Es ist auch möglich, weitere Perspektiven einbauen, z.B. die des Kunden, der Presse o.Ä.
- Ist die Gruppe etwas kleiner, können Sie auf die Change Berater verzichten und nur die Rollen Führungskräfte, Mitarbeiter und Beobachter besetzen.

Downloads/Quelle

- Die ausführlichen Instruktionen für die Führungskräfte, die Mitarbeiter, die Beobachter und die Change-Berater stehen Ihnen zum Abruf in den Download-Ressourcen zur Verfügung.
- Diese Übung habe ich während einer Teamentwicklung mit meinem Kollegen Johannes Gramß kennengelernt und seitdem mit großer Freude und in unterschiedlichen Settings eingesetzt.

Instruktionen

Instruktion für die Führungskräfte

Die Führungskräfte leiten ihre Mitarbeiter, die blind sind, innerhalb von 20 Minuten durch einen Parcours mit Hindernissen. Dafür müssen sie sich vorher mit ihren Kollegen auf eine Kunstsprache einigen, in der sie im Folgenden nur noch mit ihren Mitarbeitern kommunizieren. Für die Entwicklung der Kunstsprache sowie die Einweisung der Mitarbeiter in diese haben sie 15 Minuten Zeit.

Instruktion für die Mitarbeiter

Die Mitarbeiter sind blind und werden von den Führungskräften innerhalb von 20 Minuten durch einen Parcours mit Hindernissen geführt und dürfen diese nicht berühren. Wenn das doch geschieht, müssen sie wieder zurück zum Startpunkt und von vorne anfangen. Bevor es losgeht, haben die Mitarbeiter 15 Minuten Zeit, sich den Parcours einzuprägen.

Instruktion für die Beobachter

Die Beobachter achten insbesondere auf das Führungs- und Kommunikationsverhalten der Führungskräfte sowie die Auswirkungen auf die Mitarbeiter.

Instruktion für Change-Berater

Werden sie eingesetzt, ist es ihre Aufgabe, die Führungskräfte beim „Meistern" des Parcours beratend zu unterstützen. Dafür sollen sie sich während der Vorbereitungszeit innerhalb von 15 Minuten eine sinnvolle Strategie überlegen, mit der die Mitarbeiter so schnell wie möglich alle durch den Parcours geleitet werden können, ohne die Hindernisse zu berühren. Diese Strategie müssen sie dann an die Führungskräfte kommunizieren. Das Sprechen mit den Mitarbeitern ist den Beratern nicht gestattet. Sie können aber einmal eine „Auszeit" von 3 Minuten zur Beratung der Führungskräfte nehmen.

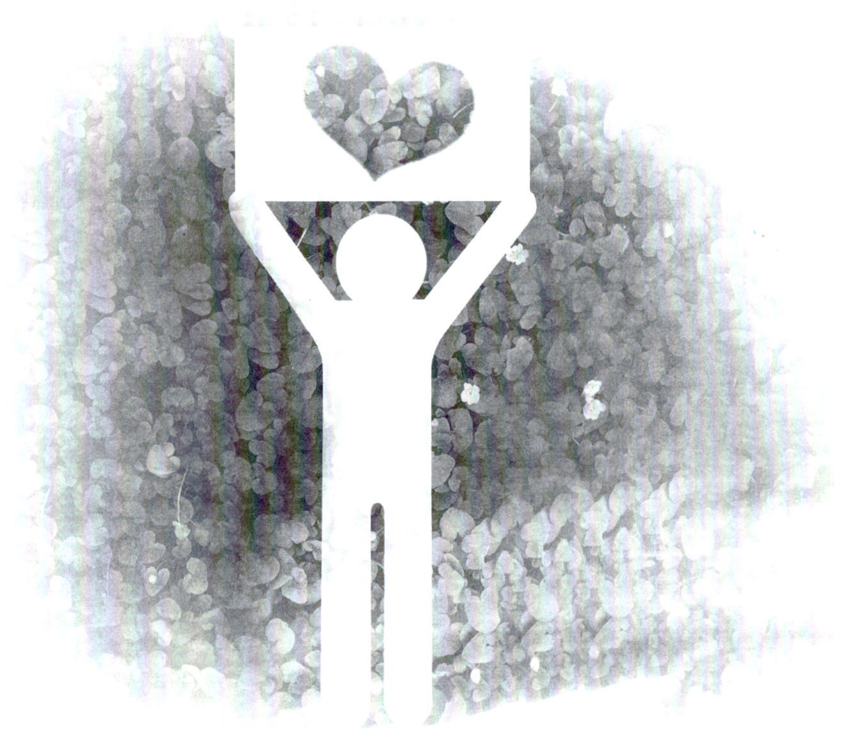

3.

Kreieren, was sein SOLL

In diesem Kapitel geht es um das Entwickeln von Visionen, Leitbildern bzw. um Vorstellungen von einer guten Zukunft.

Wenn es den Teammitgliedern gelingt, gemeinsam attraktive Zielbilder zu erarbeiten und „an den Horizont zu malen“, im Idealfall sogar Sehnsüchte zu wecken, dann entstehen Motivationen und Energien, aktiv darauf zuzugehen und die dafür notwendigen Dinge anzupacken und umzusetzen.

Fantasie, Kreativität und Vorstellungskraft, Träumen und Spinnen sind also bei diesen Methoden nicht nur ausdrücklich gestattet, sondern erwünscht.

Zu diesem Schwerpunkt finden Sie diese Methoden

Alle Mann an Bord

Metaphorisch und recht intuitiv, schnell und aus dem Bauch heraus, wird mit dieser Methode das Team(erleben) mit seinem Rollen- und Beziehungsgeflecht zunächst im IST-Zustand sichtbar und dann in die Zukunft weiterentwickelt.

Gruß aus der Zukunft

Ein Versuch, Sehnsüchte zu wecken: Die Teilnehmer bekommen anregende, am Unternehmenskontext angelehnte Zukunftsszenarien, die sie kreativ nach vorne denken und bearbeiten.

Blühende Landschaften

Laufend und „nebenbei“, d.h. neben dem „normalen Programm“, wird hier schrittweise und symbolisch ein Zukunftsbild kreiert, ständig weiterentwickelt und erst am Ende des Tages betrachtet. Bedürfnisse und Ideen werden erstaunlich klar.

Weg vom Problem, hin zum Ziel

Ein intensives Format: Acht Fragen, die aufeinander aufbauend vom Problemfokus zur Zielperspektive führen, werden gründlich und methodisch abwechslungsreich durchgearbeitet.

Alle Mann an Bord

Mit einer Metapher den Teammitgliedern ihre Rollen sowie ggf. Rollenkonflikte bewusst machen und eine Vorstellung über das Ziel anregen

Anwendung und Wirkung

Die Metapher eines Schiffs bietet den Teilnehmenden die Möglichkeit, ihr Team und sein Rollengeflecht in den Mittelpunkt zu stellen. Ohne viele Worte können sie schnell Meinungsbilder „erstellen", (unausgesprochene) Standpunkte sichtbar machen, Zielzustände konkretisieren und die Dynamik in ihren Beziehungen erleben.

Die Teammitglieder entwickeln dabei Aufmerksamkeit und Empathie für das eigene sowie das Rollenverständnis ihrer Kollegen und erkennen aus dem Gesamtbild neue Anhaltspunkte, um die Teamstrukturen konstruktiv zu verändern.

Das Schöne an dieser Aufstellungsübung ist, dass Sie viel über das Team erfahren und die Teilnehmer sich spielerisch auch den ernsten Themen nähern können.

Vorgehen

Einstieg

Geben Sie als Moderator zunächst lediglich eine kurze Erklärung zum Ziel der Übung, etwa so: *„Die folgende Übung soll Sie unterstützen, die Rollen im Team deutlich zu erleben und sich bewusst zu machen, wie es Ihnen mit dieser Rolle geht bzw. was Sie dringend bräuchten."*

Ablauf

Bitten Sie die Teammitglieder, sich nun vorzustellen, das Team wäre ein Schiff mit einem Motor, einem Kapitän, einem Koch, vielleicht einem blinden Passagier, einem Anker, Steuermann, flinken Matrosen und so weiter.

Jeder nimmt sich einen Moment Zeit, um nachzuspüren, in welcher Rolle er sich zurzeit im Team erlebt, und zwar unabhängig von der aktuellen Position. Es kann also mehrere Kapitäne, Köche, Matrosen, Motoren etc. geben.

Geben Sie anschließend an, wo im Raum sich Bug (Teamziel) und Heck (Vergangenheit) befinden. Bitten Sie dann alle, auf Ihr Signal hin und „ohne Worte" ihre Position mit einer deutlichen Geste im Raum einzunehmen.

Auswertung 1

Haben alle ihre Position bezogen, befragen Sie anschließend jeden Einzelnen nach seinen Empfindungen. Wiederholen Sie die Antworten mit eigenen Worten.

Beispiele für Fragen:

- Welche Rolle drückst du mit deiner Position und Geste aus?
- Wie geht es dir in dieser Rolle im Team?
- Was glaubst du, aus welchem Grund hast du diese Rolle?
- Gibt es einen Platz, an dem du dich wohler fühlen würdest? Möchtest du etwas verändern? Was brauchst du, damit das möglich wird?

Halten Sie die eingenommenen Positionen in einer Grafik am Flipchart fest (Abb. 1).

Bitten Sie dann alle, für einen Moment aus dem Bild herauszutreten, und leiten Sie über zum Ziel-Bild (Auswertung 2).

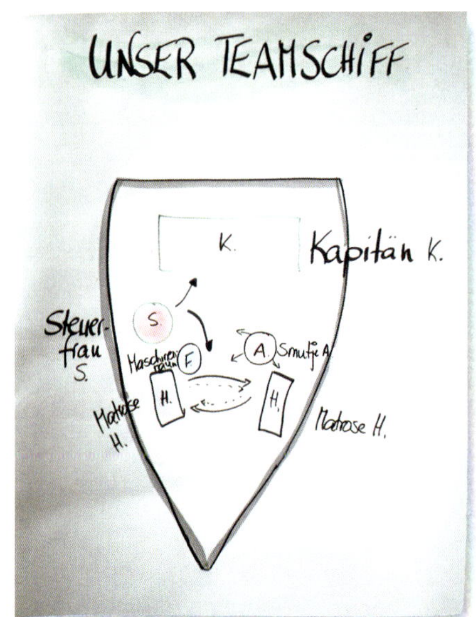

Abb. 1: IST-Bild

Auswertung 2

Bitten Sie die Gruppe, sich noch einmal das Gesamtbild der IST-Situation auf dem Flipchart anzuschauen und reflektieren Sie gemeinsam das Geschehen:

- Welche Ähnlichkeit in puncto Zusammenarbeit in unserem Team besteht in der Praxis?
- Was für ein Schiff könnte/soll das Team denn sein, wenn wir alle wichtigen Fragen geklärt haben?

Mit der letzten Frage geben Sie dem Team die Möglichkeit, nachzuspüren, wie es sein sollte. Sind Veränderungen der Positionen gewünscht, können diese gleich ausprobiert und in ihrer Wirkung auf den Einzelnen und die Gruppe reflektiert werden. Dazu nehmen die Teammitglieder ihre ursprünglichen Positionen auf dem Schiff wieder ein und bewegen sich dann, auf Ihr Signal, hin zu ihrer Wunschposition. Es wird so lange verändert, bis alle sagen: „So ist es gut."

Halten Sie das Ziel-Bild (Abb. 2) auf Flipchart fest und befragen Sie anschließend jeden Einzelnen nach den erlebten Unterschieden.

Abschließend können Sie mit der Gruppe erarbeiten, was zu tun ist, um diese Ziel-Konstellation zukünftig zu verankern, und wie die nächsten Schritte aussehen (Abb. 3).

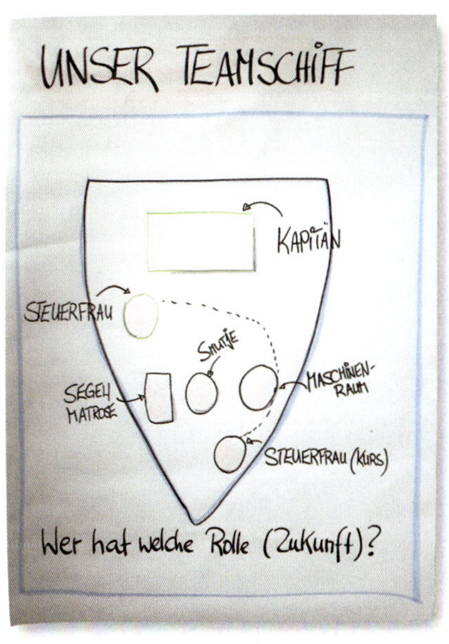

Abb. 2: Ziel-Bild

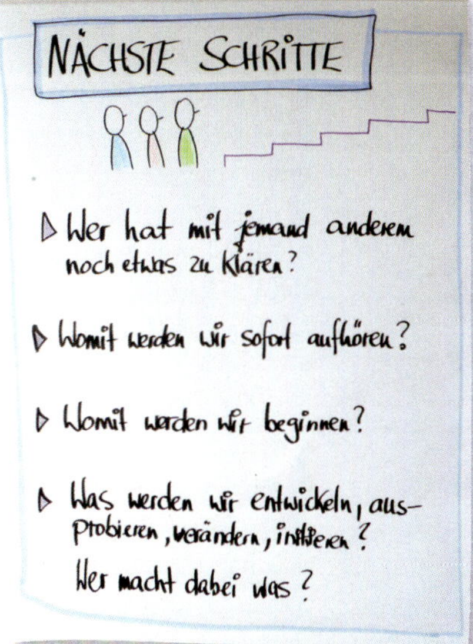

Abb. 3: Verankerung der Ziel-Konstellation

Praxistipps

- Wichtig beim Aufstellen des Ziel-Bildes ist es, schon zu Beginn darauf hinzuweisen, dass jegliche Veränderungen nur jedes Teammitglied bei sich selbst vornehmen kann. Also nicht: „Wenn du dich weiter weg mehr nach links stellen würdest, dann könnte ich ...“, sondern: „Wenn ich etwas anders haben möchte, wie kann ICH mit welcher Haltung/ Position dazu beitragen?“
- Das Stellen des Ziel-Bildes ist also meist ein beweglicher Prozess, bei dem auf die Bewegung eines Einzelnen sofort eine Reaktion eines anderen Teammitgliedes erfolgt – bis alle verharren und das Ziel-Bild steht.

Vertiefendes/ Hintergrund

- ***Phase:*** Zur Klärung der momentanen sowie zukünftigen Rollenkonstellation im Team
- ***Situation:*** Wenn es darum geht, die unterschiedlichen Rollen im Team sowie mögliche Rollenkonflikte deutlich zu machen und Ideen für neue, förderliche Strukturen zu bekommen

---

Technische Hinweise

- ***Gruppierung***: 6-15 Personen
- ***Setting***: Stehend
- ***Medien/Material***: Flipchart zum Festhalten des IST- und Ziel-Bildes
- ***Dauer***: 60 Minuten
- ***Vorbereitung***: ggf. Fragen für die weitere Bearbeitung überlegen

---

Variationen

- Übergang vom IST- zum Ziel-Bild ohne Unterbrechung: Lassen Sie die Teammitglieder nach Aufstellen der IST-Situation und Befragung gleich Veränderungen ihrer Position ausprobieren, bis das Ziel-Bild steht.
- Das Team findet selbst eine Metapher: Gesucht wird eine Metapher, die mit dem Unternehmen, Produkt oder Kontext des Teams etwas zu tun hat. Vielleicht mit folgenden Fragen:
  - Wenn euer Team ein Auto wäre, was für ein Auto wäre es dann?
  - Wenn es hier einen Teamgeist gäbe, was für eine Art Geist wäre das und wie sähe er aus?
  - Wenn dieses Team ein Land wäre, was für eine Art Land wäre es?

  Weitere Metaphern: Denkmal, Fußballmannschaft, Reisegruppe, Rudermannschaft etc.
- „Bildhauer“ einsetzen: Statt dass sich die Teammitglieder selbst aufstellen, können Sie alternativ auch ein bis zwei „Bildhauer“ wählen lassen oder selbst bestimmen. Diese haben die Aufgabe, die momentane Situation des Teams aufzustellen.

Dabei ist wichtig, ...
- dies den Bildhauern vorbereitend und rechtzeitig, z.B. vor der Mittagspause des ersten Tages für den Nachmittag anzukündigen,
- Teammitglieder auszuwählen, die offen sind und pragmatisch (statt analytisch) denken und
- eher neue Teammitglieder mit „unverbrauchtem Blick" statt den Erfahrensten oder gar den Teamleiter zu wählen.

Nach der Pause stellen die „Bildhauer" jedes Gruppenmitglied an den von ihnen angedachten Platz. Ohne Worte – lediglich die Metapher (Denkmal, Reisegruppe, Auto) und Position (Mittelstürmer, Smutje, Reiseleiter ...) werden verraten, aber keine weiteren Erklärungen gegeben. Im Anschluss erfolgt die Auswertung und Reflexion wie schon beschrieben.

Quelle

Die Bildhauer-Variation können Sie nachlesen in Funcke, A.: Vorstellbar. 3. Aufl. 2017, managerSeminare.

Gruß aus der Zukunft

In verschiedenen Perspektiven kreativ in die Zukunft denken

Anwendung und Wirkung

Welche Möglichkeiten haben Moderatoren, Sehnsucht nach der Zukunft zu wecken?

Diese Methode ist der Versuch, über anregende Szenarien positive, motivierende Zukunftsfantasien auszulösen bzw. ins Bewusstsein zu rücken. Sie werden kreativ bearbeitet und unbedingt schriftlich festgehalten, damit sie nachhaltig inspirieren und auch später noch wieder nachvollzogen werden können. Am besten wirken aus unserer Sicht Szenarien, die (kreativ) dem Kontext des Unternehmens entlehnt sind.

Vorgehen

Kreieren Sie im Vorfeld, angepasst an den Unternehmenskontext, anregende Aufgaben zu unterschiedlichen Denkperspektiven, z.B. aus Kundensicht, aus Mitarbeitersicht, aus Unternehmenssicht und notieren Sie diese auf jeweils einen Flipchart-Bogen.

Die Methode läuft nun in drei Schritten ab.

Schritt 1: Hängen Sie Charts mit den drei Perspektiven im Raum verteilt auf. Die Teilnehmer gehen nun eine Weile umher und schreiben stichwortartig Ideen dazu auf (s. Abbildungen).

Schritt 2: In drei Kleingruppen wird nun am Laptop jeweils ein Thema vertieft und ausgearbeitet, z.B. durch eine Geschichte, einen Bericht, ein Blog o.Ä. aus der Zukunft.

Schritt 3: Die Ergebnisse werden, z.B. als kurze PowerPoint-Präsentation, gegenseitig präsentiert.

Nach einer Kaffeepause dienen sie nun als Basis für den nächsten Schritt, z.B. die Zielformulierung.

Szenarien im Beispiel

Das Beispiel stammt aus einem Workshop anlässlich der Gründung eines kleinen Unternehmens. Es galt, zunächst eine Vision hinsichtlich der Unternehmensstruktur, der Produkte und Serviceleistungen sowie der künftigen Zusammenarbeit zu entwickeln. Um alle Bereiche abzubilden, wählte die Moderatorin die Perspektiven Blick von außen, Kundensicht und Innen- bzw. Mitarbeitersicht und kreierte dazu jeweils Denk-Szenarien (s. Abbildungen):

- Als „Beobachter von außen" diente die Einschätzung durch eine Fachzeitschrift,
- die Kundensicht wurde anhand von Fantasie-Unterhaltungen in einem Internetforum beschrieben,
- die Innensicht (Mitarbeiter) durch fiktive Erfahrungsberichte auf www.traumjob.de verdeutlicht.

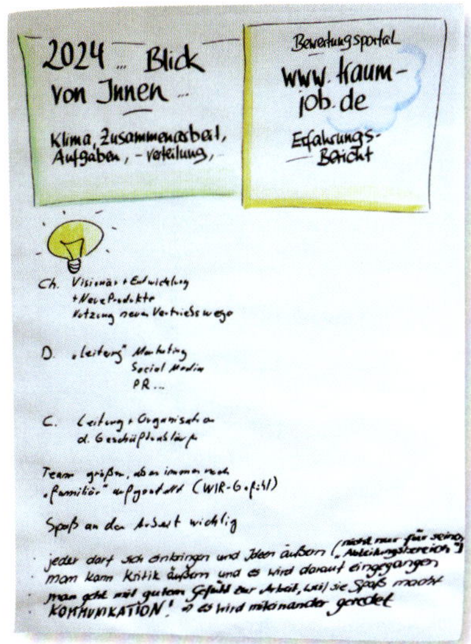

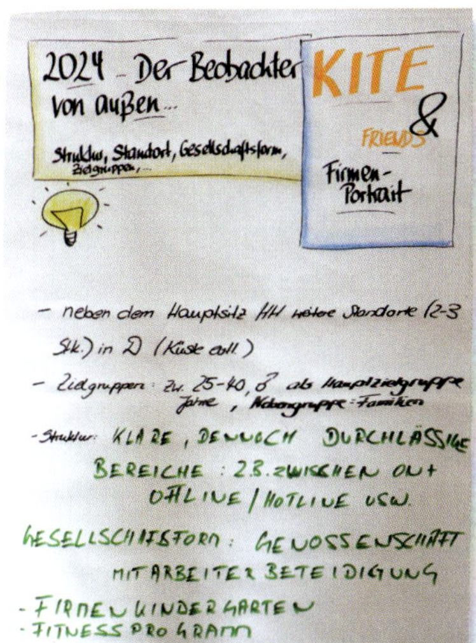

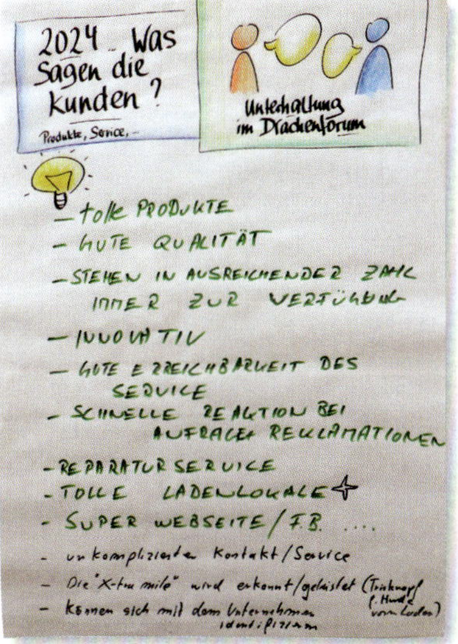

Praxistipp

Damit die Ergebnisse „sacken" können, ist es ratsam, nach der Ergebnispräsentation eine angemessene Pause zu machen, bevor Sie mit dem nächsten Arbeitsschritt beginnen. Am besten ist es sogar, eine Nacht darüber zu schlafen.

Vertiefendes/ Hintergrund

- *Phase:* Themen bearbeiten
- *Situation:* Wenn das Team ein gemeinsames Ziel-Bild (Vision) braucht, auf das hingearbeitet werden kann

Technische Hinweise

- *Gruppierung:* Alle im Raum
- *Setting:* Stuhlkreis mit oder ohne Tische
- *Medien/Material:* Flipchart, Moderationsstifte, Laptops, Beamer
- *Dauer:* 60-90 Minuten
- *Vorbereitung:* Aufgaben, passend zum Unternehmen kreieren

Variation

In Workshop-Situationen, in denen die Teilnehmer offen für Rituale sind, können Sie die erarbeiteten „Ziel-Bilder" anschließend noch verankern.

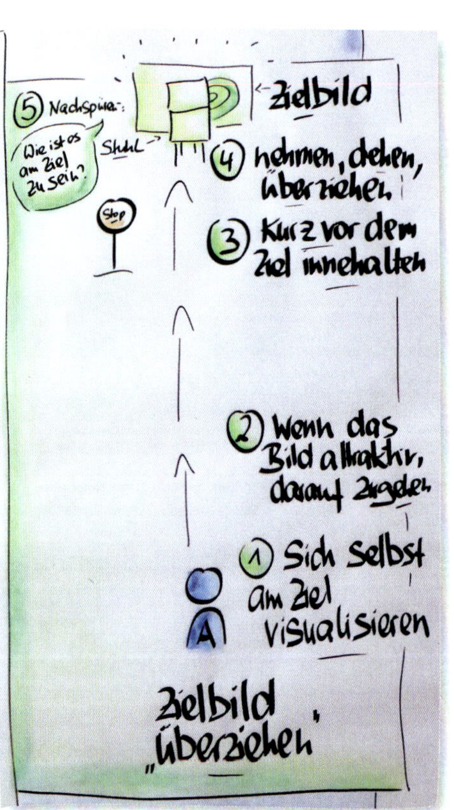

Die Teilnehmer verteilen sich dazu im Raum. Jeder Einzelne symbolisiert sich die Zielsituation durch einen Stuhl und stellt diesen in einigem Abstand zu sich selbst auf (3-4 Meter und so, dass sich seine Linie zum Stuhl nicht mit der Linie einer anderen Person kreuzt).

Leiten Sie nun eine kurze Imagination an, in der sich die Teilnehmer sich selbst in der Zielsituation mental vorstellen, mit allen Sinnen wahrnehmen („Was siehst du/hörst du?", „Wie fühlt sich das an?") und vor ihrem geistigen Auge „ausmalen".

Wenn das Bild klar vor Augen steht und attraktiv ist, geht man darauf zu und setzt sich hinein (auf den Stuhl).

Blühende Landschaften

Vorstellungen über die Zukunft werden „ganz nebenbei" in eine gemeinsame Vision gebracht

Anwendung und Wirkung

Gemeinsam haben Sie herausgearbeitet, wo beim Team „der Hase im Pfeffer liegt". Jetzt geht es um die Frage: „Was wollen wir stattdessen?" Oder es geht um Identität: „Wer wollen wir zukünftig sein?"

Die Übung „Blühende Landschaften" lässt sich in Teamentwicklungen und Großgruppenveranstaltungen gut einsetzen, wenn es darum geht, das zukünftige Selbstverständnis und die gemeinsamen Werte des Teams symbolisch zu entwerfen. Und das „ganz nebenbei".

Aus zahlreichen Materialien und Gegenständen, die Sie zur Verfügung stellen, entsteht während der Veranstaltung schrittweise eine Vision über die Zukunft der Organisation oder des Teams – und macht die tatsächlichen Bedürfnisse und Ideen der mitwirkenden Personen erstaunlich klar deutlich. Außerdem sind alle beteiligt, und sowohl das gemeinsame Schaffen als auch die so entstehenden Gebilde bringen jede Menge Spaß.

Vorgehen

Stellen Sie zu Beginn des Veranstaltungs-/Workshop-Tages Kisten mit „Baumaterial" bereit. Dabei sind der Fantasie keine Grenzen gesetzt: alte Telefone, PC-Tastaturen und Küchenutensilien, Bretter aus ausrangierten Regalen, Kinderspielzeug, Bilder, Tücher – je bunter und vielfältiger das Angebot, desto besser.

Nachdem Sie Ziele und Ablauf des Tages bekannt gegeben haben, erklären Sie das Verfahren der „Zukunftslandschaft“:

„In diesen Kisten finden Sie ganz unterschiedliche Baumaterialien, die Sie für die folgende Aufgabe nutzen können. Ziel ist es, am Ende des Tages ein Bild der Zukunft zu haben, nach dem Motto: ‚Wo wollen wir hin? Wer wollen wir sein?'

Während wir an Ihren Themen arbeiten (oder Präsentationen, Vorträge o.Ä. laufen), haben Sie während des gesamten Tages zusätzlich die Möglichkeit, an Ihrer Zukunftslandschaft zu arbeiten. Allein oder zu mehreren und frei nach dem ‚Gesetz der zwei Füße und Hände' – das heißt, wann immer Sie Leerlauf haben und nichts beitragen oder lernen können, gehen Sie dorthin, wo Sie produktiv sein können.

Die Zukunftslandschaft soll hier – gut sichtbar für alle – in der Mitte des Raumes (oder auf der Bühne, wenn es sie gibt) entstehen. Sie können sie während des Tages immer wieder verändern, ergänzen, ausbauen und erweitern. Es gibt kein Richtig und Falsch. Wir werden uns Ihre ‚Blühenden Landschaften' gemeinsam zum Ende des Tages/der Veranstaltung anschauen.“

Damit ist der Startschuss für die Bauphase gegeben.

Auswertung/Fazit

Bitten Sie die Teilnehmenden, die Vision zu betrachten (Beispiel siehe unten) und regen Sie mit folgenden Fragen an:

- Was sehe ich? Was fällt mir auf?
- Was nehme ich wahr?
- Welche Assoziationen habe ich dazu?

Visualisieren Sie die Kommentare und Beiträge der Gruppe und leiten Sie anschließend den Transfer in den Alltag ein: „Was bedeutet dies für Ihre zukünftige Zusammenarbeit? Für das Projekt?“

Teilen Sie die Gruppe für die weitere Bearbeitung in Teilgruppen à 3-5 Personen auf. Bitten Sie alle, nun mit viel Kreativität die Stichworte zu über-

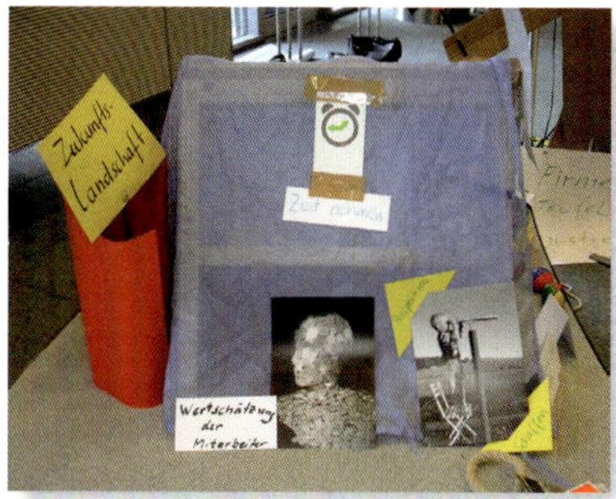

setzen in wohlwollende, stärkende Vorstellungen von der Zukunft.

Beispiel: Alle Teilnehmenden haben fast ausschließlich dunkle Materialien gewählt. Was bedeutet dies? ...

- Einigkeit in der Wahl der Ressourcen,
- sich kontrastreich von der Umgebung abheben,
- sich auch den Schattenseiten kühn zuwenden,
- zur Ruhe kommen,
- es kann eigentlich nur besser/heller werden = Vertrauen in die Zukunft.

Die Teilgruppen präsentieren ihre Assoziationen. Anschließend erfolgt die Priorisierung im Plenum nach der Fragestellung: „Was ist uns allen gemeinsam besonders wichtig? Was wollen wir?"

Abschließend lassen Sie das Team erarbeiten, wie dies erreicht werden kann (nächste Schritte).

Praxistipp

Achten Sie darauf, dass der Prozess des Gestaltens „am Leben bleibt" und ermuntern Sie bei Bedarf die Teilnehmenden, das entstehende Bild zu betrachten, sich in kleinen Gruppen darüber auszutauschen und den eigenen Vorstellungen gemäß immer wieder neu anzupassen.

Vertiefendes/ Hintergrund

- ***Phase:*** Bei der Klärung einer gemeinsamen Vision
- ***Situation:*** Wenn es wichtig ist, dass die Teilnehmenden ihre Vorstellungen und Ideen in einer gemeinsam entwickelten Vision bündeln – auch ohne viele Worte

Technische Hinweise

- ***Gruppierung***: 10 Personen bis Großgruppen
- ***Setting***: Freie Fläche, ggf. Bühne
- ***Medien/Material***: Diverse Materialien
- ***Dauer***: Während des gesamten Tages
- ***Vorbereitung:*** Materialien sammeln

Variationen

- Die hier beschriebene Übung ist auch als Teil einer Großgruppen-Veranstaltung erprobt worden, in der verschiedene Bereiche eines Unternehmens in einem Marktplatz ihre Ideen zur Bewältigung der drängendsten Themen und den Umgang mit anstehenden Veränderungen präsentieren (die zuvor in einigen Workshops sowie Arbeitsgruppen entwickelt worden waren).
- Das zukünftige Selbstverständnis und die gemeinsamen Werte des Teams können Sie so aufbereiten lassen, dass das Team die gemeinsame Vision anschließend mitnehmen und gut sichtbar an einer zentralen Stelle platzieren kann. Beispiele hierfür: ein Wappen, Bild ausschließlich mit Gegenständen aus der Natur, Bildschirmschoner, T-Shirts etc.
- Lassen Sie die Vision musikalisch entwerfen, z.B. als Werbeslogan, Hip-Hop-Song oder Schlager.

Weg vom Problem, hin zum Ziel

Schrittweise wendet sich das Team von der Problemperspektive zur Zielformulierung und beschreibt den Zielrahmen

Anwendung und Wirkung

Acht Fragen bauen aufeinander auf und führen in einer konsequenten Linie vom Problemfokus zur Zielorientierung. Sie können recht schnell hintereinander weg gestellt werden – es wird dann in nur einem Satz geantwortet.

Es ist aber auch möglich – und hier für die Teamentwicklung so beschrieben – die Fragenkette intensiv durchzuarbeiten.

Landepunkt ist immer der Blick auf das Ziel und die mit der Zielerreichung verbundene Veränderung. Richtig gut funktioniert hat die Methode, wenn in der Gruppe „Sehnsüchte“ wachsen, die dann die Motivation steigern, für das Ziel zu arbeiten.

Vorgehen

Frage 1: „Was ist das (Ihr) Problem?“

Sammeln Sie auf Zuruf alle Nennungen auf einem Flipchart. Lassen Sie die Gruppe daraus einen „Kritiksatz“ erarbeiten, der das Problem in einem Satz benennt und auf den Punkt bringt. „Uns stört ...“ (10-15 Minuten).

„Uns stört, dass wir durch Überbelastung und Personalmangel keine Zeit mehr ...“

Frage 2: „Wie lange haben Sie das schon?“

In Partnerarbeit fertigen die Teilnehmer eine Grafik. Die Horizontale ist die Zeitlinie, die Vertikale kennzeichnet die Intensität. Die Grafiken werden präsentiert, unterschiedliche Wahrnehmungen bleiben so stehen (10 Minuten).

Frage 3: „Wer oder was ist schuld daran?"

Hier kann einfach eine Sammlung erfolgen – oder ein Problemanalyse-Tool eingesetzt werden, z.B. „Ishikawa". In zwei Kleingruppen werden Störfaktoren aus unterschiedlichen Perspektiven (s. Chart) herausgearbeitet und zusammengetragen (10-30 Minuten).

Frage 4: „Was bedeutet es für Sie, dass Sie dieses Problem haben?"

„Es bewirkt, dass wir uns nicht mehr mit unseren Aufgaben identifizieren ..."

Diese Frage schließt sich direkt an und fasst die Analyse zusammen. Die Kleingruppen vervollständigen zwei Sätze: „Es bewirkt, dass ... Es hindert uns ..."

Anschließend werden die Ergebnisse im Plenum präsentiert. Die Arbeit am Problemfokus ist damit abgeschlossen. Nun passt eine Kaffeepause.

Frage 5: Was ist in dieser Situation Ihr Ziel?

Hier erfolgt ein Rückgriff auf den Kritiksatz, der zur Frage 1 entwickelt wurde. Diesen Satz gilt es nun positiv zu wenden („Uns freut ...") und zu einem optimistischen Zielsatz umzuformulieren (5 Minuten).

„Uns freut, dass wir freudig und gesund eine sinnvolle Arbeit machen ..."

Frage 6: Wie wird es sein, wenn Sie das Ziel erreicht haben?

Träumen erlaubt! Legen Sie Bilder von unterschiedlichen Landschaften aus und bitten Sie die Teilnehmer, sich jeweils intuitiv ein Bild auszuwählen, in dem sie Elemente/Aspekte/Strukturen finden, die ihnen zu dieser Frage durch den Kopf oder den Bauch gehen. Die Bilder werden nun nacheinander vorgestellt, die Stichworte aus den Beschreibungen auf einzelnen Karten notiert, anschließend geclustert und mit Titeln versehen. Es entsteht ein „visionäres Zielbild". (45-60 Minuten)

Frage 7: Wann, wo und mit wem wollen Sie Ihr Ziel erreichen?

Nehmen Sie zu dieser Frage die Rahmenbedingungen der Zielerreichung und ggf. die Stakeholder ins Visier. Wer muss mit ins Boot? Wie könnte ein grober Zeitrahmen aussehen? (10 Minuten)

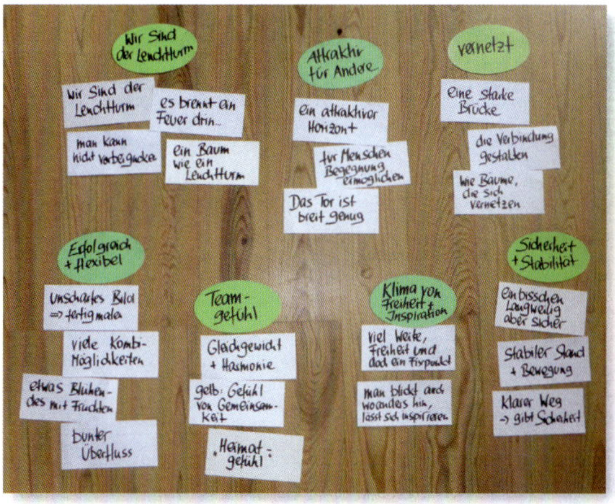

Frage 8: Was ändert sich dadurch, dass Sie das Ziel erreicht haben?

Im Rückblick auf die Ergebnisse der Frage 4 geht es darum, die Veränderungen (Unterschiede), die nun (vorausschauend) sichtbar werden, wahrzunehmen, zu würdigen, zu formulieren (10 Minuten).

Abb.: Das Zielbild

Hiermit ist der Weg vom Problem hin zum Ziel zunächst abgeschlossen. Vor der Weiterarbeit mit der Entwicklung von Lösungsideen (z.B. mit der „Osborn-Checkliste", Seite 267) und der Erarbeitung von Umsetzungsschritten empfehlen wir erst mal eine längere Pause.

Praxistipp

Vielleicht muten die Fragenformulierungen merkwürdig an. Sie sind entlehnt aus dem NLP. Selbstverständlich können sie anders formuliert werden. Passen Sie die Fragen so an, dass sie zum Situationskontext passen.

Vertiefendes/ Hintergrund

- *Phase:* Zielfindung und Visionsentwicklung
- *Situation:* Wenn z.B. Frust, Resignation, Problemfokus in einer Gruppe vorherrschen und das aufgegriffen und ausgesprochen werden muss, bevor in die Zukunft geschaut werden kann

Technische Hinweise

- *Gruppierung*: 4-16 Personen
- *Setting*: Alle im Raum
- *Medien/Material*: Flipcharts, Pinnwände, Moderationsmaterial, Landschaftsbilder, Anleitungscharts
- *Dauer*: 2,5-3 Stunden
- *Vorbereitung:* Charts vorbereiten

Variationen

- Grundsätzlich kann methodisch unterschiedlich gearbeitet werden. Beispiele:
  - Bei Frage 5 können Sie z.B. auch die „Situationsskizze" (Seite 41) nutzen, allerdings mit Zukunftsfokus.
  - Bei Frage 6 und/oder 8 passt als begleitendes Requisit eine Kristallkugel, mit der die Gruppe in die Zukunft schauen kann. Oder Sie initiieren eine Fantasiereise.
- Die Methode der „Landschaftsbilder" (Frage 6) kann auch losgelöst zur Visionsentwicklung eingesetzt werden.

Quelle Die acht Fragen wurden in einer NLP-Ausbildung bei Renate Biebrach und Ute Grießl vorgestellt. Die Idee des Kritiksatzes und seine positive Wendung stammen aus der Methode Zukunftswerkstatt.

4.

Austausch initiieren

In den meisten Teamworkshops geht es um Themen wie Optimierung der Zusammenarbeit, Stärkung des Kontakts untereinander, Klärung von Sach- oder auch konflikthaften Fragen, Umgang mit einer Veränderung oder darum, für die Zukunft eine gute Positionierung finden. Zum Schluss ist im Idealfall alles geklärt, alle wissen, was sie zu tun haben und gehen gestärkt aus dem Workshop heraus, zurück in den gemeinsamen Berufsalltag.

Maßgeblich für den Erfolg ist, ob es gelingt, die Teilnehmenden in einen zielführenden, konstruktiven Austausch miteinander zu bringen.

Wie das geschehen kann, ist Thema dieses Kapitels, das nach den folgenden Schwerpunkten strukturiert ist:

4.1 Menschen ins Gespräch bringen und begleiten
4.2 Informationen austauschen
4.3 Austausch in konflikthaften Situationen
4.4 Vertiefend kennenlernen

Menschen ins Gespräch bringen und begleiten

So unterschiedlich die Anlässe, so unterschiedlich sind unsere Methodenbeispiele zu diesem Schwerpunkt. Mal braucht es Raum für das, was schwer auf den Schultern oder der Seele liegt, ohne dass die Gruppe darin versumpft und verharrt. Mal geht es darum, ein Klima und ein Format so vorzubereiten, dass untereinander Feedback gegeben und dabei auch Heikles gesichtswahrend zur Sprache kommen kann.

Oder aber die Herausforderung besteht darin, einen konstruktiven, lebendigen Austausch zu einem Thema anzuregen und/oder diesen visualisierend festzuhalten und zu begleiten.

Zu diesem Schwerpunkt finden Sie diese Methoden

Jammerlappen

Manches muss einfach mal raus. Mit dieser Methode geben Sie Raum für das Beklagen – allerdings auf kontrollierte und zielführende Art.

Öffnende Kartenfragen

Einfache, klare und gesichtswahrende Fragen ermöglichen einen konstruktiven und wertschätzenden Austausch – auch (und gerade) wenn es um eine Aussprache zwischen Teamleitung und Teammitgliedern geht.

Ritual nonverbal

Eine spielerische und nonverbale Form des Feedbacks – geeignet als Einstieg oder als Zusammenfassung einer Feedback-Runde ... Bitte anpassen auf Themen, Teilnehmer, Situationen.

Jeder-mit-Jeder-Feedback

Ein Format, das beschreibt, wie Sie durch einen (variablen) schützenden Rahmen konstruktive Vier-Augen-Feedbackgespräche unter Teilnehmern initiieren können.

Gesprächsimpulse

Vorgegebene Satzanfänge bringen die Teilnehmer miteinander ins Gespräch. In welche Richtung es geht, bestimmen Sie: Gedanken- oder Erfahrungsaustausch, eher Small Talk oder mit Tiefgang, kurz und knapp oder intensiver ...

Begleitend visualisieren

Drei Möglichkeiten werden vorgestellt, wie Diskussionen und Gespräche begleitend visualisiert werden können. Eine sehr sanfte Form der Lenkung des Austauschs.

Jammerlappen

„Gelenktes Beklagen" initiieren und das Team für alternative Sichtweisen und die Verantwortung für das eigene Handeln sensibilisieren

Anwendung und Wirkung

Wenn Sie den Eindruck gewinnen, dass das Team nörgelt um des Nörgelns willen, sich in negativen Sichtweisen, Schuldzuweisungen oder „Das geht nicht"-Kommentaren verstrickt und dadurch die vorhandenen Ressourcen und bisherigen Erfolge nicht erkennt, bietet sich diese unkomplizierte Intervention an.

Die Einführung eines „Jammerlappens" lenkt den Blick des Teams anschaulich und humorvoll auf seine eigenen negativen und reaktiven Denkschleifen und fördert nicht selten den eigentlichen Grund für den Ärger zutage. Der Jammerlappen führt in der Regel schnell zu Gelächter und Korrektur aus den eigenen Reihen – und genau zu dem, was er bezweckt: in Möglichkeiten statt in Problemen zu denken.

Vorgehen

Legen Sie einen alten Lappen (Spül- oder Scheuertuch o.Ä., je unansehnlicher, desto besser) in die Mitte des Stuhlkreises (Abb.).

Die Regel für die weiteren Diskussionen ist, dass jeder, der etwas zu beklagen hat, dies nur tun kann, wenn er den Jammerlappen in den Händen hält.

Das bedeutet, dass jeweils nur eine Person zur Zeit Dampf ablassen kann. Die Gebrauchsanleitung finden Sie auf dem Flipchart auf der Folgeseite dargestellt.

Achten Sie im weiteren Verlauf der Diskussionen darauf, dass der Jammerlappen konsequent genutzt wird und unterbrechen Sie sofort, wenn jemand „nölt" ohne Jammerlappen in den Händen.

Wenn das Team anfängt zu lachen und die Kommentare sich zunehmend auch um Lösungsideen, positive Sichtweisen etc. drehen, können Sie eine Reflexionsrunde zum Prozess anschließen. Oder den Lappen wieder einsetzen, damit winken, sobald das Team in „alte Muster" zurückfällt.

Praxistipp

Es braucht manchmal etwas Zeit, bis das Team sich mit dem (verlangsamten) Diskussionsprozess angefreundet hat. Aber das hartnäckige Dranbleiben lohnt sich: Die Teammitglieder sind anschließend stärker sensibilisiert für ihre eigenen Haltungen und Sichtweisen – und dafür, wie sie Einfluss nehmen können, statt sich nur zu beklagen.

Vertiefendes/ Hintergrund

- *Phase:* Zu Beginn und/oder während eines Workshops
- *Situation:* Wenn „Jammerrunden" im Team kein Ende nehmen und damit alle Beteiligten blockieren. Wenn es darum geht, alle für ihre Möglichkeiten der Einflussnahme zu sensibilisieren

Technische Hinweise

- *Gruppierung* 5-15 Personen
- *Setting*: Stuhlkreis ohne Tische
- *Medien/Material*: Unansehnliches Tuch in die Mitte des Stuhlkreises legen
- *Dauer*: Erläuterung 3 Minuten, Anwendung fortlaufend
- *Vorbereitung:* „Jammerlappen" besorgen

Variation

Weniger drastisch als ein altes Spültuch ist der Einsatz eines „Meckerballs" oder einer halb leeren Flasche oder was immer Sie an geeigneten Gegenständen im Raum vorfinden. Hauptsache, der Redeprozess wird dadurch verlangsamt.

Öffnende Kartenfragen

Mit geschickt gewählten Fragen wertschätzenden Austausch ermöglichen

Anwendung und Wirkung

Wenn innerhalb des Teams oder zwischen Teammitgliedern und Teamleitung eine (kritische) Aussprache ansteht, ist dies häufig angstbesetzt. Menschen befürchten, dass es persönlich wird, sie „vorgeführt" werden oder alles nur noch schlimmer wird. Führungskräfte sorgen sich, dass sie allein dastehen, keinen Rückhalt bekommen, vielleicht demontiert werden und ihr Gesicht verlieren. Aufgabe der Moderatorin ist es hier, zu gewährleisten, dass das, was einmal gesagt werden muss, einerseits mutig und offen, andererseits möglichst vorwurfsfrei und gesichtswahrend ausgesprochen werden kann. Ob das gelingt, hat unseres Erachtens viel mit den Fragestellungen zu tun, die Sie der Gruppe vorgeben. Die sehr einfachen Fragen, die wir hier empfehlen, haben sich in unserer Praxis vielfach bewährt.

Vorgehen

Bei Aussprache im Team

Bereiten Sie eine Pinnwand mit zwei Spalten vor und überschreiben Sie sie mit den folgenden Fragen.

a. Was läuft bei uns gut? Was schätze ich an unserer Zusammenarbeit?
b. Was läuft bei uns nicht so gut? Was wünsche ich mir anders?

Die Teilnehmer werden gebeten – einzeln und jeder für sich – auf (ggf. verschiedenfarbigen) Karten ihre Antworten zu formulieren. Es gilt: pro Karte ein Aspekt.

Anschließend kommen alle nacheinander nach vorne, erläutern ihre Auffassungen und bringen sie an der Pinnwand an.

Bei Aussprache zwischen Teamleitung/ Mitarbeiter

Hier braucht die Pinnwand vier Spalten, denn Teammitglieder und Führungskraft beantworten jeweils zwei Fragen getrennt voneinander (s. Abb.: linke Spalte Team/ rechte Spalte Teamleitung).

Bewährte Fragen/Anmerkungen für die Teammitglieder:

a. Das schätze ich an dir in deiner Rolle als Führungskraft …
b. Das wünsche ich mir mehr/weniger von dir …

… für die Teamleitung:

a. Das schätze ich an euch als Mitarbeiter
b. Das wünsche ich mir mehr/weniger von euch …

Sind alle Antworten visualisiert, blickt man gemeinsam auf das Ergebnis. Von den Inhalten abhängig ist nun der nächste Schritt.

Eine kurze Kaffeepause gibt Ihnen die Chance zu überlegen, wie es sinnvollerweise weitergeht. Einige Möglichkeiten:

Sofort Vereinbarungen treffen

Es kann sein, dass die Aussprache hier schon zu Ende ist. Jede Person hat ihre Dinge gesagt, die an sie selbst gerichteten Botschaften gehört und ist bereit, ihre Lektion zu lernen. Ist dies der Fall, können Sie anregen, konkrete Vereinbarungen zu treffen.

Klärung herbeiführen

Es sind Themen angerissen, die nach „mehr" klingen oder es gibt immer wieder Anspielungen, die im Ungefähren bleiben. In diesem Fall empfehlen wir, dies nicht stehen zu lassen, sondern (spätestens jetzt) anzusprechen und Raum für Klärung zu geben. Erst danach werden Vereinbarungen für die Zukunft getroffen.

Themen bearbeiten

Manchmal tauchen auch Sachthemen auf, die einer Bearbeitung, Vertiefung oder Weiterentwicklung bedürfen. Ist das der Fall, so macht es Sinn, diese herauszufiltern und aufzulisten. Es kann mit dem ersten Punkt hier begonnen werden. Zumindest sollte verabredet werden, was mit den Themen weiter geschieht.

Praxistipps

- Formulieren Sie die Fragestellungen bewusst so, dass sie einladen, nach vorne zu denken, Wünsche zu formulieren und nicht beim Problem verharren.
- Gucken Sie bei heiklen Aussprachen immer auch auf das Positive, denn dann kann das Kritische besser gehört und ertragen werden.
- Es lohnt sich über Fragestellungen nachzudenken bzw. zweimal hinzugucken. Manchmal ist es ein Wort, was eine Frage so verändert, dass sie eine Tür schließt oder öffnet. Beispielsweise ist es ein Unterschied, ob Sie fragen „Welche Probleme haben wir" oder „Welche Schwierigkeiten begegnen uns?".

Ein paar Bemerkungen zur anonymen Kartenfrage

Immer wieder begegnen wir der Idee, bei einer Aussprache die Kartenfrage anonym zu gestalten, damit hinter dem Schutz der Anonymität Kritisches angstfrei gesagt werden kann, ohne dass der Kritiker Nachteile erfährt. Davon abgesehen, dass sowieso immer jemand die Handschrift eines anderen erkennt: Je länger wir im Geschäft sind, desto weniger halten wir davon. Unsere Bedenken:

- Die Anonymität bläst die Situation künstlich auf. Die Sache erscheint größer, dramatischer, als sie vielleicht ist. Wir finden es meist klüger, die Situation zu „normalisieren". (*„Es ist ganz normal, dass es Konflikte gibt, wenn Menschen zusammenarbeiten und es ist gut, wenn sie ausgesprochen werden …"*)
- Die anonyme Kritik steht im Raum, und zwar nicht unbedingt wirklich verständlich. Sie kann nicht zufriedenstellend geklärt werden, denn Nachfragen würden ja die Anonymität aufheben.
- Darüber hinaus entstehen in den Köpfen Fantasien, wer es wohl war, es wird spekuliert.
- … und überhaupt bleibt insgesamt ein Nachgeschmack.

Also muten wir den Teilnehmern lieber zu, Gesicht zu zeigen und sich offen zu positionieren. Oder aber zu schweigen. Dafür klären wir in der Situation, ob Aussprache und auch Kritik überhaupt erwünscht sind. Wir tragen Sorge dafür, dass der Einzelne Gehör findet und der Austausch sachlich und gesichtswahrend bleibt und die Regeln des guten Geschmacks nicht verletzt werden.

Vertiefendes/ Hintergrund

- *Phase:* Themen bearbeiten
- *Situation:* Wenn eine Aussprache zwischen Teammitgliedern oder zwischen Team und Leitung erforderlich ist

Technische Hinweise

- *Gruppierung*: Alle im Raum
- *Setting*: Stuhlkreis mit oder ohne Tische
- *Medien/Material:* Karten (2 Farben), Faserschreiber, Pinnwand
- *Dauer*: 30-90 Minuten, je nach Gruppengröße, Tiefe, Weiterarbeit
- *Vorbereitung:* Fragen visualisieren

Variationen

- Eröffnen Sie eine dritte Spalte und stellen Sie eine weitere, zukunftsorientierte, konkretisierende Frage, z.B.: Welche Maßnahme schlage ich vor?
- Natürlich können auch die Fragestellungen variiert werden, z.B.:
  - Was läuft bei uns „wie geschmiert"?
  - Was müssen wir „pflegen", um es zu erhalten?
  - Was hätte ich gerne anders?

Ritual nonverbal

Auf humorvolle Weise erfahren, wie die Teammitglieder zueinander stehen

Anwendung und Wirkung

Wenn es im Workshop darum geht, sich untereinander Feedback zu geben und dies dem Team schwerfällt (ungewohnt, die Notwendigkeit wird nicht gesehen, es werden unangenehme Reaktionen befürchtet), können Sie dieses anregende Ritual als „Anwärmübung" einführen. Das Team lernt, dass positive und negative Rückmeldungen möglich sind und dass das „Wie" über die Reaktionen mit entscheidet. Der besondere Charme: Die ganze Übung ist nonverbal!

Vorgehen

Alle Teammitglieder lernen drei Zeichen kennen:

1. **Freund** – rechte Hand aufs Herz:
   „Mit dir fühle ich mich verbunden. Ich vertraue dir."
2. **Kollege** – beide Daumen hoch:
   „Mit dir zusammen kann ich was bewegen, auf die Beine stellen."
3. **Fremder** – linke Hand vors Gesicht mit der Handfläche nach außen:
   „Ich weiß noch zu wenig von dir und möchte dich näher kennenlernen." Oder auch: „Manchmal bin ich von deinem Verhalten irritiert."

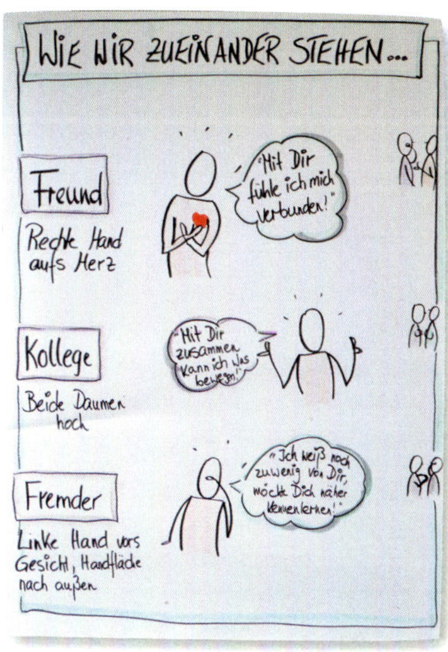

Auf Ihr Signal hin wandern die Teammitglieder durch den Raum. Ab und zu stellen sich zwei Partner voreinander hin. Dann machen sie beide gleichzeitig eines der drei verabredeten Zeichen (nonverbal).

Anschließend gehen beide weiter und finden neue Partner.

Je nach Gruppengröße sollte das gesamte Ritual zwischen zwei und sechs Minuten dauern.

Die Auswertung findet anschließend im Plenum statt. Hier einige Beispiele für Reflexionsfragen (Abb.):

- Wer oder was hat mich bestätigt? Überrascht?
- Wie ging es mir, als ich Feedback bekam? Wie habe ich insbesondere auf kritische Rückmeldungen reagiert?
- Wie war es für mich, den Teamkollegen Rückmeldungen zu geben, insbesondere kritische?
- Aus welchem Grund ist es wichtig für ein Team, sich untereinander hin und wieder den Spiegel vorzuhalten?
- Was lernen wir daraus für unser Team?

Praxistipps

- Achten Sie darauf, dass es keine „geheime“ Absprache gibt, nur nett zueinander zu sein – und intervenieren Sie ggf.
- Die ganze Übung ist „nonverbal“!

Vertiefendes/ Hintergrund

- ***Phase:*** Als Einstieg in den Austausch von Feedback und Erwartungen
- ***Situation:*** Wenn es sinnvoll ist, sich schrittweise dem Austausch von ehrlichem Feedback und/oder den gegenseitigen Erwartungen zu nähern; einleitend bei Konfliktsituationen, wenn es darum geht, dass die Teammitglieder einander zeigen, wie sie zueinander stehen

Technische Hinweise

- ***Gruppierung***: 6-15 Personen
- ***Setting***: Im Stehen, Auswertung im Stuhlkreis ohne Tische
- ***Medien/Material***: Flipchart
- ***Dauer***: 20 Minuten inkl. Auswertung
- ***Vorbereitung:*** Flipchart mit Zeichen und Erläuterungen vorbereiten

Variation

Bei den Zeichen sind der Fantasie keine Grenzen gesetzt. Sie können sie je nach Teamstruktur, Branche etc. entsprechend anpassen oder durch Symbole ersetzen.

Quelle

Inspiriert von: Vopel, K. W.: Kreative Konfliktlösungen. 2011, iskopress.

Jeder-mit-Jeder-Feedback

Alle geben sich gegenseitig Rückmeldung

Anwendung und Wirkung

Immer wieder haben wir in Teamworkshops die große, klärende, verbindende und motivierende Kraft von gegenseitigem Feedback erlebt. Meist nutzen die Teilnehmer die Chance, die in den Vier-Augen-Kurzgesprächen liegt, sehr bewusst. Damit wirklich jeder mit jeder spricht und keine lähmenden Wartezeiten entstehen, empfehlen wir das Feedback-Prozedere zeitlich genau zu strukturieren und durch eine Visualisierung („Feedback-Plan") zu unterstützen.

Wichtig ist es außerdem, einen schützenden Rahmen zu schaffen, was auf verschiedene Arten und Weisen geschehen kann, z.B.:

- durch vorgegebene Fragestellungen (Beispiel s.u.),
- durch ein Persönlichkeitsmodell (z.B. Riemann-Thomann-Kreuz), auf dessen Basis die Teilnehmer sich schildern, wie sie sich erleben (s. Seite 201),
- oder durch ein Kommunikationsmodell (z.B. Vier-Ohren-Modell von Schulz von Thun), dessen Perspektiven die Fragestellungen bestimmen (Variationen).

Vorgehen

Abhängig von Gruppe und Situation kann es zu Beginn sinnvoll sein, allgemein etwas zum Thema Feedback zu sagen. Hilfreich sind Feedback-Regeln für die Zweiergespräche sowie grundsätzliche Gedanken zum Feedback-Geben und -Nehmen (Beispiele: s. Abbildungen).

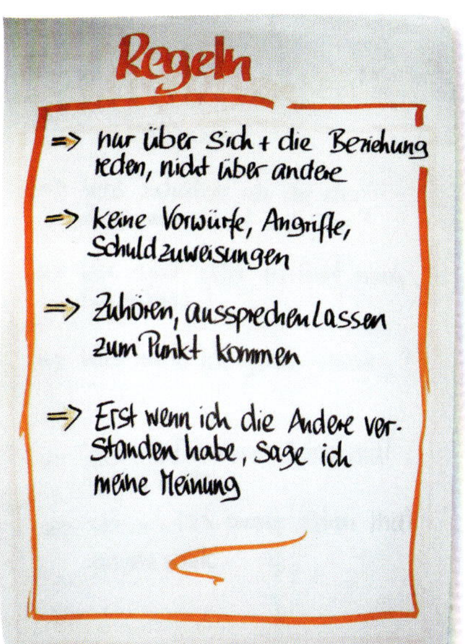

Anschließend erläutern Sie den geplanten Rahmen (hier: die Leitfragen) und das Ablauf-Prozedere, am besten anhand Ihres „Feedback-Plans". Auf dem Chart finden Sie ein Beispiel für sieben Personen. Wegen der ungeraden Zahl, macht immer eine Person Kaffeepause.

Die folgenden Leitfragen (s. Quelle) für die Gespräche haben sich bewährt:

- Was schätze ich an der Zusammenarbeit mit dir?
- Was stört oder irritiert mich schon mal?
- Was hätte ich gerne anders?
- Was ich dir immer schon mal sagen wollte ...
- Was ich dich immer schon mal fragen wollte ...

Jede Person zieht nun eine Nummer und los geht's. Wir empfehlen um die 10 Minuten pro Gespräch.

Ihr Job dabei ist es, die Zeit im Auge zu halten und jeweils die nächste Runde „einzuläuten".

Feedback-Plan

Runde	Feedback			
1	1+7	2+6	3+5	4
2	1+5	2+4	6+7	3
3	1+3	7+4	5+6	2
4	2+7	3+6	4+5	1
5	1+6	2+5	3+4	7
6	1+4	2+3	5+7	6
7	1+2	3+7	6+4	5

Praxistipps

- Die erste Runde wird häufig zum „Warmwerden" benötigt – dann folgen i.d.R. intensive Gespräche.
- Stehtische eignen sich ganz wunderbar als „Treffpunkte" für die Feedback-Partner.
- Die Erstellung eines Feedback-Plans für Ihre Teilnehmerzahl können Sie sich erleichtern, indem Sie sich vorstellen, dass alle TN an einer langen Tafel sitzen, jeweils zwei Personen sitzen sich gegenüber (= die Gesprächspartner). Simulieren Sie dieses Setting in Ihrer Vorbereitung am besten auf einem Tisch mithilfe von einzelnen, nummerierten Zetteln. Diese erste Sitzordnung zeigt nun die Gesprächspaare der ersten Runde. Für die zweite Runde rotieren alle im Uhrzeigersinn einen Platz weiter, MIT AUSNAHME der Person 1. Wichtig: Diese Person bleibt immer an ihrem Platz, sie wird übersprungen. Auf diese Art und Weise verfahren Sie weiter, bis Jeder mit Jeder gesprochen hat. So haben Sie Ihren Feedback-Plan schnell visualisiert.

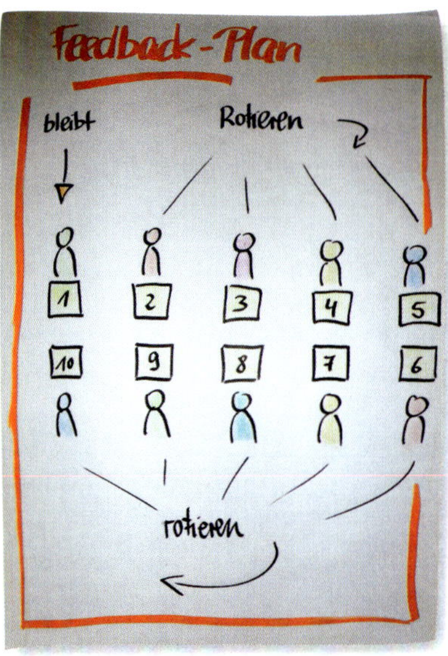

Vertiefendes Hintergrund

- ***Phase:*** Vertiefend kennenlernen, Klärung, Austausch von Erwartungen, Verständigung
- ***Situation:*** Wenn Vier-Augen-Gespräche zur Klärung der Beziehungen, gegenseitiger Erwartungen und Wünsche beitragen können

Technische Hinweise

- ***Gruppierung***: 4-12 Personen
- ***Setting***: Partner, rotierend, alle im Raum + näherem Umfeld
- ***Medien/Material***: Verschiedene Charts, Leitfragen, Stoppuhr
- ***Dauer***: 60-120 Minuten
- ***Vorbereitung:*** Feedback-Rahmen und entsprechende Charts vorbereiten

Variationen

Variieren lässt sich der (schützende) Rahmen, den Sie für das Feedback vorgeben. Beispiele:

- Auf Basis des Riemann-Thomann-Modells schildern sich die Teilnehmer, wie sie sich gegenseitig erleben (Seite 201).

- Die Vier Seiten einer Nachricht von Schulz von Thun können Sie als Modell für Ihre Leitfragen nutzen:
  - Sache: Um was geht es?
  - Beziehung: Wie erlebe ich unsere Beziehung/Zusammenarbeit?
  - Selbstkundgabe: Wie geht es mir hier?
  - Appell: Was wünsche ich mir von dir?
- Bereiten Sie eine einfache Tabelle vor und händigen Sie sie den Teilnehmenden zweifach aus, am besten in zwei unterschiedlichen Farben:

Name	Ich wünsche mir von dir mehr …	Ich wünsche mir von dir weniger …	Das soll bitte so bleiben …

Im ersten Schritt bereiten die Teilnehmer Ihre Rückmeldungen für die Kollegen durch Ausfüllen der ersten Tabelle vor. Während der Feedback-Gespräche nutzen sie die zweite Tabelle, um die Rückmeldungen, die sie bekommen, zu notieren.

Quelle

Die oben verwendeten Leitfragen haben wir von Sabine Keller-Kühn abgeguckt. Danke!

Gesprächsimpulse

Mit anregenden Fragen oder Satzanfängen einen interessanten Austausch auf den Weg bringen

Anwendung und Wirkung

Wenn Sie zwischen den Teammitgliedern einen Erfahrungs- oder Gedankenaustausch initiieren wollen, können Sie ihn mithilfe dieser Methode anregen und darüber hinaus die Gesprächsthemen steuern. Unterstützt durch die gezielten, zu ergänzenden Satzanfänge fällt es oft leichter, über wichtige (oder auch heikle) Themen ins Gespräch zu kommen. Dazu kommt, dass grundsätzlich alle Teilnehmenden aufgefordert sind, sich zu äußern.

Vorgehen

Es werden Tischgruppen à 3-5 Personen gebildet. Jede Gruppe bekommt einen Kartensatz mit Satzanfängen, die geeignet sind, die Teilnehmer miteinander in den Austausch zu bringen. Die 3-6 Karten werden als Stapel mit der Schrift nach unten auf den Tisch gelegt und nacheinander „abgearbeitet".

Reihum sollen die Teilnehmer zunächst den angefangenen Satz beenden, danach kann die übrige Zeit genutzt werden, um gegenseitig nachzufragen und weiter darüber ins Gespräch zu kommen.

Die Moderatorin strukturiert die Zeit (pro Satzanfang 3-10 Minuten, je nach Größe der Kleingruppen und gewünschter Intensität), sodass in den Tischgruppen immer parallel über dasselbe Thema gesprochen wird.

Beispiele für Satzanfänge:

- Meine Rolle hier im Team sehe ich darin ...
- Meine Geduld wird hart auf die Probe gestellt, wenn ...
- Ich vertraue besonders Menschen, die ...
- Kritik kann ich am besten annehmen, wenn ...
- Es fällt mir schwer, Kritik anzunehmen, wenn ...
- Am wichtigsten ist mir in der Zusammenarbeit mit euch, dass wir ...
- Ich wünsche mir, dass wir in Zukunft stärker ...
- Dieses Talent von mir würde ich hier gerne mehr einbringen:

Wenn die vorgesehenen Themen in den Kleingruppen besprochen sind, bittet die Moderatorin die Teilnehmer, kurz die wichtigsten (oder neusten, überraschendsten, für das Workshop-Thema bedeutendsten, ...) Erkenntnisse aus der Runde (auf einem Flipchart) zusammenzufassen, um sie anschließend im Plenum vorzustellen.

Praxistipps

- Eine Idee zum Strukturieren der Zeit: Lassen Sie eine große Tischuhr (Time Timer) über einen Beamer eine Stoppuhr, für alle Kleingruppen sichtbar an der Wand, mitlaufen. Daran können sich die Teilnehmer orientieren und sich ihre Zeit selbst einteilen.
- Manche Themen brauchen mehr, manche weniger Zeit. Brechen Sie bei Bedarf früher ab oder geben Sie eine Zugabe.

Vertiefendes/Hintergrund

- *Phase:* (Vertiefendes) Kennenlernen, Themen bearbeiten
- *Situation:* Wenn ein Erfahrungs- oder Gedankenaustausch unter den Teammitgliedern förderlich ist

Technische Hinweise

- *Gruppierung*: Alle im Raum
- *Setting*: Mehrere Tischgruppen
- *Medien/Material*: Pro Gruppe ein Kartensatz mit anregenden Satzanfängen
- *Dauer*: 30-60 Minuten, je nach Gruppengröße, Kartenanzahl, Tiefe der Satzanfänge
- *Vorbereitung:* Kartensätze erstellen

Variation

In Gruppen bis zu acht Personen kann die Übung auch im Plenum durchgeführt werden.

Begleitend visualisieren

Drei Methoden, um Diskussionen festzuhalten

Anwendung und Wirkung

Wenn in einer Gruppe engagiert, konstruktiv und mit reger Beteiligung diskutiert wird, ist eine direktive Gesprächssteuerung eher störend. Der Moderator kann dann dazu übergehen, gesprächsbegleitend zu visualisieren (= eine sehr sanfte Form der Lenkung). Die Inhalte werden festgehalten, der Gesprächsverlauf ist nachvollziehbar und die wichtigsten Punkte können anschließend gut zusammengefasst werden. Ein schöner Nebeneffekt: Weil für alle sichtbar visualisiert wird, wird auch nicht mehr so viel wiederholt (es steht ja schon da ...).

Vorgehen

Drei unterschiedliche Methoden haben sich in der Praxis der Autorinnen bewährt.

- Auf Karten mitvisualisieren
- Auf Flipchart mitvisualisieren
- Dynamic Facilitation

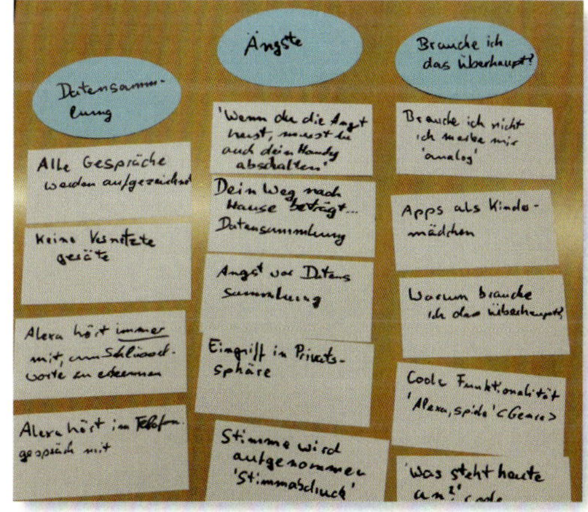

Auf Karten mitvisualisieren

Sie sitzen als Moderator am Rand der Gruppe. Auf dem Tisch oder auf dem Schoß haben Sie einen Stapel Moderationskarten in ein bis zwei Farben und zwei verschiedenen Formen. Visualisieren Sie nun die Gesprächsbeiträge in Kurzform mit und legen Sie die Karten laufend und für alle sichtbar (mit Leserichtung zu den Teilnehmern) auf den Tisch oder auf den Fußboden. Sobald sich eine Struktur herausbildet, können Sie die Karten entsprechend zusammenordnen und eine Überschrift notieren. Auf diese Weise wird nach und nach eine (nicht chrono)logische Gesprächsstruktur sichtbar, mit der Sie die Diskussion wunderbar zusammenfassen und einen neuen Impuls geben können.

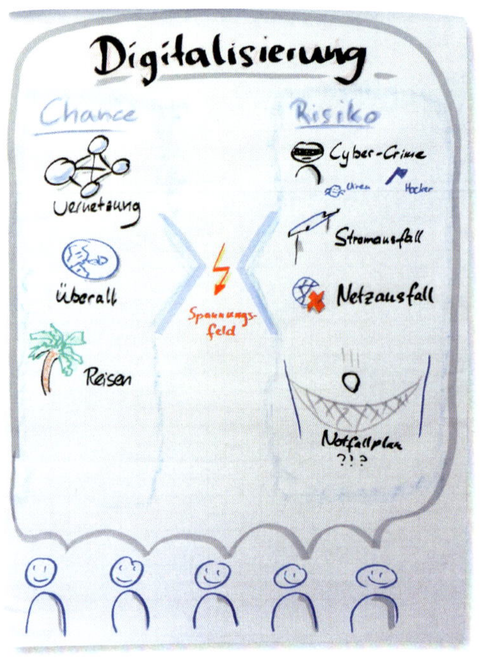

Auf Flipchart mitvisualisieren

Die Gesprächsinhalte werden von Ihnen als Moderator oder in Kleingruppen von Teilnehmern einfach so, wie es kommt, auf dem Flipchart mitnotiert. Verbindungslinien oder Pfeile können Beziehungen verdeutlichen. Manchmal entstehen dabei „aus dem Ärmel" kleine Kunstwerke (s. Abb.).

Wichtig: Hängen Sie bereits beschriebene Flipchart-Bögen so um, dass sie für alle sichtbar bleiben.

Dynamic Facilitation (light)

Diese Methode geht zurück auf Jim Rough. Auch hier ist die Idee, den Gedankenfluss der Gruppe aufzunehmen, ohne steuernd einzugreifen. In vier Spalten mit diesmal bereits vorgegebenen Überschriften visualisieren Sie laufend mit. Die Überschriften lauten:

- Fragen/Herausforderungen
- Ideen/Lösungen
- Bedenken/Schwierigkeiten
- Informationen/Sichtweisen

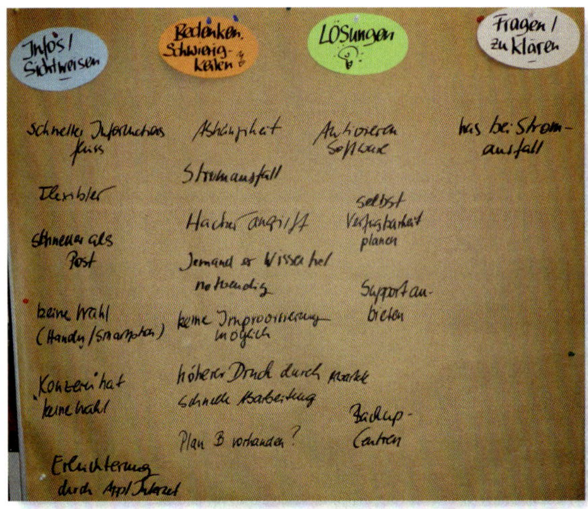

Fragen Sie ab und an, sofern es passt, vertiefend nach, z.B. bei Bedenken: *„Was genau befürchten Sie?"*

Sind alle Argumente ausgetauscht oder erscheint eine Unterbrechung sinnvoll, fassen Sie das Gesprächsgeschehen anhand der Aufzeichnungen zusammen.

Praxistipps

- Welche der Methoden zum Einsatz kommt, hängt von Raum, Situation und auch von Ihren persönlichen Vorlieben ab.
- Bei Dynamic Facilitation sollten Sie im Zweifel nicht lange überlegen, in welche Spalte der Beitrag nun gehört – lieber irgendwo hinschreiben und später ggf. mit einem Pfeil neu verorten.

Vertiefendes/ Hintergrund

- *Phase:* Themen bearbeiten
- *Situation:* Wenn die Gruppe konstruktiv diskutiert und eine direktive Steuerung eher störend wäre

Technische Hinweise

- *Gruppierung*: Alle im Raum
- *Setting*: Stuhlkreis mit oder ohne Tische
- *Medien/Material*: Flipchart, Pinnwand oder Moderationskarten, Moderations-Stifte
- *Dauer*: 15-45 Minuten
- *Vorbereitung:* Keine

Variation

Eine vierte Variante: Die Gesprächsinhalte können auch in Form eines Mindmaps auf einer Pinnwand visualisiert werden.

4.2

Informationen austauschen

Eigentlich eine ganz selbstverständliche Sache, so könnte man meinen ... jedoch haben (wir) uns zwei recht komplexe, zurzeit (im Jahr 2018) aktuelle Informationsaustausch-Herausforderungen gepackt:

1. Durch den demografischen Wandel kommt kein Unternehmen mehr daran vorbei: Weil die Gefahr besteht, dass wertvolles explizites und implizites Wissen von langjährigen, bald ausscheidenden Mitarbeitern verloren geht, muss der Wissenstransfer in den Blick genommen werden. Sinnvollerweise geschieht das eigentlich in mehreren „Expertengesprächen" – jedoch zeigen wir hier ein Format für den Teamworkshop.

2. Informationsaustausch geschieht heute mehr und mehr virtuell, was von den Beteiligten zurzeit noch häufig als „nervig", „ineffizient", „eine Zumutung" (O-Ton von Teilnehmern) erlebt wird. Es kann also durchaus in einem Präsenz-Teamworkshop auch mal darum gehen, über die Optimierung der wöchentlichen Skype-Meetings nachzudenken ...

Zu diesem Schwerpunkt finden Sie diese Methoden

Wissenstransfer im Team

Eine (spielerische) Methode, wie Sie dieses Thema im Workshop initiieren und in diesen integrieren können. Je nach Notwendigkeit bleibt es beim ersten Schritt – oder aber die Gespräche gehen nach dem Workshop weiter ...

Virtuell konferieren

Eine Übung, die die virtuelle Konferenz simuliert, die Schwachstellen herausarbeitet und dann zu Lösungen und Zukunftsvereinbarungen führt.

Wissenstransfer im Team

Als Gruppe wichtiges Wissen identifizieren und austauschen

Anwendung und Wirkung

Der Wissenstransfer untereinander steht hier im Mittelpunkt. Ausgangspunkt ist der aktuelle Wissensstand jeder einzelnen Person. Dieser wird schnell und systematisch mit der ganzen Gruppe aufgenommen und mit Klebepunkten in eine je nach Zielsetzung sinnvolle Rangfolge gebracht. Durch die Methode erhalten die Teilnehmer einen Überblick, welche unterschiedlichen „Wissensinseln" vorhanden sind. Ein vollständiger Transfer kann im Teamworkshop in der Regel nicht geleistet werden. Die Methode macht aber den ersten Schritt und zeigt dem Team, wie es funktioniert. Weitere Arbeitstreffen zwischen den Teilnehmern müssen folgen.

Vorgehen

Stellen Sie zunächst das Ziel der Arbeitseinheit und dann das Vorgehen vor – am besten anhand einer übersichtlichen Visualisierung. Auf der Abbildung sehen Sie ein solches Chart in einer spielerischen Variante. Die weiteren Ausführungen orientieren sich daran.

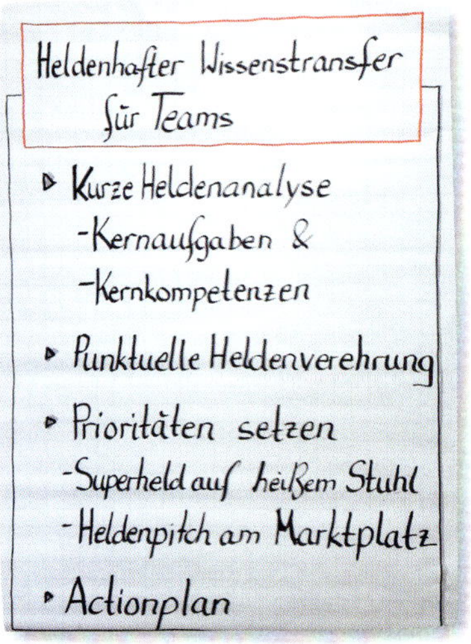

Kurze Heldenanalyse (20-45 Minuten)

Auf einer (halben) Pinnwand oder ersatzweise einem Flipchart-Bogen entwickelt jeder Teilnehmer zunächst seine eigene „Wissenslandkarte". Dies kann z.B. in Form eines Mindmaps geschehen oder auch mithilfe von Moderationskarten bzw. Notepads.

Mögliche Leitfragen:

- Welche Kernaufgaben erfüllst du in deinem Arbeitsbereich?
- Welche Kompetenzen und Erfahrungen helfen dir dabei, deinen Job gut zu machen?

- Welche Erfolge und Misserfolge fallen dir ein? Wie genau kommst du zu Erfolg und wie genau vermeidest du Misserfolge?
- Wenn eine gute Freundin oder ein Freund deinen Job machen sollte – was würdest du raten? Was wären die drei wichtigsten Tipps? Was darf man auf gar keinen Fall machen?
- Was wissen deine Kollegen nicht über deine Arbeit?
- Deine Zukunfts-Prognose: Worauf muss man sich deinen Job betreffend vorbereiten?
- In welchen sonstigen (vielleicht überraschenden) Gebieten verfügst du noch über Wissen oder Erfahrungen?

Die Wissens-Landkarten werden anschließend gegenseitig sehr kurz und knackig präsentiert. (3-5 Minuten pro Person)

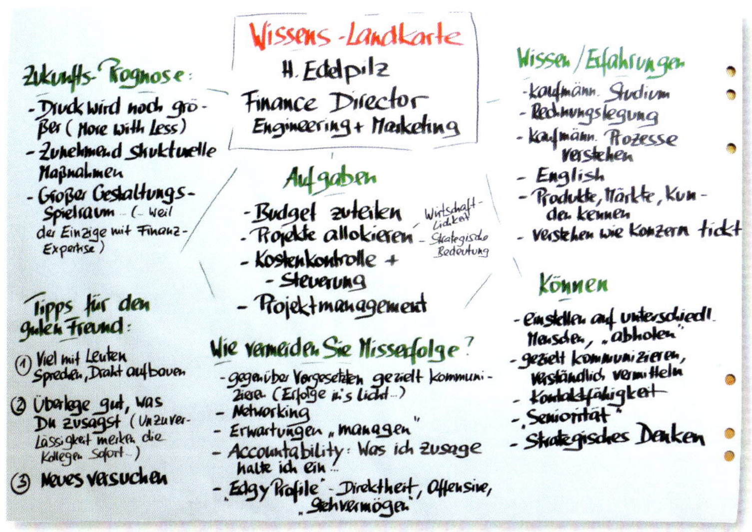

Punktuelle Heldenverehrung (10-15 Minuten)

Faustregel für die Anzahl der Klebepunkte: Anzahl der Wissens-Landkarten mal drei

Anschließend gehen die Teilnehmer noch einmal wie auf einem „Marktplatz" herum, um die Ergebnisse erneut zu betrachten und in eine Rangfolge zu bringen: Nach einem zuvor vereinbarten Kriterium (z.B. besonders interessant, faszinierend, überraschend, zukunftsrelevant oder auch für einen bestimmten Zweck wichtig, dringlich) wählt jede Person Informationen aus den Wissens-Landkarten aus und kennzeichnet sie durch Klebepunkte. Die Punkte können alle Ebenen (Oberpunkte, Unterpunkte) betreffen und frei über alle Wissens-Landkarten verteilt werden. Es gilt: Ein Punkt pro Information, Oberebenen bis zu drei Punkten.

Die Anzahl der Klebepunkte pro Person: Dreifache Anzahl der Wissens-Landkarten. Bei 10 Landkarten bekommt also jeder Teilnehmer 30 Klebepunkte.

Superheld auf heißem Stuhl (10-20 Minuten)

Wer auf seiner Wissens-Landkarte die meisten Punkte bekommen hat, kommt auf den „heißen Stuhl" und wird dort auf der Basis seiner Aufzeichnungen vom Moderator vertiefend interviewt: *„Erzähl mal genauer …", „Wie kam es zu diesen Erfahrungen. …?", „Was genau muss man draufhaben, um …", „Sag' mal ein Beispiel …"* Usw.

Auch die übrigen Teammitglieder dürfen Fragen stellen.

Heldenpitch auf dem Marktplatz – nach dem BarCamp-Prinzip

Jede Person wählt einen Aspekt aus ihrer eigenen Wissens-Landkarte für eine Session. Auf einer Moderationskarte notiert sie ihren Namen und den Titel der Session.

Alle bereiten nun ihre Schwerpunkte als fünfminütige Kurzpräsentation vor. Vorbereitungszeit: 5-10 Minuten.

Visualisieren Sie in der Zwischenzeit die Moderationskarten mit den Session-Themen an einer Pinnwand oder Flipchart und fassen Sie jeweils drei zu einem „Slot" zusammen. Jeder Slot dauert 3 x 5 = 15 Minuten.

Danach empfiehlt sich jeweils eine kurze Pause.

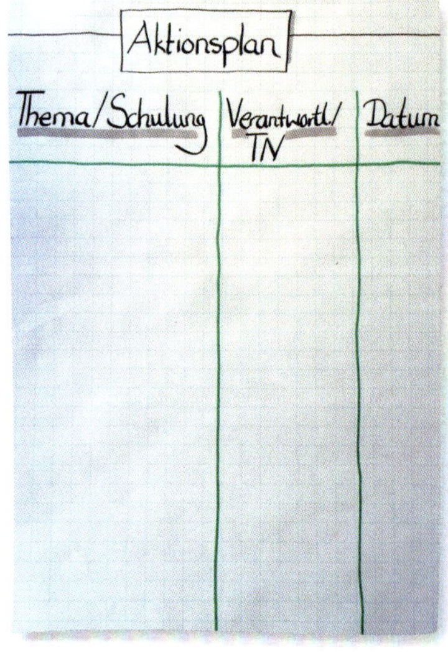

Aktionsplan

Unbeendete Wissensübergaben werden auf einem Flipchart aufgelistet. Dabei wird sofort geklärt, wer mit wem bis wann welche Themen transferiert.

Praxistipps

- Reagieren Sie flexibel auf die Teilnehmerzahl.
- Wenn Sie vermehrten Bedarf erkennen, könnten Sie eine professionelle Begleitung des Wissenstransfers anbieten.

Vertiefendes/ Hintergrund

- ***Phase:*** Themen bearbeiten
- ***Situation:*** Wenn große Unterschiede in den Wissensständen der Teilnehmer vorhanden sind; wenn Interesse oder die Notwendigkeit besteht, Wissen stärker auszutauschen

Technische Hinweise

- ***Gruppierung***: 2-12 Personen
- ***Setting***: Alle im Raum
- ***Medien/Material***: Pinnwände, Flipcharts, Flipchart-Papier, Moderationsmaterial
- ***Dauer***: 2-4 Stunden
- ***Vorbereitung:*** Anleitungschart, Chart mit Leitfragen vorbereiten

Variationen

- Die Wissens-Landkarten können auch in gegenseitigen Interviews erhoben werden. In diesem Fall muss allerdings mehr Zeit eingeplant werden.
- Bei mehr als neun Teilnehmern können die Slots auch parallel stattfinden oder aber ein Slot umfasst vier Sessions und dauert 20 Minuten.
- „Kurze Heldenanalyse“: Hier können sich jeweils zwei Teilnehmer, die besonders am bilateralen Austausch interessiert sind, anhand der Leitfragen auch gegenseitig interviewen und dann wechselseitig dem Plenum vorstellen.

Quellen

Diese Methode haben Jenny Stumper und Ingo Sell entwickelt. Sie sind Experten für den Wissenstransfer in der Praxis.

- Jenny Stumper: www.wissenstransferberlin.de
- Ingo Sell: www.sellct.de

Virtuell konferieren

Die Tücken und wesentlichen Voraussetzungen virtueller Zusammenarbeit erleben

Anwendung und Wirkung

Diese Intervention ist besonders dann interessant, wenn die virtuelle Kommunikation innerhalb eines Teams, das von unterschiedlichen Standorten (Home Office, Städten, Ländern) miteinander arbeitet, in den Fokus gerückt werden soll. Sie simuliert den virtuellen Austausch, wie ihn viele Teams aus ihrem Arbeitsalltag (mit Diskussionsforen wie z.B. Webex, Zoom, Yammer, Slack etc.) kennen.

Häufig krankt die Zusammenarbeit in virtuellen Teams daran, dass

- es zu Beginn kein „Face to Face"-Kick-off-Meeting zum gegenseitigen Kennenlernen gab,
- Mitglieder die Tools nicht richtig nutzen oder
- das Wegfallen körpersprachlicher Informationen (z.B. Gesten, Stirnrunzeln, Augenrollen etc.), auf die in Face-to-Face-Meetings sofort reagiert werden kann, unterschätzt oder ignoriert wird, was schnell zu Fehlinterpretationen führt.

Mit dieser Methode können Sie das Team die Schwachstellen in seiner virtuellen Zusammenarbeit erleben lassen und gemeinsam Handlungsoptionen finden.

Vorgehen

Vorbereitung

Das Team bildet Kleingruppen à 3-5 Personen. Bitten Sie die Teilnehmenden, sich vorzustellen, dass sie eine Abteilung sind und als Teil-Teams von verschiedenen Standorten aus arbeiten. Der Auftrag an alle ist es, gemeinsam über den Ort für das nächste Face-to-Face-Meeting zu entscheiden. Dazu ziehen die Kleingruppen jeweils eine Moderationskarte, auf der ihr Standort angegeben ist.

Beispiel:

Team 1: München
Team 2: Budapest
Team 3: Paris

Die gezogenen Orte werden veröffentlicht. Die Teil-Teams haben nun 10 Minuten Zeit, sich Argumente für ihren Standort zu überlegen. Dazu ziehen sie sich in getrennte Räume zurück, von denen aus sie anschließend auch die Videokonferenz gestalten. Die Räume sind mit Bildschirm, Internetverbindung und Skype ausgestattet.

Let's meet

Nachdem die Teams sich Argumente für den eigenen Standort überlegt haben (10 Minuten), stehen ihnen weitere fünf Minuten für die technischen Vorbereitungen zur Verfügung (sich technisch verlinken und die „Konferenz" einrichten).

Das Meeting über 15 Minuten startet. Heben Sie noch einmal das Ziel hervor: *„Versucht, die anderen Gruppen von eurer Idee zu überzeugen ODER einigt euch gemeinsam auf den von allen präferierten Standort für das nächste Face-to-Face-Teammeeting."*

Wandern Sie zwischen den einzelnen Gruppen hin und her und notieren Sie Ihre Beobachtungen für ein anschließendes Feedback. Ist die Gruppe groß genug, setzen Sie zusätzlich 2-3 Beobachter ein und nennen Sie ihnen die Schwerpunkte für die Beobachtung, z.B.: Vorbereitung, Steuerung/Moderation der Diskussion, Umgehen mit der Technik, Kommunikationsverhalten.

Nach spätestens 15 Minuten unterbrechen Sie die Konferenz. Leiten Sie eine Auswertungsrunde in den Teilgruppen ein. Bereiten Sie hierfür eine Pinnwand oder ein Chart vor (nebenstehende Abb.), auf der die Teams ihre Beobachtungen mit unterschiedlich farbigen Karten oder Post-its festhalten können. Bei kleineren Gruppen findet die Auswertung gleich im Plenum statt.

Beispiele für Auswertungsfragen in der Kleingruppe (10 Minuten):

- Was ist gut gelaufen? (Gelbe Karten)
- Womit waren wir unzufrieden? Was klappte nicht? (Rote Karten)
- Welche Parallelen gibt es zum virtuellen Zusammenarbeiten in unserem Alltag? (Grüne Karten)

Steht genügend Zeit zur Verfügung und erscheint es notwendig, kann ein zweiter Versuch durchgeführt werden. Anhand eines realen Beispiels kann die Gruppe ihre Erkenntnisse in einem weiteren virtuellen Teammeeting umsetzen und anschließend die Unterschiede zum ersten Durchlauf herausarbeiten. Geben Sie dafür weitere 15 Minuten.

Ansonsten leiten Sie nun den Austausch mit allen Teilgruppen sowie den Transfer in die Praxis der Teilnehmenden ein.

Reflexion und Transfer

Nach Ablauf der 10 Minuten berichten die Teilgruppen, wie es ihnen in der Übung ergangen ist und welche Eindrücke und Erkenntnisse sie mitbringen (Beobachter zuletzt). Anschließend werden diese auf den Teamalltag übertragen.

Beispiele für Leitfragen:

- Welche Erkenntnisse ziehen wir aus dieser Übung?
- Worauf kommt es an …
  - um virtuelle Konferenzen zu organisieren?
  - in der Moderation/Steuerung der Diskussionen?
  - in unserem Kommunikationsverhalten, um das gegenseitige Verständnis sicherzustellen?

Halten Sie die Erkenntnisse auf Zuruf auf Flipchart fest und clustern Sie sie zum besseren Verständnis nach Überschriften wie „Orga“, „Moderation“, „Technik“, „Kommunikation“, „Sonstiges“ etc. Bei größeren Gruppen kann dies auch zunächst in den Kleingruppen an der Pinnwand diskutiert und anschließend im Plenum vorgestellt werden.

Im Anschluss daran können – je nach Zielsetzung und Schwerpunktthemen des Workshops – die Kerngedanken und Erkenntnisse vertieft, zusätzlich aufgetauchte Themen (Stress, Glaubenssätze o.Ä.) bearbeitet bzw. weitere Handlungsoptionen überlegt werden. Beispielsweise kann das Team Regeln für den virtuellen Informationsaustausch entwickeln.

Praxistipps

- Im Fokus steht weniger die Lösung, sondern der kommunikative Weg dorthin. Es ist egal, ob die Teil-Teams über den besten ihrer Standorte diskutieren oder einen ganz anderen Ort vorschlagen, der für alle am besten erreichbar (oder am attraktivsten, kostengünstigsten ...) ist. Wichtiger ist, was sich über ihre Organisation, ihr Steuerungs- und Moderationsverhalten sowie die Kommunikation untereinander ablesen lässt.
- Wenn die Teilnehmenden sich in ihren Wertesystemen sehr ähnlich sind und/oder keine wirklichen Diskussionen innerhalb der Gruppen zustande kommen, können Sie die Gruppen herausfordern, um so die Diskussion bewusst zu erzeugen. Geben Sie der jeweiligen Gruppe das Ziel vor mit dem Hinweis, die Entscheidung komme „von oben" und müsse jetzt so vertreten werden.
- Der Film „Trip Crosby Conference Call in Real Life" (Link in der Rubrik „Quellen") führt sehr anschaulich die virtuellen Tücken im realen Leben vor Augen. Amüsant und treffend!

Vertiefendes/ Hintergrund

- ***Phase:*** Beim Austauschen von Hindernissen und Lösungen
- ***Situation:*** Wenn das Team feststellt, dass die virtuelle Zusammenarbeit nicht optimal verläuft und dies insbesondere das Kommunikationsverhalten betrifft

Technische Hinweise

- ***Gruppierung***: 8-20 Personen
- ***Setting***: Arbeiten in Kleingruppen in getrennten Räumen, anschließend im Plenum
- ***Medien/Material:*** Getrennte Räume mit technischem Equipment wie Beamer und Internetverbindung. Laptop bzw. iPad mitbringen lassen
- ***Dauer***: 60-90 Minuten inkl. Auswertung
- ***Vorbereitung:*** Info vorab an Teilnehmer, ihren Laptop oder iPad mitzubringen. Die technischen Voraussetzungen in den Räumen abklären. Ggf. Chart mit Auswertungsfragen bzw. Überschriften für Pinnwand erstellen

Variationen

- Bei wenig Zeit können Sie statt einer fiktiven Aufgabe auch gleich ein aktuelles Thema der Gruppe nehmen, dessen Diskussion in einer virtuellen Konferenz noch ansteht (oder wo es schiefgegangen, aus dem

Ruder gelaufen ist). Oder Sie nehmen die Diskussionspunkte des Workshops, die aufgekommen sind und über die im Team noch diskutiert werden muss.

- Kommt dieses Thema spontan und unangekündigt auf bzw. sind die technischen Voraussetzungen am Veranstaltungsort nicht gegeben, lässt sich die Methode auch am Beispiel einer Telefonkonferenz abbilden. Dazu konferieren die Teilgruppen im selben Raum, allerdings mit Sichtschutz, wie z.B. Pinnwänden als Drei- oder Viereck. Beobachter verfolgen den Austausch zwischen den Teilgruppen und geben später Resonanz anhand der genannten Leitfragen.
- Je nachdem, wo Sie zeitlich stehen, können Sie diese Aufgabe bei zwei Tagen auch auf den Abend (z.B. nach dem Abendessen) verlegen.

Quelle

Link zum Film „Trip Crosby Conference Call in Real Life“:

- https://www.youtube.com/watch?v=kNz82r5nyUw

Austausch in konflikthaften Situationen

Nach den Erkenntnissen des bekannten Konfliktforschers Friedrich Glasl liegen Konflikten vor allem festgefahrene Denkmuster zugrunde: Unbewusste Maximen („Oben sticht unten"), einseitige Sichtweisen („So ist es und nicht anders") und pauschalisierende Zuschreibungen („Die sind alle so"). Für Glasl sind Konflikte nichts anderes als Emotionen. Der Mensch versteift sich auf Scheinbedürfnisse (z.B. Macht als Ersatz für Anerkennung) und ist dann durch seine Affektlogik wie fremdgesteuert und in seinem Verhaltensrepertoire verarmt.

„Du sollst nicht alles für wahr nehmen, was du wahrnimmst." (Friedrich Glasl)

Als einen Lösungsansatz empfiehlt Glasl „Wendeerlebnisse" zu schaffen, die ähnlich einer inneren Reinigung (Katharsis) wirken und seine „Metanoische Meditation" (Metanoia = seelisch geistige Umkehr). (Aus einem Vortrag von Friedrich Glasl auf den Petersberger Trainertagen 2017, beschrieben nach managerSeminare 230/Mai 2017, S.75/76)

Konfliktsituationen im Teamworkshop

In Teamentwicklungen sind wir üblicherweise nicht als Konfliktmoderatoren gebucht – es sei denn, wir wurden ausdrücklich dafür angefragt. Solch eine Beauftragung empfehlen wir Ihnen nur anzunehmen, wenn Sie über eine entsprechende Ausbildung verfügen (z.B. Mediation).

Trotzdem begegnen uns auch in „normalen" Teamworkshops – manchmal recht unvermittelt – konflikthafte Situationen und wir müssen mit ihnen umgehen. Grob unterschieden, kann es sich dabei um Sach- oder Beziehungskonflikte handeln.

Um sich die Konfliktbearbeitung und deren Chancen und Grenzen auch für den Teamworkshop zu vergegenwärtigen, hilft auf jeden Fall ein Blick auf das Harvard-Modell (s. Abb.), das dem Mediationsverfahren zugrunde liegt:

Wenn zwei sich streiten, formulieren sie in der Regel Positionen. Der eine sagt: „Ich möchte das unbedingt!" Die andere antwortet: „Auf keinen Fall mache ich das mit!"

Für diese Positionen gibt es aber gute Gründe, denn dahinter stehen Interessen, Bedürfnisse oder auch tief verankerte Werte. Wenn es gelingt, dem durch Fragen auf die Spur zu kommen und die Antworten zu beleuchten, kann gegenseitiges Verständnis wachsen und Lösungen werden möglich.

Nachzufragen gehört unbedingt zum Moderatorenhandwerkszeug: *„Worum genau geht es Ihnen?"*, *„Was ist Ihnen daran so wichtig?"* – ebenso wie das anschließende Paraphrasieren der Antwort (also in eigenen Worten wiederholen, was verstanden wurde): *„Wenn ich Sie richtig verstehe geht es Ihnen um ..."*. Damit können wir im Teamworkshop arbeiten, um verhärteten Standpunkten auf den Grund zu gehen. Wichtig ist, beide Seiten zu befragen, um die Balance zu gewährleisten. Im allergünstigsten Fall tragen wir damit recht schnell zur Klärung und Verständigung in der Sache oder zur Auflösung von Missverständnissen bei.

Liegen die Konflikte aber tiefer, sind sie lang gewachsen, sind z.B. verkrustete Muster, ältere Kränkungen, Werte- oder Beziehungskonflikte handlungsleitend, dann werden wir in unserem Workshop-Setting hier nicht weiterkommen.

Dann gilt es, dies zu benennen und sauber zu trennen zwischen dem, was hier und jetzt bearbeitet werden kann – und dem, was an anderer Stelle, z.B. mit der Führungskraft oder auch unter vier bis sechs Augen, angegangen werden muss.

Was tun, wenn Sie schon vorher wissen, dass die Stimmung im Keller ist?

Wenn Sie schon im Vorfeld wissen oder ahnen, dass das Klima im Team angespannt ist und es wahrscheinlich konflikthaft zugehen wird, empfiehlt es sich, schon bei der Planung des Workshops ein paar Dinge zu beherzigen.

Zu Beginn die Rollen thematisieren

Klären Sie: Was ist hier wessen Job? Setzen Sie dabei lieber nicht voraus, dass alle wissen, was moderieren heißt. Betonen Sie besonders, dass Sie nicht beauftragt sind, den Teilnehmern inhaltlich auf die Sprünge zu helfen, ihnen z.B. zu sagen, wie sie ihre Prozesse optimieren sollen. Für Inhalte und Ergebnisse ist das Team selbst verantwortlich, nicht die Moderatorin. Ihre Rolle ist vielmehr die neutrale Prozesssteuerung.

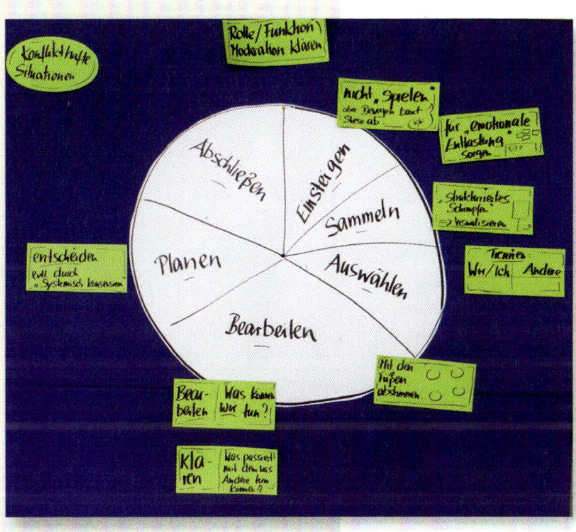

Abb.: Zyklus nach Josef W. Seifert

Kein „Spiel" in der Einstiegsphase

... und auch nichts unternehmen, was wie ein solches wirkt. Sie riskieren, dass sich Teilnehmer nicht ernst genommen fühlen. Spielerisches sollte immer (und hier ganz besonders) mit den Inhalten verknüpft werden.

Für emotionale Entlastung sorgen

... von Beginn an, z.B. durch die Methode „In welchem Film bin ich?" (Seite 23). Auch „strukturiertes Schimpfen", wie bei der Methode „Jammerlappen" (Seite 117) kann zur ersten Entspannung beitragen.

Tipp: Lassen Sie die Klagen/Störfaktoren auch visualisieren. Alles was schon da steht, muss nicht ständig wiederholt werden und später fällt es leichter, nach vorne zu denken.

Selbst gewählte Kleingruppen

Lassen Sie die Gruppen die Teambildungen selbst steuern. Menschen, die sich „nicht grün" sind, werden dann voneinander Abstand nehmen.

Freiraum lassen bei der Ideen- und Lösungsfindung

... vor allem nicht zu früh auf das fokussieren, was die Gruppe selbst in der Hand hat. Lieber erst mal sammeln und später dann sortieren: (a) Können wir selbst machen (bzw. dies kann jetzt und später weiterbearbeitet werden) – (b) müssen sich andere drum kümmern (hier muss geklärt werden, was damit geschieht).

Bei Entscheidungen Höchstmaß an Transparenz anstreben

... und alles dafür tun, dass auch die „Verlierer" ins Boot steigen können. Hier hilft z.B. „Systemisch konsensieren", Seite 261.

Bewährt hat es sich in unserer Praxis auch, von vornherein ein gegenseitiges Feedback der Teilnehmer untereinander in den Workshop-Ablauf einzuplanen. Schon manches Mal haben wir erlebt, dass dies recht wirkungsvoll zur Bereinigung der Atmosphäre und zur Klärung von Unstimmigkeiten beitragen konnte. Wie genau das geschehen kann, beschreibt die Methode „Jeder-mit-Jeder-Feedback", Seite 126.

Es ist auch möglich, den Teilnehmern für ihre gegenseitigen Rückmeldungen einen Leitfaden an die Hand zu geben, wie z.B. das Akronym „Sag' es" (s. Abb.; abgeguckt von der Kollegin Antje Kamphausen. Quelle: Schmidt, T.: Konfliktmanagement-Trainings erfolgreich leiten. 6. Aufl. 2018, managerSeminare).

Zu diesem Schwerpunkt finden Sie diese Methoden

Dreierlei öffentliches Feedback

Mithilfe dieser Methode können Sie einen offenen, konstruktiven Austausch anregen, um die Atmosphäre im Team zu entspannen und zum Positiven zu wenden. Vor allem, wenn dicke Luft vorherrscht.

Boxenstopp

Über Aufstellungen zeigen die Teilnehmer ihre innere Beteiligung oder Einstellung zu einer Fragestellung. Einsetzbar in festgefahrenen Situationen, wenn eine Betrachtung und ein Gespräch aus der Distanz der Metaebene sinnvoll erscheint.

Dolmetschen

Manchmal sind wir Moderatoren auch als Übersetzungshelfer gefragt. Über das Dolmetschen sichern Sie ab, dass auch der Subtext und das, was wirklich gemeint ist, mit rüberkommen.

Wertequadrat

Unterschiedliche Werte der Beteiligten können sachlich in ihrem Spannungsverhältnis betrachtet werden und zur Konfliktklärung beitragen.

Moderationsroute für Konfliktsituationen

Ein transparentes Ablaufmodell für eine „Extrarunde", nämlich die Bearbeitung einer Konfliktsituation, die im Workshop auftaucht. Geht nur mit Zeit und Erlaubnis der Gruppe.

Dreierlei öffentliches Feedback

Ein Feedback im Team wird öffentlich ausgetauscht

Anwendung und Wirkung

Die Situation: Dicke Luft im Team! Sie als Moderator beobachten, dass die Zusammenarbeit während der Teamentwicklung sich zunehmend zäh gestaltet, der Ton untereinander rauer wird, einzelne Teammitglieder sich zurückziehen. Wenn Sie dabei den Eindruck haben, dass in erster Linie nicht ausgesprochene persönliche Themen die Ursache für den „Druck auf dem Kessel" sind, dann können Sie mit der folgenden Übung für Entspannung sorgen. Das öffentliche Feedback macht Positionen klar, deckt Animositäten zwischen einzelnen Teammitgliedern auf und hilft, Missverständnisse auszuräumen. Dem Team verhilft diese Intervention zu der Erfahrung, dass es durch offenen und konstruktiven Austausch die Atmosphäre im Team positiv beeinflussen kann.

Vorgehen

Schritt 1: Vorbereitung

Notieren Sie auf einem Flipchart drei Begriffe (unterschiedliche Farben) mit einem entsprechenden Feedback-Satz:

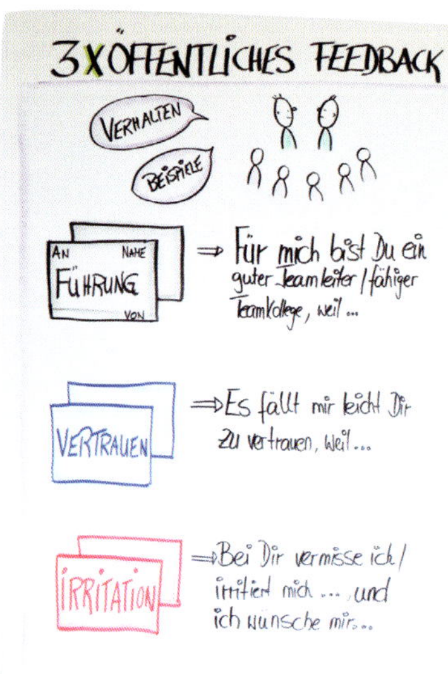

Beispiel (Abb. rechts):

1. ***Führung (schwarz):*** Du bist für mich ein guter Leiter/Teamkollege hier, weil ...
2. ***Vertrauen (blau):*** Es fällt mir leicht, dir zu vertrauen, weil ...
3. ***Irritation (rot):*** An deinem Verhalten (Auftreten, Tun) irritiert mich, vermisse ich ... Ich brauche/wünsche mir ...

Die Kriterien können Sie je nach Eindruck und Themen des Teams entsprechend abwandeln und zusammenstellen.

Schritt 2: Feedback schreiben (20 Minuten)

Jede Person erhält zwei Karten pro Thema (6 Karten). Bitten Sie nun jedes Teammitglied, sich bei jedem Thema für jeweils zwei Personen ein Feedback zu überlegen und dieses auf den Karten zu notieren.

Wichtig: die Teilnehmenden sollen sich dabei auf konkrete Beobachtungen, Verhalten und Beschreibungen beschränken, nicht bewerten (Feedback-Regeln!) und sich Beispiele überlegen.

Schritt 3: Selbsteinschätzung (Prognose, 5-10 Minuten)

Im nächsten Schritt bitten Sie jede Person um eine Selbsteinschätzung: *„Wie viele Karten bekommst du deiner Meinung nach zu Führung – Vertrauen – Irritation?"*

Schreiben Sie die Zahlen der Selbsteinschätzung in der Reihenfolge, wie die Teilnehmer sitzen, auf ein Flipchart (121, 412 etc., Abb. unten) – in den entsprechenden Farben (schwarz für Führung etc.).

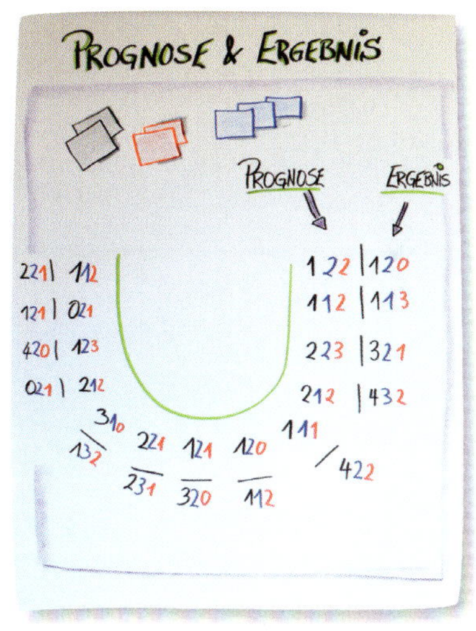

Schritt 4: Feedback-Runde (30 Minuten)

Anschließend stehen die Teammitglieder einzeln, einer nach dem anderen auf und überreichen ihre Karten den entsprechenden Personen, die das Feedback bekommen sollen. Die Reihenfolge ist:

1. Beginnen Sie mit Irritation. Und erst wenn alle Teilnehmenden ihre Karten zur Irritation übergeben und erläutert haben, folgen die Karten zu …
2. „Führung" und abschließend zu …
3. „Vertrauen".

Erst wenn ein Teammitglied alle seine Karten zu dem entsprechenden Thema überreicht hat, fährt die nächste Person fort.

Zur Erklärung der Feedbacks helfen folgende Leitfragen:

- Wie bin ich zu meiner Einschätzung gekommen? Beispiele für Verhalten: …
- Was erwarte ich vom anderen?

Bitten Sie den Empfänger des Feedbacks, aufmerksam zuzuhören und bei Bedarf Verständnisfragen zu stellen. Stoppen Sie weitere Erklärungen oder Rechtfertigungen.

Falls die Gruppe noch nicht „sattelfest" im Geben und Empfangen von Feedback ist, erläutern Sie noch einmal die Feedback-Regeln (Abb. links).

Schritt 5: Tatsächliches Ergebnis (5-10 Minuten)

Sind alle Feedbacks „überbracht", erfolgt ein Abgleich der Ergebnisse mit der eigenen Prognose: Wer hat wie viele Karten zu welchem Thema erhalten? Die Zahlen werden reihum am Flipchart notiert (Abb. Seite 153).

Schritt 6: Reflexion (5 Minuten)

Die abschließende Reflexionsfrage *„Was sagen euch die Ergebnisse?"* rundet diese Intervention ab. Danach heißt es, „sacken lassen".

Praxistipp

Es ist möglich, dass sich das Team zunächst sträubt, das Feedback öffentlich auszutauschen (statt im Vier-Augen-Gespräch). In dem Fall kann das Feedback auch anonym erfolgen (z.B. auf einer Pinnwand). Gleichzeitig liegt in einem öffentlichen Feedback gerade die große Chance, alle Teammitglieder aus der Komfortzone zu holen und ihnen eine neue Erfahrung zu ermöglichen. Wenn Sie den Eindruck haben, dass das Team auf einem guten Weg miteinander ist, heißt es: Verständnis zeigen und am Plan festhalten. Die Feedback-Regeln sollten bekannt sein; ansonsten empfiehlt es sich, sie zu wiederholen.

Vertiefendes/ Hintergrund

- *Phase:* In jeder Phase einer Teamentwicklung
- *Situation:* Wenn die Zusammenarbeit stockt und es Ihnen sinnvoll und notwendig erscheint, dass die Teammitglieder miteinander unausgesprochene Themen und Bedürfnisse klären und lernen, sie offen anzusprechen

Technische Hinweise

- *Gruppierung*: 6-15 Personen
- *Setting*: Stuhlkreis ohne Tische
- *Medien/Material*: Flipchart und Moderationskarten
- *Dauer*: 60-90 Minuten
- *Vorbereitung:* Flipcharts vorbereiten (siehe Abbildungen)

Variation

Eine sanftere Variante – wenn Sie den Eindruck haben, dass das Team noch viel Sicherheit braucht – ist es, die Karten anonym zu verteilen. Dazu schreibt jedes Teammitglied seinen Namen auf eine Moderationskarte. Diese werden offen im Raum ausgelegt.

In einem nächsten Schritt schreibt jeder zu den bereits beschriebenen drei Fragen ein Feedback zu ausgewählten Personen. Idealerweise allen, falls Sie die Zeit haben und das Team klein ist.

Die Kartenfarbe ist in diesem Fall bei allen drei Feedback-Bereichen die gleiche. Bitten Sie die Teilnehmer, durch entsprechende Schriftfarbe (z.B. Schwarz für Führung, Blau für Vertrauen etc.) oder die entsprechende Überschrift zu kennzeichnen, zu welchem Kriterium sie Feedback geben.

Die beschriebenen Karten ordnet jeder den entsprechenden Personen zu und legt sie – mit der beschriebenen Seite verdeckt – zu den Namen (Abb.).

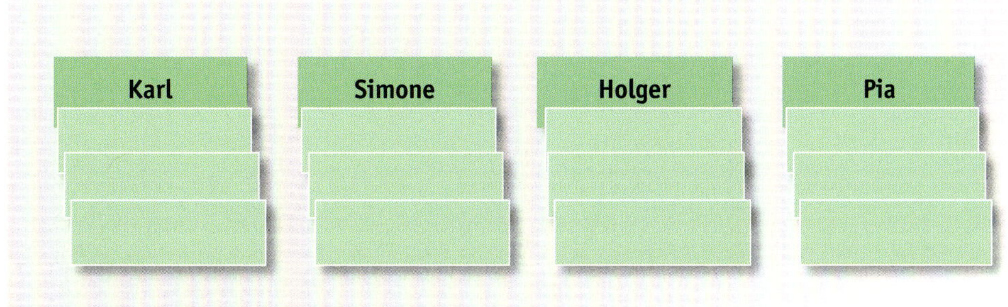

Jedes Teammitglied nimmt sich seine Feedbacks und liest sie in Ruhe durch. Die Rückmeldungen werden nicht öffentlich besprochen oder kommentiert. Der Moderator kann stattdessen Reflexionsfragen stellen wie z.B.: *„Was hat wen überrascht? Was hattet ihr erwartet, und was ist das Ergebnis?“*

Quelle Diese öffentliche Form eines Soziogramms habe ich bei meinem Kollegen Volker Zumkeller kennengelernt. Vielen Dank dafür!

Boxenstopp

Klarheit über emotionale Beteiligung am Teamgeschehen gewinnen

Anwendung und Wirkung

Wenn Sie den Eindruck haben, dass das Engagement im Team gesunken, ein Zustand der Lähmung eingetreten ist oder wenn Standpunkte festgefahren sind, dann bietet sich diese einfache Intervention an, um den Prozess einmal aus der Distanz anzusehen. Dadurch wird deutlich, wie stark zum augenblicklichen Zeitpunkt die innere Beteiligung jedes Einzelnen hier an der Arbeit des Teams ist.

Vorgehen

Leiten Sie die Übung ein mit Ihren Beobachtungen: *„Ich habe den Eindruck, dass der Motor gerade etwas stotternd läuft. Daher schlage ich einen Boxenstopp vor, an dem alle mitwirken können."*

Als Symbol für die „Box" stellen Sie einen Stuhl (oder einen anderen Gegenstand) in die Mitte des Raumes. Dieser repräsentiert das Optimum, d.h. 100 Prozent Motivation für das Thema oder die momentane Zusammenarbeit im Team.

Die Teammitglieder werden nun aufgefordert, sich so dicht daran hinzustellen, wie es ihrem momentanen inneren Engagement entspricht: d.h. starke Beteiligung = dicht an den Stuhl stellen, ansonsten weiter weg. Dabei wird nicht gesprochen.

Haben alle Teilnehmenden Position bezogen, bitten Sie sie, sich umzusehen und wahrzunehmen:

- Wo stehen die anderen?
- Wie fühlt sich mein Platz an, und was sagt er über meine innere Beteiligung?
- Wie schätze ich meine Beteiligung im Vergleich zu den anderen ein?
- Wie empfinde ich die Plätze der anderen? Was sagt mir das?

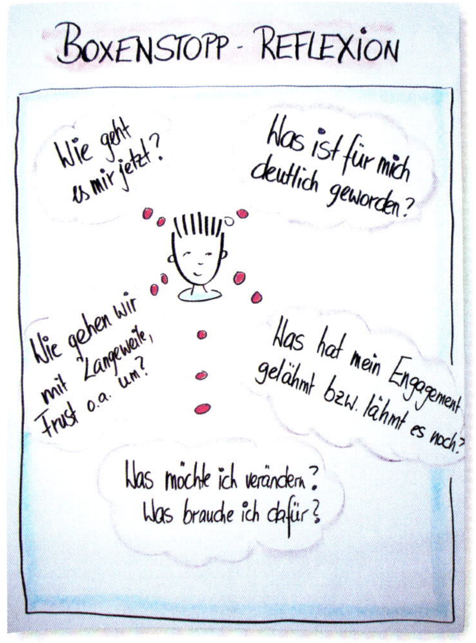

Nacheinander äußern sich die Teammitglieder von ihrer Position aus darüber, was ihre wesentlichen Wahrnehmungen und Erkenntnisse sind. Die anschließende Auswertung erfolgt im Plenum.

Beispiele für Reflexionsfragen:

- Wie fühle ich mich jetzt?
- Was ist mir deutlich geworden?
- Wie geht unsere Gruppe mit Störungen um, wie z.B. Langeweile, Frust etc.?
- Darf das bei uns ausgedrückt werden?
- Was genau hat meine Aktivität gelähmt bzw. lähmt nach wie vor mein Engagement?
- Was hat sich verändert in der Gruppe?
- Was möchte ich gerne verändern? Was brauche ich dafür?

Praxistipp

Worte, Witzeleien oder Diskussionen, während die Teammitglieder sich positionieren, sind nicht selten und drücken häufig das Unbehagen über die Methode, den Prozess oder die Unterbrechung aus. Machen Sie deutlich, dass es hier um körpersprachliches Nachspüren geht und dass dies zunächst keine Worte braucht. Achten Sie darauf, dass beim Aufstellen nicht gesprochen wird.

Vertiefendes/ Hintergrund

- ***Phase:*** In jeder Phase des Workshops
- ***Situation:*** Wenn es wichtig ist zu klären, wie stark zum augenblicklichen Zeitpunkt das Engagement jedes Einzelnen am Thema oder an der Arbeit des Teams ist und den Austausch darüber zu initiieren

Technische Hinweise

- ***Gruppierung***: 6-20 Personen
- ***Setting***: Stehend, bei der Auswertung im Stuhlkreis
- ***Medien/Material***: Gegenstand für die Mitte
- ***Dauer***: 10 Minuten
- ***Vorbereitung:*** Keine

Variationen

- **Liebevoll provozieren:** Drehen Sie die Bedeutung der Mitte in ihr Gegenteil um. Bitten Sie die Teammitglieder sich vorzustellen, die Mitte sei der Worst Case. Bitten Sie sie, sich so nah („Ich sehe schwarz") oder weiter weg („Noch besteht Hoffnung") aufzustellen, wie es ihrer momentanen Wahrnehmung entspricht. Ergänzen Sie die anschließenden Reflexionsfragen um: *„Was müssten wir tun, um all das, was wir uns hier erarbeitet haben, wieder schnell zunichte zu machen?"* Und: *„Was könnte ich zuverlässig beitragen, damit der Worst Case eintritt?"*

- **Gestaltung der Mitte und des Umfeldes:** Statt eines Stuhls können Sie auch eine Pflanze, Süßigkeiten, zur Not einen Flipchart-Köcher in die Mitte stellen oder anderes, was Ihnen anziehend erscheint oder Sie gerade zur Hand haben.

  Diese Intervention lässt sich auch sehr gut im Freien einsetzen. Der Ortswechsel in die Natur fördert oftmals das Nachspüren und wirkt intensiver nach.

Dolmetschen

Als innere Stimme für jemanden das Unausgesprochene aussprechen

Anwendung und Wirkung

Manchmal geraten während des Teamworkshops – scheinbar plötzlich – kontroverse Diskussionen in der Gruppe zum vorwurfsvollen Schlagabtausch. Wenn aneinander vorbeigeredet wird, Gefühle „stillgeschwiegen" werden oder das eigentliche Thema wie „ein Elefant" im Raum steht, aber nicht klar angesprochen wird, herrscht Stillstand im Prozess.

Bevor der Moderator jetzt um Harmonie zwischen den Streitenden oder um Lösungen ringt, macht es häufig mehr Sinn, den Fokus auf das zu legen, was zwischen den Zeilen mitschwingt. Damit dies möglich wird, brauchen die Beteiligten Sicherheit und die Unterstützung des Moderators, um den Dialog untereinander wieder auf eine sachliche Basis und „in Fluss" zu bringen. Die Methode des „Dolmetschens" (auch als „Doppeln" bekannt) leistet dabei wertvolle Dienste.

Beim Dolmetschen fungiert der Moderator als Übersetzer und Vermittler, indem er – nach Erlaubnis der Betroffenen – verletzende Statements, emotional geäußerte Vorwürfe und dergleichen für die Kontrahenten verdaulich und gleichzeitig auf den Punkt übersetzt. Er kann dies tun, indem er

- ähnlich wie beim Aktiven Zuhören das Gesagte und das Nichtausgesprochene in Ich-Form für die jeweils andere Seite ausspricht und
- bei Bedarf auch einfühlsam eine Diagnose in die Aussage einfließen lässt (z.B. „Was vermute ich hinter der Arroganz? Etwa das Bedürfnis nach Wertschätzung?").

Dadurch wird der Streitdialog verlangsamt, die Beteiligten können innehalten, eigene Gefühle stärker wahrnehmen und dem anderen sorgfältiger zuhören.

Die Methode des Dolmetschens ist anspruchsvoll und braucht in erster Linie das Gespür des Moderators, wann sie sinnvoll eingesetzt werden kann.

Angewendet, trägt sie häufig zum besseren Verständnis für die jeweiligen Handlungen, Aussagen und Emotionen der Kontrahenten bei.

Vorgehen

Die Gruppe bleibt im Kreis sitzen, sodass später alle etwas dazu sagen können. Leiten Sie ein, indem Sie kurz Ihre Wahrnehmung spiegeln (der Ton ist rauer geworden, worum es eigentlich geht, bleibt im Verborgenen, der Dialog stockt). Bieten Sie der Gruppe bzw. den Kontrahenten an, sie bei der Klärung ihres Streitthemas zu unterstützen.

Wenn die Betroffenen ihr Einverständnis gegeben haben, wechseln Sie Ihren Platz so, dass Sie dabei in der Runde zwischen den (beiden) Kontrahenten sitzen. Vereinbaren Sie die Regel, dass immer nur einer spricht und dass Sie beim weiteren Dialog die Steuerung übernehmen.

Lassen Sie jeden Beteiligten ein kurzes Statement abgeben, bevor dann der Austausch von Äußerungen, Reaktionen, Gefühlen und Ansichten folgt, bei dem Sie „übersetzen".

Es beginnt derjenige, der das Thema aufgebracht hat oder der den größten Leidensdruck hat (A).

Nach der ersten Aussagen bitten Sie A von Ihrem Platz aus um Erlaubnis, neben ihn treten und übersetzen zu dürfen, etwa so: *„Darf ich mal neben Sie treten und an Ihrer Stelle etwas zu B sagen, und Sie sagen dann, ob das stimmt?"*

Ganz wichtig: Verlassen Sie Ihren Platz erst, wenn Sie das Okay von A haben!

Setzen oder hocken Sie sich nun neben A und übersetzen Sie als seine innere Stimme seine Aussage und die verborgenen Botschaften in Ich-Form. Verbalisieren Sie Emotionen und Vorwürfe und formulieren Sie die eigentliche Aussage klar und unmissverständlich. Bleiben Sie dabei sachlich und ruhig. Je nach Situation adressieren Sie Ihre Botschaft an den Empfänger (B) oder an die ganze Gruppe.

Beispiel:

A zu B (Vorwurf): *„Wenn du unter Projektleitung verstehst, deine ‚Untergebenen' ständig niederzumachen und ihnen im Nacken zu sitzen, wenn's nicht so läuft, dann hast du wohl was falsch verstanden!"*

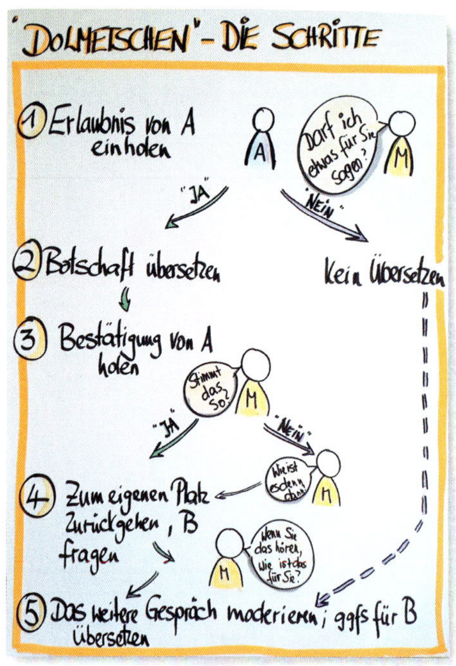

Ihre Übersetzung: *„Ich kann tun was ich will, aber mir kommt es so vor, als reiche meine Arbeit nicht aus als Beweis, dass ich was davon verstehe. Mittlerweile bin ich ratlos und auch kurz davor, aufzugeben, weil ich nicht weiß, wie ich dir beweisen kann, dass du dich auf mich verlassen kannst. Klar verstehe ich, wenn du etwas beanstandest; schließlich hast du ja selbst auch Druck von oben und bist für die Qualität verantwortlich. Aber das schaffst du nicht allein. Es wäre hin und wieder bei all dem Stress auch wohltuend zu erfahren, was ich eigentlich gut mache. Du kannst mir vertrauen, lass mich einfach machen …"*

Klären Sie anschließend bei A, inwieweit Ihre Aussagen den Kern treffen: *„Stimmt das so?"*, *„Ist das (absolut) richtig?"*

Abb.: Der Prozess des Dolmetschens im Überblick

Ist die Antwort „Nein" (oder wenn A zögert), bitten Sie A, Ihre Aussage zu korrigieren bzw. zu ergänzen.

Bei einem „Ja" kehren Sie anschließend auf Ihren Platz zurück und fordern Sie (erst dann) die adressierte Person (B) zu einer Reaktion auf: *„Wie reagieren Sie darauf? Was sagen Sie dazu?"* Anschließend moderieren Sie das weitere Gespräch. Bei Bedarf bzw. je nach Antwort von B dolmetschen Sie (emotionale) Aussagen von B – nach dessen Erlaubnis – für A usw.

Sollte sich eine Klärung vor allem auf eine Person beziehen (z.B. Unzufriedenheit des gesamten Teams mit dem Teamleiter), dann sollten Sie sich direkt neben sie setzen, z.B. mit folgendem Hinweis: *„Es kommt jetzt einiges Unangenehmes auf Sie zu, das Sie sich anhören müssen. Ich setze mich mal neben Sie, um Sie dabei zu unterstützen."*

Das Ziel dabei ist, dass die Person sich sicher fühlt und sich somit nicht verteidigt, sondern sich öffnet und anhört, womit sie (zu Recht oder Unrecht) in den Augen der anderen in Verbindung gebracht wird.

Praxistipps

- Das Dolmetschen kann gut eine Folge der „Situationsskizze" sein (s. Seite 41), wenn die Teammitglieder ihre Sicht auf die Situation im Team visualisieren, diese anschließend diskutieren und Erwartungen austauschen.
- Achten Sie darauf, das richtige Maß zu finden und vermeiden Sie sowohl ein zu häufiges als auch zu langes Übersetzen – sonst reden letztendlich nur noch Sie.
- Beachten Sie auch die Allparteilichkeit als Moderator und doppeln Sie alle Konfliktpartner bzw. beteiligte Personen gleichermaßen (z.B. zweimal hintereinander die gleiche Konfliktpartei, dann wechseln).
- Im Falle, dass Sie mehrere „Neins" bekommen und keine Erklärungen zu den Motiven der Betroffenen haben, fragen Sie lieber noch mal nach und hören aktiv zu.

Vertiefendes/ Hintergrund

- ***Phase:*** Bei der Bearbeitung konfliktträchtiger Situationen während des Workshops
- ***Situation:*** Wenn in Auseinandersetzungen innerhalb des Teams die eigentlichen Botschaften nicht klar ausgesprochen werden

Technische Hinweise

- ***Gruppierung***: 2-12 Personen
- ***Setting***: Stuhlkreis
- ***Medien/Material:*** Ggf. Flipchart zum Visualisieren
- ***Dauer***: Situativ
- ***Vorbereitung:*** Keine

Quellen

Das Doppeln wird ausführlich beschrieben bei

- Thomann, C.: Klärungshilfe: Konflikte im Beruf. 1998, Rowohlt.
- Knapp, P. (Hrsg.): Konfliktlösungs-Tools. 5. Aufl. 2017, managerSeminare.

Das Wertequadrat

Erkenntnisse gewinnen durch die gemeinsame Betrachtung und Verständigung über Werte

Anwendung und Wirkung

Die Arbeit mit dem Wertequadrat von Friedemann Schulz von Thun bringt Aha-Erlebnisse. Sie empfiehlt sich immer dann, wenn die Moderatorin einen Wertekonflikt vermutet, z.B.:

- wenn die Teamkommunikation verdeckt oder offen von Abwertungen oder Vorwürfen geprägt ist.
- wenn einzelne Teammitglieder mit ihren (neuen) Aufgaben hadern.

Untergründig geführte Wertediskussionen können mit dem Wertequadrat an die Oberfläche gebracht werden. Die Moderatorin kann dabei auch ihre eigene Wahrnehmung zur Auseinandersetzung anbieten. Über das Modell wird die Schärfe aus dem Konflikt genommen und eine Basis geschaffen, sich über unterschiedliche Vorstellungen und leitende Prinzipien, die im

Abb.: Das Modell

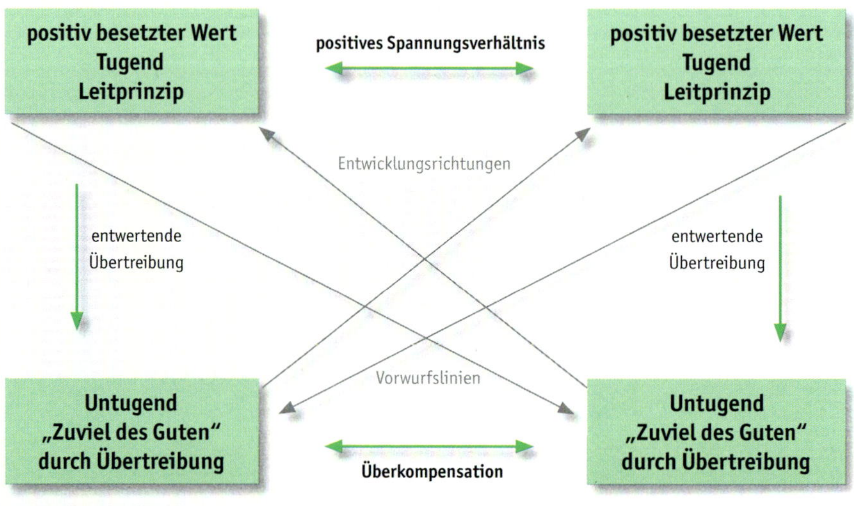

Team aufeinandergeprallt sind, zu verständigen und gegenseitig besser zu verstehen. Es trägt zur Versachlichung und konstruktiven Auseinandersetzung bei. Die Teammitglieder erhalten Struktur und Orientierung.

Erklärung des Modells

Durch das Modell können Werte in unterschiedlichen Ausprägungen beleuchtet werden.

Obere Ebene:
Die beiden *oben* einzutragenden Werte, Tugenden oder Leitprinzipien sind positiv belegt und stehen einander als Endpunkte einer Spannungslinie gegenüber.

Beispiel:
- Solidarität auf der einen,
- Konkurrenz auf der anderen Seite.

Untere Ebene:
Hier werden die aus abwertender Übertreibung resultierenden Untugenden eingetragen.

Im Beispiel:
- Rücksichtslosigkeit, oder „Jeder ist selbst der Nächste“ als „Zuviel des Guten“ der Konkurrenz,
- vereinnahmende Gleichmacherei oder „Wir haben uns ja alle so lieb“ als Übertreibung der Solidarität.

Die untere Ebene des Quadrates steht wie die obere in einem Spannungsverhältnis zueinander, Überkompensation genannt.

Diagonale Linien:
Menschen, denen bestimmte Werte wichtig sind, neigen häufig dazu, die von anderen vertretenen Werte mit übertriebenen Vorwürfen abzuwerten (Vorwurfslinie).

Während die jeweils diagonale Blickrichtung von den „Untugenden“ zu den positiven Werten die anzustrebenden Entwicklungsrichtungen aufzeigen.

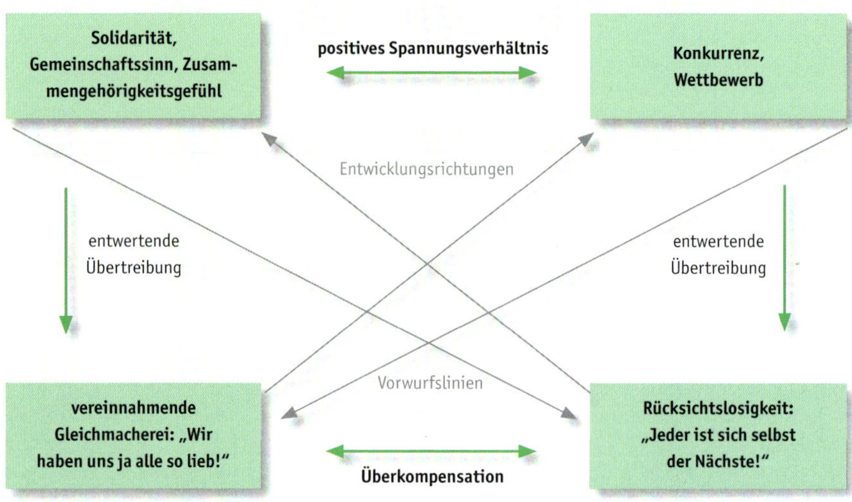

Abb.: Die Beispielskizze

Vorgehen

Schritte der Methode im Überblick

1) Das Modell wird blanko auf Flipchart oder Pinnwand gezeichnet.

2) Der Aufbau des Modells und die Ziele der Methode werden kurz erläutert.

3) Es ist unerheblich, mit welchem Feld Sie starten. Es wird mit einem für alle stimmigen Wert begonnen und miteinander entschieden, ob dieser in die positiv besetzte obere Ebene oder in die abwertende untere Ebene eingetragen wird. Dieser Wert bildet nun den Ausgangspunkt der weiteren Betrachtung.

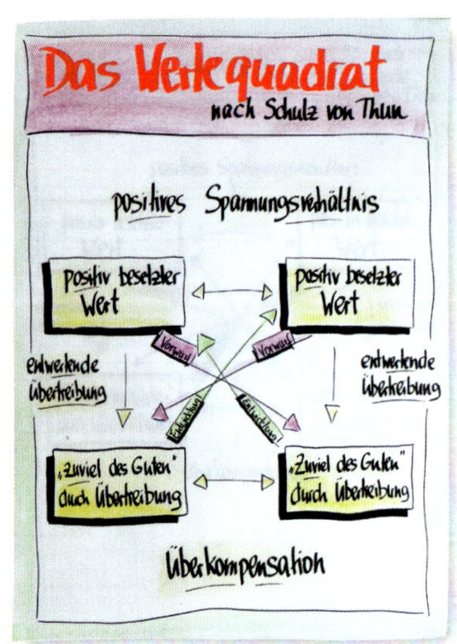

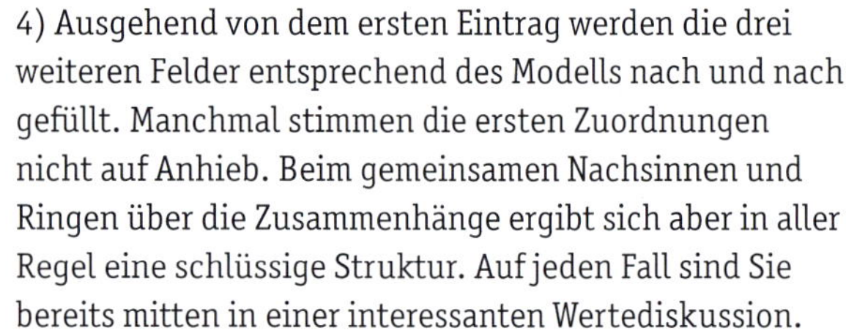

4) Ausgehend von dem ersten Eintrag werden die drei weiteren Felder entsprechend des Modells nach und nach gefüllt. Manchmal stimmen die ersten Zuordnungen nicht auf Anhieb. Beim gemeinsamen Nachsinnen und Ringen über die Zusammenhänge ergibt sich aber in aller Regel eine schlüssige Struktur. Auf jeden Fall sind Sie bereits mitten in einer interessanten Wertediskussion.

5) Diskussion der Ergebnisse: Sind alle Felder gefüllt, können die Teammitglieder in Ruhe die Unterschiedlichkeit der Werte betrachten. Sie können sich besser verstehen und ggf. miteinander überlegen, wie sie bzgl.

ihres Anliegens oder Projektes für eine gute Balance von erstrebenswerten Leitprinzipien sorgen können.

Beispiel für einen Einsatz aus der Situation heraus

In einem Team aus der Finanzbranche war das Klima vor allem zwischen der Teamleitung und einigen Mitarbeitern angespannt. Die Mitarbeiter äußerten sich unglücklich über Veränderungen, die neue Aufgaben und eine veränderte (allerdings von Unternehmensseite nicht deutlich ausgesprochene) Rollendefinition für sie mitbrachten. Hatten sie sich bisher als „Berater" verstanden, so sahen sie sich jetzt als „Verkäufer" gefordert. Unter diesem Vorzeichen waren sie nicht angetreten.

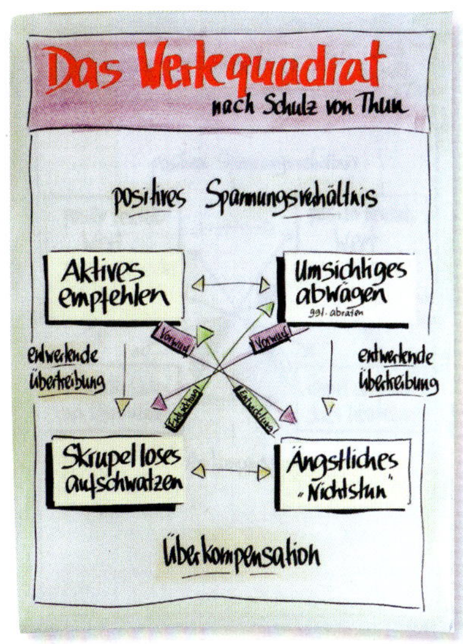

Die Moderatorin griff das Unbehagen auf und entwickelte davon ausgehend mit der Gruppe das Wertequadrat. Auf diese Weise konnte es aufgenommen und auf Papier gebracht, der Konflikt sachlich thematisiert und sortiert werden (auf der Zeichnung sehen Sie eine nachgestellte Form aus der Erinnerung).

Nach getaner Arbeit waren die Teilnehmer nicht glücklicher, aber sie hatten mehr (innere) Klarheit. Entlastend wirkte die Erkenntnis, dass es sich nicht um irgendeinen diffusen, böswilligen Widerstand veränderungsunwilliger Bremser, sondern um einen Wertekonflikt handelte. Die Teamleitung konnte den Widerstand besser verstehen, sich ihrerseits anhand des Wertequadrats verorten und die Anforderungen präzisieren. Gemeinsam konnte nach Ausgestaltungsmöglichkeiten gesucht werden.

Praxistipps

- Bei einem Wertekonflikt ist es häufig so, dass die Werte als konkrete Begrifflichkeiten nicht direkt von den Teilnehmenden ausgesprochen werden. Vielmehr werden sie darüber deutlich, dass z.B. Vorschläge gegenseitig abgewertet werden oder für ein Anliegen leidenschaftlich gefochten wird, ohne dass deutlich wird, was der betroffenen Person daran so wichtig ist.
- So aufschlussreich das Wertequadrat sein kann, so abstrakt ist es für viele in einem ersten Zugang. Daher kann es hilfreich sein, aus der Moderation Vorschläge anzubieten, wenn sich die Gruppe schwer tut passende Begriffe für das jeweilige Feld zu finden. Gemeinsam können sie dann auf ihre Schlüssigkeit hin überprüft werden oder die Gruppe entwickelt daraus stimmige Alternativen.

- Bei den Begrifflichkeiten kommt es nicht auf Perfektion an. Wichtiger ist, dass die Bezüge stimmen – dass z.B. bei den gegenüberliegenden Werten (Horizontale) auch wirklich Gegensätze herausgearbeitet werden.
- Bei der Bearbeitung des Modells gibt es häufig das Phänomen, dass die Beteiligten auf der Suche nach dem positiven Gegenpol eher die entwertende Übertreibung finden. Eben dieses bietet die Gelegenheit, gemeinsam darüber nachzudenken, wie es dazu kommt, dass die Gruppe eher geneigt ist, sich an überzogenen Abwertungen abzuarbeiten, als die positive Herausforderung in den Blick zu nehmen.
- Die Arbeit mit dem Wertequadrat setzt ein hohes Abstraktionsvermögen sowohl beim Moderator als auch bei den Teilnehmenden voraus. Moderatoren sollten vor dem ersten Einsatz in der Gruppe mit dem Modell experimentiert haben.

Vertiefendes/ Hintergrund

- ***Phase:*** Themenbearbeitung, geplant oder situationsbedingt: Sich in konflikthaften Situationen verständigen
- ***Situation:*** Wenn z.B. die Teamkommunikation von Abwertung und Vorwürfen geprägt ist und eine Klärung erfordert

---

Technische Hinweise

- ***Gruppierung***: 4-12 Personen
- ***Setting***: Stuhl-Halbkreis, Flipchart oder Pinnwand auf dem das Modell entwickelt werden kann
- ***Medien/Material***: Ein Beispielmodell (auf Folie, Flipchart), anhand dessen das Wertequadrat erläutert werden kann: ein Blanko-Modell (auf Flipchart oder Pinnwand), in das die von der Gruppe entwickelten Werte eingetragen werden können; Moderationsstifte
- ***Dauer***: 30-45 Minuten
- ***Vorbereitung:*** Blanko-Modell (S. 164) und ein Beispiel zur Erläuterung

---

Quellen

- Friedemann Schulz von Thun, der das Wertequadrat in dieser Form entwickelt hat, beschreibt Bedeutung und Anwendungsmöglichkeiten des Modells sehr anschaulich und bietet (ebenfalls) Übungsbeispiele: Schulz von Thun, F.: Miteinander reden 2. Stile, Werte und Persönlichkeitsentwicklung. 2003.
- In Anlehnung an und in Auszügen aus: Funcke, A. & Havenith, E.: Moderations-Tools. 5. Aufl. 2017, managerSeminare.

Moderationsroute für Konfliktsituationen

Ein Wegweiser für ein klärendes Gruppengespräch

Anwendung und Wirkung

Manchmal brechen während eines Workshops im Team unverhofft Konflikte auf. Es entstehen Rechthabediskussionen, Positionen verhärten sich, Emotionen kochen hoch, vielleicht wird es laut oder es fließen sogar Tränen. Am Thema weiterzuarbeiten ist nicht mehr möglich oder sehr erschwert. Häufig ist es dann klüger, sich zunächst dem Konflikt zuzuwenden, statt ihn zu ignorieren.

Wenn sich also eine solche Lage hartnäckig herauskristallisiert, können Sie dem Team, sofern es die Zeit erlaubt, ein strukturiertes Gesprächsverfahren vorschlagen – von Ihnen neutral moderiert und mit dem Ziel, die Sache möglichst zu klären und die Arbeitsfähigkeit wieder herzustellen.

Vorgehen

Kündigen Sie zunächst eine kurze Pause an, in der die Teilnehmer sich die Beine vertreten oder Kaffee trinken können. Nutzen Sie diese Zeit, um das hier beschriebene Verfahren in kurzen Schritten auf ein Flipchart zu schreiben (s. Abb. auf Seite 170). Es dient allen (auch Ihnen!) im Verlauf zur Orientierung.

Sind alle wieder zusammen, stellen Sie das Verfahren kurz anhand der Charts vor und holen Sie sich das Einverständnis des Teams.

Gehen Sie dann Schritt für Schritt mit der Gruppe vor:

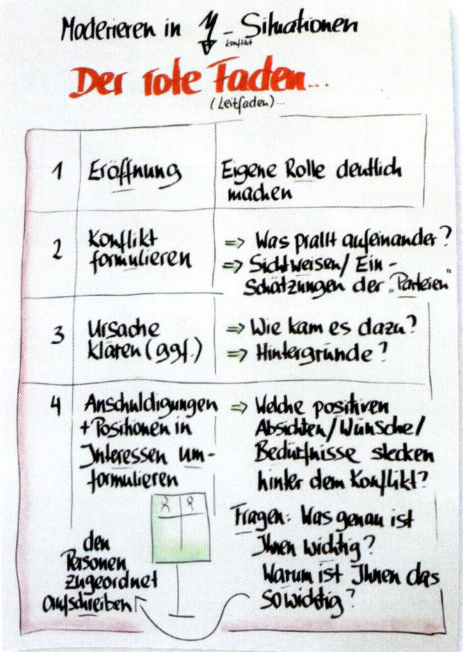

(1) Eröffnen Sie das Verfahren und machen Sie dabei unbedingt Ihre eigene (moderierende, neutrale, wertungsfreie) Rolle noch einmal deutlich.

(2) Präzisieren Sie mit der Gruppe möglichst kurz und knackig den Konflikt: *„Worum genau geht es?"*, *„Was prallt hier aufeinander?"*, *„Wer ist betroffen?"* Erheben Sie die unterschiedlichen Einschätzungen und Sichtweisen der Konfliktparteien. (Idee: Symbolisieren Sie den Konflikt durch eine Karte und legen Sie diese auf den Fußboden. Damit sind Personen und Konfliktthema voneinander getrennt.)

(3) Erfragen Sie ggf. die Ursachen: *„Wie kam es dazu?"*, *„Was sind wichtige Hintergründe?"*

(4) Ergründen Sie die positiven Absichten (Interessen, Bedürfnisse, Wünsche), die hinter dem Verhalten, den Positionen, den Anschuldigungen stehen. Fragen Sie nacheinander die Konfliktparteien: *„Was ist Ihnen daran wichtig?"*, *„Warum ist Ihnen das so wichtig?"*, *„Was ist Ihre positive Absicht?"* Notieren Sie diese Angaben den Personen oder Konfliktparteien zugeordnet auf einem Flipchart.

(5) Nun folgt das Gespräch: Inwieweit können die Interessen/Bedürfnisse/Wünsche von den Beteiligten nachvollzogen werden?

Hier können Sie nur weitermachen, wenn konstruktiv und entgegenkommend miteinander gesprochen wird. Ist dies nicht der Fall, so wird das Verfahren abgebrochen und vertagt. Es bleibt dann zu klären, ob und wie es jetzt im Workshop weitergehen kann.

Ist dies aber der Fall, folgt:

(6) Die Lösungsfindung und Auswahl: Lassen Sie Lösungen sammeln und notieren, am besten nach den Brainstorming-Regeln. Hier können die nicht oder weniger Betroffenen in der Gruppe aus der Außenperspektive weitere Lösungen beisteuern. Praktikable Ideen werden ausgewählt, mögliche Einwände erfragt und geprüft, inwieweit die Interessen der Beteiligten dadurch berücksichtigt sind.

(7) Lassen Sie nun Vereinbarung treffen und sichern Sie die Verbindlichkeit dieser Vereinbarungen.

(8) Die Beteiligten verabreden ggf. eine Überprüfung/Kontrolle, ob die Vereinbarungen eingehalten wurden.

(9) Dank, Würdigung und ENDE.

Praxistipps

- Falls noch nicht geschehen, ist es sinnvoll, Spielregeln vorzuschlagen oder evtl. vorhandene zu ergänzen und sich darauf zu verständigen.
- Zu Schritt 2 und 3: Diese beiden Schritte könnten die Konfliktparteien auch nach klaren, von Ihnen vorgegebenen Fragestellungen getrennt voneinander erarbeiten. Manchmal bewirkt schon so ein „Cut“ und die Veränderung des Settings etwas Positives. Auch die „Neutralen“ könnten in einer dritten Gruppe den Auftrag bekommen, ihre Außensicht beizusteuern.
- Achten Sie darauf, dass alle Konfliktparteien etwa gleich viel Raum bekommen.
- Notieren Sie nur Konstruktives (Interessen, Wünsche). Schreiben Sie keine Anschuldigungen oder Vorwürfe auf!

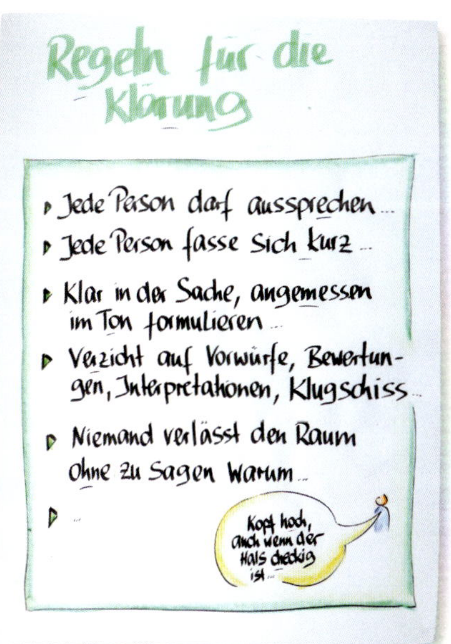

Vertiefendes/ Hintergrund

- ***Phase:*** Themenbearbeitung
- ***Situation:*** Wenn ein Konflikt die sachliche Arbeit am Thema erschwert oder unmöglich macht

Technische Hinweise

- ***Gruppierung***: Alle im Raum
- ***Setting***: (Halb-)Kreis-Setting mit oder ohne Tische
- ***Medien/Material:*** Flipchart, Moderationsstifte, evtl. zweites Flipchart oder Pinnwand
- ***Dauer***: 120-180 Minuten
- ***Vorbereitung:*** Charts mit dem Verfahren schreiben

Variationen

- Versierte Konfliktmoderatoren haben natürlich ein solches, am Mediationsverfahren orientiertes Prozedere im Kopf und brauchen dazu nicht unbedingt ein Ablauf-Chart. Es geht also auch ohne. Die Visualisierung dient aber Ihnen und auch den Teilnehmern zur Orientierung, als roter Faden – und nimmt die Teilnehmer darüber hinaus, weil eben immer sichtbar, stärker in die Verantwortung, als wenn Sie den Ablauf nur mündlich erläutern. Der Nachteil des Charts: Wenn Schritte detailliert beschrieben sind, wird man eben auch stärker darauf festgelegt.
- Wenn ein heftiger Konflikt zwischen zwei Personen aufbricht, können Sie diese beiden Streithähne auch aus der Gruppe herausziehen und (für eine begrenzte Zeit) einzeln mit ihnen arbeiten. Der Rest der Gruppe bearbeitet solange ein anderes Thema oder hat Pause.

Vertiefend kennenlernen

Es gibt sie noch, ja tatsächlich, die mehrtägigen Teamentwicklungen mit Übernachtung. Manchen unserer Kunden sind die Chancen, die im abendlichen Beisammensein, im „inoffiziellen, gemütlichen Teil" liegen, sehr bewusst. Manchmal werden gezielt Tagungslocations ausgewählt, die so weit entfernt sind, dass sie das abendliche Nachhausefahren verhindern.

Hin und wieder taucht dann auch der Wunsch nach einem Abendprogramm auf (oder wir bieten es von uns aus an) – locker und unterhaltsam soll es sein und zum intensiveren Kennenlernen beitragen.

Die Methoden, die wir hier vorstellen, sind allesamt spannend und auch bewegend. Sie sind gut geeignet, die Menschen aufeinander neugierig zu machen, aneinander zu interessieren und näher zusammenzubringen.

Natürlich können Sie alle Methoden auch in einen Workshop integrieren – sie sind nicht unbedingt, wie empfohlen, an eine Abendgestaltung gebunden. Es muss dann aber Zeit dafür eingeräumt werden.

Zu diesem Schwerpunkt finden Sie diese Methoden

Music Is My First Love

Eine berührende Methode zum vertiefenden Kennenlernen. Sie ist Auslöser für Erinnerungen und intensiven Austausch darüber. Wirkt lange nach ...

Das bin ich

Spannung und Überraschungen sind hier inklusive. Selbst wenn man sich schon gut kennt – hier erfährt man auf jeden Fall noch Neues.

DER Lieblingssong aller Zeiten

Eine bewegende Aktion, bei der bisher nicht Bekanntes, Überraschendes über die Kollegen erfahren werden kann. Der andere erscheint in einem neuen Licht.

Spiegelbilder

Diese Übung wird Ihnen bekannt vorkommen: Anhand von metaphorischen Beschreibungen schätzt man andere ein bzw. wird selbst eingeschätzt. Spannend und in vielen Varianten möglich.

Music Is My First Love

Über Musik das Kennenlernen vertiefen und Erinnerungen austauschen

Anwendung und Wirkung

(Fast) niemand kann sich dem Zauber von Musik entziehen. Es fällt ganz leicht, darüber ins Gespräch zu kommen. Nicht selten leuchten dabei die Augen oder aber es werden berührende Erinnerungen wach.

Ihre Teammitglieder arbeiten schon länger zusammen. Sie wissen schon viel übereinander, sie kennen sich gut und es gibt kaum noch etwas Neues zu erzählen ... Wenn Sie ein solches Team noch in spannende Gespräche übereinander bringen wollen, liegen Sie mit dieser ungewöhnlichen Methode richtig. Doch ihr Charme entfaltet sich auch mit Menschen, die sich gerade erst kennenlernen. Hier sorgt sie schnell für intensiven Austausch und wirkt als „Kontaktbeschleuniger".

Vorgehen

Die Moderatorin hat 5-7 bekannte Musikstücke ausgewählt und mitgebracht. Ebenso ist ein Chart vorbereitet, auf dem gesprächsanregende Fragen notiert sind. Das erste Musikstück wird gespielt, die Teilnehmer gebeten, 1-2 Minuten einfach nur entspannt zuzuhören (gerne auch mit geschlossenen Augen) und innere Bilder kommen zu lassen. Anschließend findet zu zweit ein Gespräch darüber statt, währenddessen läuft das Musikstück leise im Hintergrund weiter. Die Partner suchen sich selbst die Frage(n) aus, die sie miteinander besprechen wollen.

Nach etwa fünf Minuten werden neue Paarkonstellationen gebildet und das zweite Stück gespielt. Das Prozedere wird fortgeführt, solange Musik da ist, die Zeit es erlaubt und es Spaß macht.

Mögliche Fragen:

- Womit verbinde ich das Musikstück? Was bedeutet es für mich?
- Was löst die Musik in mir aus? Welche Erinnerungen?
- In welcher Lebensphase war ich gerade, als diese Musik aktuell war?

- Was war mir in dieser Zeit wichtig? Wie habe ich meine Zeit verbracht?
- Welches Erlebnis aus dieser Zeit fällt mir spontan ein?
- …

Praxistipps

- Die Methode eignet sich auch gut zur Abendgestaltung bei mehrtägigen Teamentwicklungen mit Übernachtung.
- Passen Sie die Auswahl der Musikstücke der (Alters-)Gruppe an.
- Die Moderation braucht etwas Fingerspitzengefühl hinsichtlich des Zeitrahmens, den die Paare für ihre kurzen Gespräche brauchen. Eventuell sind die fünf Minuten zu kurz, dann kann etwas mehr Zeit gegeben werden.

Vertiefendes/ Hintergrund

- *Phase:* Zu Beginn einer Veranstaltung, als Einstieg nach einer (längeren) Pause oder zur Abendgestaltung
- *Situation:* Wenn sich eine Gruppe intensiv(er) kennenlernen soll

Technische Hinweise

- *Gruppierung*: 4 bis beliebig viele Personen
- *Setting*: Alle in verschiedenen Paarkonstellationen im Raum
- *Medien/Material*: Bekannte Musikstücke aus unterschiedlichen Zeiten (z.B. Rolling Stones, eine berühmte Filmmusik, Michael Jackson, Amy Winehouse, ein klassisches Stück, …), Musikanlage
- *Dauer*: 30-60 Minuten
- *Vorbereitung:* Musikstücke zusammenstellen – Achtung: beachten Sie die Bestimmungen der GEMA

Quelle Auf die Idee gebracht durch Bernd Rademächers, Köln.

Das bin ich

Etwas von sich preisgeben – und andere Teammitglieder einschätzen

Anwendung und Wirkung

Eine sehr spannende Methode zum vertiefenden Kennenlernen, oft berührend, meist verbindend und immer kommt etwas Überraschendes zutage. Besonders gut passt sie in die Abendgestaltung (bei mehrtägigen Teamworkshops mit Übernachtung). Wenn Sie also z.B. nach dem Abendessen in ruhiger Atmosphäre mit der Gruppe noch etwas „Teambildung" betreiben wollen, liegen Sie mit dieser Methode goldrichtig.

Vorgehen

Alle sitzen im Kreis, jede Person erhält ein bis zwei leere Moderationskarten und einen Stift.

Erläutern Sie nun die Methode, am besten anhand eines Charts (s. Abb.). Jeder Teilnehmer soll von sich etwas notieren – vier Möglichkeiten stehen zur Auswahl:

- Was ich vermutlich besser als die anderen in der Gruppe kann.
- Eine Vorliebe für etwas, die bei den anderen wahrscheinlich nicht vorhanden ist.
- Eine Eigenschaft von mir, die bei den anderen vermutlich nicht so ausgeprägt ist.
- Ein unglaubliches, abenteuerliches Erlebnis oder eine denkwürdige Begegnung.

Jede Person soll nun (je nach Zeitfenster und Gruppengröße) ein oder zwei dieser Möglichkeiten auswählen und mit kurzen Sätzen oder Stichworten auf (jeweils) einer Moderationskarte etwas dazu schreiben.

Alle Karten werden dann einmal gefaltet und vermischt. Anschließend nimmt sich jede Person eine (oder zwei) der Karten heraus. Zieht man eine eigene, legt man sie zurück und greift sich eine andere.

Nun geht es reihum: Eine Person beginnt ihre Karte vorzulesen – und mutmaßt, von wem der Text wohl stammt. Auch alle anderen geben einen Tipp ab (gerne auch der echte Verfasser, der nun etwas schummeln muss). Dann liest die nächste Person ihre Karte vor usw. Erst ganz zum Schluss wird die Sache aufgelöst. Falls gewünscht oder nötig, sind nun Nachfragen, Erklärungen oder Ergänzungen möglich.

Praxistipp

Das Thema „Unglaubliches, abenteuerliches Erlebnis“ wird gerne genommen und erweist sich als besonders spannend. Wenn die Erzählungen zugeordnet sind, entsteht oft das Bedürfnis, mehr dazu zu hören, es wird nachgefragt usw. Manchmal werden auch traurige, schlimme oder gefährliche Erlebnisse erzählt – und es werden Erinnerungen wach. Für ein Nachgespräch muss dann einfach Zeit sein.

Als „Kostprobe“ hier einige Originalerlebnisse von Teilnehmern aus dieser Übung, die die Autorin noch erinnert (bzw. selbst erlebt hat):

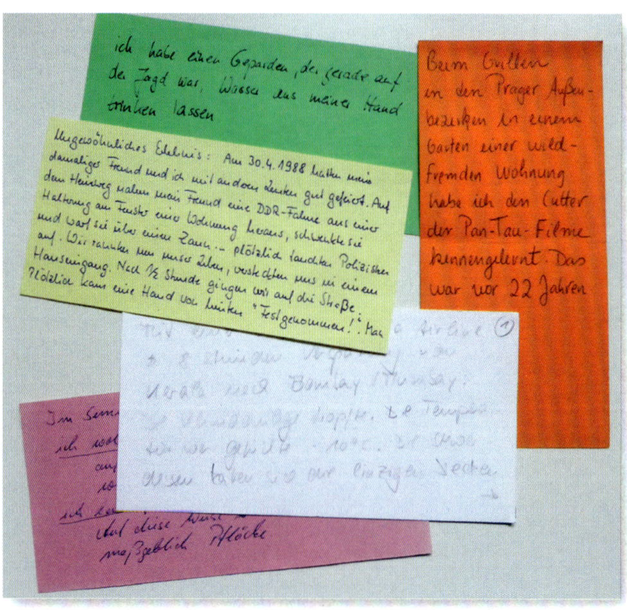

- In Barcelona komplett ausgeraubt worden. Abends erklangen, durch die Wand gut zu hören, aus dem benachbarten Hotelzimmer die geklauten Musikkassetten.
- Autobahn: Aus einem verunglückten Auto ein kleines Mädchen gerettet, kurz bevor das Auto in Flammen aufging.
- In einem Nationalpark: Einem Geparden Wasser aus der Hand zu trinken gegeben.
- Nordsee: Mit einer Kindergruppe durch einen Hubschrauber bei auflaufender Flut aus dem Watt gerettet worden.
- Per Zeitungsanzeige von einem unbekannten Verehrer gesucht worden.

- Einen Flug im kaputten, rauchenden Flugzeug, mit tropfender Klimaanlage, eiskalten Temperaturen ohne Decke und mit akutem Magen-Darm-Infekt irgendwie überlebt.
- Normandie: Am zweiten Weihnachtstag beim Strandspaziergang von einem Priel eingeschlossen worden. Alle mussten mit vollen Klamotten durch das eiskalte Wasser schwimmen, um den rettenden Strand zu erreichen.
- Fähre verpasst. Ein uralter Fischer bringt die Nachzügler mit einem kleinen Boot weit auf den Indischen Ozean hinaus bis zur Fähre – diese dreht tatsächlich bei und nimmt sie durchs Fenster auf.
- 1988 in der (Ex-)DDR: Im jugendlichen Überschwang eine DDR-Fahne aus einer Halterung genommen und über einen Zaun geschmissen – danach von der Polizei verfolgt, weggerannt, später verhaftet worden.

Vertiefendes/ Hintergrund

- ***Phase:*** Einstieg nach einer (längeren) Pause oder zur Abendgestaltung
- ***Situation:*** Wenn sich eine Gruppe intensiv(er) kennenlernen soll

Technische Hinweise

- ***Gruppierung***: 6-15 Personen
- ***Setting***: Alle im Raum
- ***Medien/Material***: Chart mit Fragen, Moderationskarten, Kugelschreiber
- ***Dauer***: 30-90 Minuten
- ***Vorbereitung:*** Chart schreiben

Variationen

- Machen Sie einen „Einschätzungswettbewerb" daraus. Dafür werden auf einem Flipchart die Mutmaßungen namentlich gesammelt.
- Variieren Sie Themen bzw. deren Auswahlmöglichkeiten.

DER Lieblingssong aller Zeiten

Lieblingsmusiken werden Personen zugeordnet

Anwendung und Wirkung

Eine spannende und bewegende Aktion, bei der bisher nicht Bekanntes, Interessantes, auch Überraschendes über die Menschen ans Licht kommen kann. Die Methode vertieft das Wissen über – und sie erweitert den Blick – auf die anderen Teammitglieder, die man ja eigentlich gut zu kennen glaubt. Daher eignet sich die Aktion besonders dann, wenn Menschen sich näher kommen, zusammenwachsen, ein tieferes Verständnis füreinander entwickeln, kurz: zusammengeführt werden sollen.

> Top secret!!
>
> Liebe Teilnehmerinnen und Teilnehmer. Bitte bringen Sie zum Workshop einen Tonträger (CD, Stick etc.) mit Ihrer Lieblingsmusik mit. DEN Lieblingssong aller Zeiten!
>
> Bitte nichts darüber verraten.

Ein Wermutstropfen: Die Ablösung der alten Tonträger durch Streamingdienste verkompliziert den Einsatz für viele Moderatoren leider erheblich. Die jeweils aktuellen Gepflogenheiten, sowie die technischen und rechtlichen Möglichkeiten müssen beim Einsatz berücksichtigt werden.

Vorgehen

Schon im Vorfeld brauchen die Teilnehmenden die Info, dass sie eine Lieblingsmusik, am besten „DEN Lieblingssong aller Zeiten" auf einem Tonträger (einer Original-CD oder auf einem USB-Stick) mitbringen sollen. Wichtig: Mit den anderen Teammitgliedern darf darüber nicht gesprochen werden – alle bewahren eisern Stillschweigen und das jeweilige Musikstück bleibt top secret.

Zu Beginn der Aktion sammelt die Moderatorin die Tonträger ein. Jeder Teilnehmer bekommt eine Tabelle, auf der die Musikstücke den Personen zugeordnet werden können (s. Abb.). Dann werden die Stücke zunächst in zufälliger Reihenfolge abgespielt, parallel notieren alle ihre Einschätzungen. Dann folgt der Abgleich. Während nach und nach das Rätsel auf-

Musik	**1**	**2**	**3**	**4**	**5**	**6**	**7**	**8**	**9**
Anna									
Christoph									
Lukas									
Carolin									
Julika									
Vince									

gelöst wird, können Fragen gestellt werden und die Lieblingsstückbesitzer Näheres dazu erzählen, warum ausgerechnet diese Musik ausgewählt wurde.

So hat es bis vor ein paar Jahren einfach und unkompliziert funktioniert … Leider sind die ehemals eingesetzten Tonträger inzwischen komplett veraltet.

Die heutigen Möglichkeiten werden in unserer schnelllebigen Zeit wahrscheinlich bald auch nicht mehr „Up to date" sein … Passen Sie also das Vorgehen unbedingt an die jeweils aktuellen technischen und rechtlichen Rahmenbedingungen an.

Drei zurzeit (2022) aktuelle Möglichkeiten:

- Wenn Sie sowieso einen Streamingdienst (z.B. Spotify) nutzen und im Seminarraum ins Internet können, haben Sie kein Problem.
- Falls Sie bezüglich des Wlans nicht sicher sind, dafür aber einen Premium-Account bei Spotify besitzen, könnten Sie sich die Songs im Vorfeld von den TN nennen lassen und sich eine Playlist erstellen, die Sie dann abspielen.
- Oder Sie haben iTunes auf Ihrem Rechner, lassen sich im Vorfeld die Songs von Ihren Teilnehmern nennen und kaufen diese im iTunes Store (was sich vermutlich finanziell verschmerzen lassen wird). Vorausgesetzt, die Musik ist da auch erhältlich.

Praxistipps

- Die Musik kann ihre Wirkung nur dann voll entfalten, wenn es auch ein Hörerlebnis wird. Dünnes Geplärre aus dem Smartphone kommt nicht gut rüber. Hier helfen z.B. Bluetooth-Lautsprecher.
- Die Methode eignet sich auch gut zur Abendgestaltung bei mehrtägigen Teamentwicklungen mit Übernachtung.
- Bei größeren Gruppen sollten Sie die Stücke nur anspielen (1-2 Minuten), dann ausblenden.

Vertiefendes/ Hintergrund

- ***Phase:*** Abendgestaltung oder Kennenlerneinheit (bei genug Zeit) in mehrtägigen Teamentwicklungen
- ***Situation:*** Wenn Menschen, die sich schon kennen, noch mehr übereinander erfahren und zusammenwachsen sollen

Technische Hinweise

- ***Gruppierung***: 6-12 Personen
- ***Setting***: Alle im Raum
- ***Medien/Material***: Rechner mit externen Lautsprechern oder anderes Musikabspielgerät, pro TN ein Papierbogen mit Tabelle
- ***Dauer***: 30-45 Minuten
- ***Vorbereitung:*** Vorabinfo an die Teilnehmer: Lieblingssong mitbringen, Gema-Bestimmungen prüfen

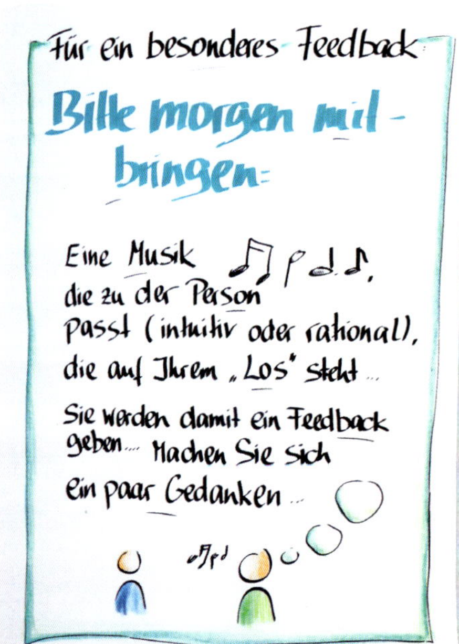

Variation

Als unvergessliche Feedback-Methode einsetzen: Schon im Vorfeld oder zum Ende des ersten Tages bekommt jeder Teilnehmer einen anderen Teilnehmer (durch Losverfahren) zugeteilt. Dieser Person soll er ein (Wirkungs-)Feedback in Form einer passenden Musik mitbringen. In der Feedback-Runde am nächsten Tag wird die Musik zunächst angehört – dann assoziiert zunächst der Feedback-Nehmer, im Anschluss alle anderen, was sie mit dieser Musik in Bezug auf diesen Teilnehmer verbinden. Zum Schluss äußert sich die Person, die die Musik ausgesucht hat.

Spiegelbilder

Andere einschätzen oder erkennen anhand von metaphorischen Beschreibungen

Anwendung und Wirkung

Menschen aller Altersgruppen sind neugierig, wie andere sie einschätzen. Sie finden es spannend, im Spiegel der Kollegen auf verschlüsselte Art und Weise zu erfahren, wie diese sie sehen und erleben. Man fühlt sich dann bestätigt oder ist überrascht oder hat Anlass zum Nachdenken und zum Nachgespräch.

Diese Aktion greift das auf – und wegen der Vielfalt der Möglichkeiten beschreiben wir schon im Vorgehen drei Varianten.

Vorgehen

Das Grundsetting ist immer gleich: Man sitzt im Stuhlkreis zusammen, gerne auch in schon gemütlicher Atmosphäre.

(1) Der Klassiker

Jemand beginnt und denkt sich eine der anwesenden Personen. Reihum fragen die anderen nun nach. Jeder wählt sich dazu eine eigene Metapher, z.B: „Wenn die Person Wasser wäre, was wäre sie dann am ehesten?“ (z.B. Meer, (Berg-)See, Weiher, Bach, Fluss, ...). Oder: „Wäre die Person ein Fahrzeug – welches am ehesten?“ (z.B. Auto, Bus, Fahrrad, ICE, Flugzeug, ...).

Weitere Beispiele: Werkzeug, Pflanze, Buchtitel, Kleidungsstück, Gebäude, Tageszeit, Himmelskörper usw.

Wenn jeder an der Reihe war, äußern alle eine Vermutung, wer gemeint sein könnte. Danach erst wird das Rätsel aufgelöst und es beginnt eine neue Runde.

(2) Die spekulative Variante

Es sind einige Karten vorbereitet, auf denen Situationen beschrieben sind: „Was macht die Person, wenn ...?“

Die Karten liegen verdeckt auf einem Stapel. Eine freiwillige Person A geht kurz vor die Tür. Die anderen einigen sich auf eine Person B aus ihrer Mitte, die von A geraten werden soll. A kann nun wieder hereinkommen und nimmt eine erste Karte vom Stapel, liest sie vor und stellt diese Frage der ersten Person in der Runde. Diese überlegt, wie sich B wohl verhalten würde und sagt es. A nimmt sich nun die zweite Karte, liest sie vor und stellt die Frage der zweiten Person in der Runde usw. Zum Abschluss der Fragerunde muss A raten, um wen es sich wohl handelt.

B kann anschließend Stellung nehmen, wo sie sich stimmig eingeschätzt fühlt und wo nicht. Nun geht die nächste Person als Freiwillige/r vor die Tür. Usw.

Ideen für Situationen:

Was macht die Person wohl, wenn ...
- sie die Büroeinrichtung komplett umgestalten dürfte?
- ihr von einer Werbeagentur für 14 Tage kostenlos eine große Plakatwand in der Innenstadt zur Verfügung gestellt würde?
- sie in einem Preisausschreiben den Hauptgewinn von 50.000 Euro gewonnen hat?
- sie in die Oper eingeladen würde, aber klassische Musik nicht ausstehen könnte?
- ihr Gegenüber bei einer Bahnfahrt Streit anfängt?

Oder:
- Wie verkleidet sich die Person wohl an Karneval?
- Welcher Film/welches Buch könnte der Person gefallen?
- Welchen (Tanz)Sport würde sich die Person am ehesten aussuchen?

(3) Die Selbstbeschreibungs-Variante

Jede Person schreibt auf eine Karte ...
- ein Hobby oder eine Freizeitbeschäftigung
- ein Traum-Urlaubsziel
- eine gern gesehene Fernsehsendung (Buch/Film)
- ein Lieblingsessen

Alternativ: Es werden fünf (nicht zu banale) Charaktereigenschaften notiert.

Die Karten werden gesammelt, gemischt und anschließend neu verteilt. Eine Person beginnt, liest vor und schätzt ein, von wem die Beschreibung stammen könnte und begründet dies ggf. mit Beispielen. Auch alle anderen geben einen Tipp ab. Auf diese Weise wird mit jeder der Karten verfahren. Erst zum Schluss wird die Sache aufgelöst. Dann sind auch gegenseitige Nachfragen möglich.

Praxistipps

- Auch wenn nicht „richtig" eingeschätzt und geraten wird, ist es auf jeden Fall interessant, was die Teilnehmer durch die Beschreibungen und Beispiele über ihre Wirkung von den anderen erfahren.
- Geben Sie auf jeden Fall Raum für Nachfragen und planen Sie dafür Zeit ein. Denn wie bei allen Methoden, bei denen die Fremdeinschätzung eine Rolle spielt, kann es sein, dass Teilnehmer über die ihnen zugeschriebenen Verhaltensweisen und Eigenschaften irritiert oder sogar nicht glücklich sind.
- Entlastend ist der Gedanke, dass Feedback auch etwas über die Person sagt, die es ausspricht (manchmal sogar mehr als über den, den es beschreibt). *Wichtig* ist auch die Regel, dass versteckte Kritik in diesem Format nicht erlaubt ist.

Vertiefendes/Hintergrund

- *Phase:* Abendangebot bei mehrtägigen Teamworkshops
- *Situation:* Wenn Sie Lust auf Spannung und Unterhaltung und Neugierde auf (metaphorische) Rückmeldung im Team vermuten

Technische Hinweise

- *Gruppierung*: 6-10 Personen
- *Setting*: Alle im Raum, Stuhlkreis
- *Medien/Material*: Karten, Stifte
- *Dauer*: 60-90 Minuten
- *Vorbereitung:* Ggf. Karten vorbereiten

Variation

Die beschriebenen Varianten können kreativ weiterentwickelt und verändert werden.

5.

Themen bearbeiten

Die Themen, die wir hier ausgewählt haben, begegnen uns häufiger in unseren Teamworkshops. Sie schwingen eigentlich fast immer mit. Teilweise werden sie in der Auftragsklärung herausgearbeitet oder als Kundenwunsch klar benannt – dann können wir unsere Veranstaltung entsprechend planen und darauf ausrichten.

Manchmal merken wir aber auch erst in der Durchführung, wie zentral ein bestimmtes Thema in der Gruppe ist. Oder es entstehen Situationen, die sinnvollerweise aufgegriffen werden sollten. Oder wir denken: Dies und jenes einmal zu beleuchten, würde dem Team gut tun ...

Für solche Fälle haben wir Methodenideen zusammengetragen, die sich zum großen Teil ohne aufwendige Vorbereitung aus dem Ärmel schütteln lassen. Das Kapitel ist in fünf Schwerpunkte untergliedert:

5.1 Stärken und Ressourcen ermitteln

Hier finden Sie Methoden, mit denen auf unterschiedliche Weise die Stärken der Gruppe und der Einzelnen erhoben werden können. Das Ergebnis ist ähnlich, die Zugänge unterschiedlich.

5.2 Werte ergründen

Mit Werten beschäftigen heißt wegkommen von der Oberfläche und sich mit tiefer liegenden Beweggründen befassen. Man kommt ans Eingemachte ...

5.3 Mit Stress umgehen

Diese Methoden passen zum Thema Stress und zum Umgang damit. Zum Teil sind es etwas längere Formate – quasi ein Workshop im Workshop.

5.4 Kulturen thematisieren

Hier geht es um moderierte Verständigung über Gemeinsamkeiten, Unterschiede, Zuschreibungen, Vorurteile, Erfahrungen, ... in international zusammengesetzten Teams – oder auch, wenn unterschiedliche Unternehmenskulturen aufeinandertreffen.

5.5 Probleme bearbeiten

Mehrere Bearbeitungsformate und ein besonderes Entscheidungstool für Problemstellungen unterschiedlichster Art werden hier vorgestellt.

5.1

Stärken und Ressourcen ermitteln

Eines der schönsten Teamthemen ...

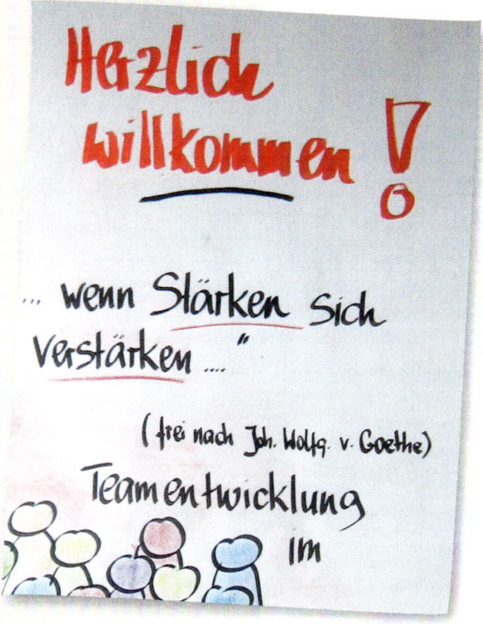

Es geht eben mal nicht um Problemanalysen, Defizite, Optimierungsbedarf ... Sondern die einzelne Person mit ihren Talenten und Stärken steht im Mittelpunkt und kann sich ein wenig in der allgemeinen Be(tr)achtung sonnen.

Ein Team, das seine Stärken als Gruppe sowie die seiner einzelnen Mitglieder kennt, kann seine Ressourcen und Kräfte gut einschätzen und auch sinnvoll und zielgerichtet einsetzen.

Unsere Beobachtung ist, dass sich viele Menschen ihrer Talente nicht sicher oder sogar nicht bewusst sind. Der ein oder andere mag auch zu bescheiden sein, um seine starken Seiten in den Vordergrund zu stellen. Die Methoden und das Feedback der Kollegen helfen auf die Sprünge, wirken aufbauend, vergewissernd, motivierend und stärkend.

In diesem Kapitel finden Sie diese Methoden

Here comes the Sun

Die Teilnehmer denken über ihre individuellen Talente und über ihre Teamstärken nach und bringen sie im Bild einer Sonne zum Strahlen.

Sternstunde

Nicht nur Sterne leuchten, sondern auch Augen: Aus beruflichen „Sternstunden", die sich die Teilnehmer gegenseitig erzählen, werden Stärken abgeleitet.

Investigatives Talent-Interview

Durch Fragen aus verschiedenen Perspektiven begibt man sich auf die Suche nach verborgenen Talenten der Teilnehmer – und gibt alles, um ihnen auf die Spur zu kommen.

Teampuzzle

Ähnlich wie „Here comes the Sun": Die Teammitglieder visualisieren auf Puzzleteilen die Stärken, die sie mitbringen und im Team einbringen können und wollen. Anschließend wird das Puzzle zu einem Gesamtbild zusammengesetzt.

Teambeschreibung mit Riemann-Thomann

Das Riemann-Thomann-Modell dient hier als Basis, um das Team als Ganzes zu betrachten, seine Stärken, Ressourcen und Entwicklungsfelder bewusst zu machen und daraus Schlüsse zu ziehen.

Here comes the Sun

Mithilfe einer Sonnen-Metapher die Stärken und Ressourcen jedes Gruppenmitgliedes bewusst machen und gemeinsame Stärken des Teams herausarbeiten

Anwendung und Wirkung

Diese Übung erweitert den Blickwinkel aller Beteiligten – insbesondere, wenn die Teammitglieder allzu sehr auf das konzentriert sind, was sie handlungsunfähig macht oder wo sie ihrer Meinung nach so gar keinen Einfluss ausüben können. Zunächst die Ressourcen des Teams anzuschauen und sie bewusst machen, schafft eine gute Basis, um später auch die heiklen Themen angehen zu können.

Gleichzeitig vermittelt der mit der Übung verbundene Austausch- und Entscheidungsprozess anschaulich, wie es um das Kommunikationsverhalten, die Beziehung der einzelnen Teammitglieder sowie die Rollenverteilung im Team bestellt ist.

Vorgehen

In Einzelarbeit entwerfen die Teammitglieder eine Stellenanzeige für eine Position entlang ihrer Stärken, Talente und Fähigkeiten, die nur sie ausfüllen können (Abb.).

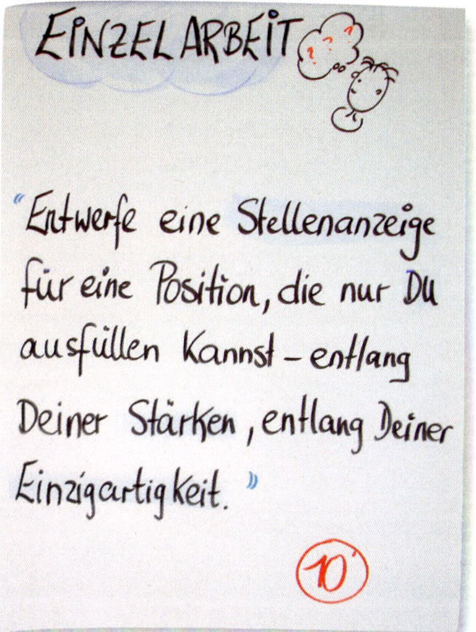

Anschließend bitten Sie die Teammitglieder zusammenzukommen und sich darüber auszutauschen. Der Austausch findet bei bis zu sechs Teilnehmenden im Plenum statt. Bei größeren Gruppen oder bei zwei zusammenkommenden Bereichen werden die Ergebnisse zunächst in Kleingruppen à 5-7 Personen diskutiert.

In der Kleingruppe stellen die Teammitglieder ihre individuellen Fähigkeiten und Talente vor, mit der sie die „Teamsonne" zum Strahlen bringen und tragen sie in

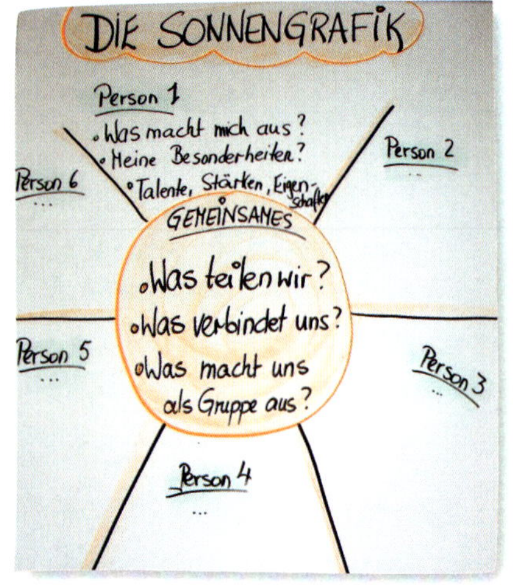

der vorbereiteten Sonnengrafik ein. Anschließend diskutieren sie, über welche gemeinsamen Stärken und Ressourcen sie verfügen und die sie als Team attraktiv machen. Diese gemeinsamen Stärken halten sie dann in der Mitte der Sonnengrafik fest (Abb.).

Bei größeren Teams werden nach der Präsentation der einzelnen Sonnen alle Ergebnisse in einer großen Sonne zusammengefasst.

Abschließend können Sie sowohl die Ergebnisse als auch den Kommunikationsprozess im Plenum auswerten und reflektieren, etwa mit folgenden Fragen:

- Was sagt mir das Ergebnis?
- Worauf können wir bauen?
- Wie erlebe ich unsere Stärken und Ressourcen im Arbeitsalltag? Beispiele?
- Was ist mir in der Diskussion aufgefallen?
- Was war einfach? Was schwierig?
- Was hat das mit unserer Zusammenarbeit im Alltag zu tun?

Praxistipp

Spinnen Sie die Metapher weiter und weiten Sie sie aus: Was hält unsere Sonne am Leuchten? Was verdunkelt sie? Sonnenwende, Sonnenfinsternis, Sonnenaufgang, Sonnenuntergang, Sonnengott, …

Vertiefendes/ Hintergrund

- ***Phase:*** Themenbearbeitung, als Einstieg in die IST-Situation
- ***Situation:*** Wenn es darum geht, dem Team einmal bewusst zu machen, worauf es bauen kann

---

Technische Hinweise

- ***Gruppierung***: 6-12 Personen (ab 13 Personen Diskussion zunächst in zwei oder mehr Teilgruppen)
- ***Setting***: Stuhlkreis ohne Tische, möglichst Ausweichmöglichkeiten für Einzelarbeit und Gruppendiskussion
- ***Medien/Material***: Flipchart, Stifte
- ***Dauer***: 60 Minuten
- ***Vorbereitung:*** Flipchart mit Grafik und Arbeitsaufträgen vorbereiten

Variationen

1. Arbeiten Sie mit einer größeren Gruppe, lassen Sie die Teilgruppen ihre Ergebnisse in einem Sonnentag zusammenfassen: vom Sonnenaufgang bis -untergang – ohne Wertung.

2. Bieten Sie ein weiterführendes Setting an, in dem das Team nicht nur die Stärken analysiert, sondern auch die noch zu entwickelnden Kompetenzen ausmacht und Maßnahmen entwickelt.

Bitten Sie dazu das Team, sich vorzustellen, es habe die Chance, sich für ein außerordentlich attraktives Projekt außerhalb des eigenen Unternehmens zu bewerben und damit seine Bedeutung zu steigern.

Die Aufgabe:

- Analysieren Sie Ihre Fähigkeiten und Talente und besprechen Sie, welchen Unternehmen und welcher Branche diese Fähigkeiten von Nutzen sein können.
- Welche Mängel gibt es ggf., und welches Know-how müssen Sie evtl. noch erwerben, um auf dem Markt wirklich konkurrenzfähig zu sein?
- Entwerfen Sie einen Prospekt, der Ihre Dienstleistungen anbietet oder eine Werbemaßnahme, wie Sie neue Kunden ansprechen wollen.
- Entwickeln Sie einen Aufgabenkatalog, einen Maßnahmenplan, wie Sie in diesen sechs Monaten optimal marktfähig werden können.
- Nehmen Sie sich anschließend 30 Minuten Zeit, über Ihre Ergebnisse nachzudenken und gemeinsam zu diskutieren.

Sternstunde

Über gute Erlebnisse Stärken entdecken

Anwendung und Wirkung

Es ist schön Menschen zu beobachten, die etwas erzählen, worüber sie gerne sprechen. Dann leuchten die Augen, Freude und Stolz werden sichtbar.

Genau hier setzt diese Methode an: Man berichtet sich gegenseitig (berufliche) „Sternstunden" – diese werden näher betrachtet, um dann Stärken der erzählenden Person abzuleiten. Sie können das Format auf ein eingegrenztes Thema hin anwenden und dann Stärken in Bezug auf ... ermitteln – oder Sie setzen es ganz allgemein ein.

Vorgehen

Es werden Kleingruppen à 2-3 Personen gebildet. In jedem Team gibt es einen Erzähler A und einen Zuhörer B, evtl. einen Beobachter C.

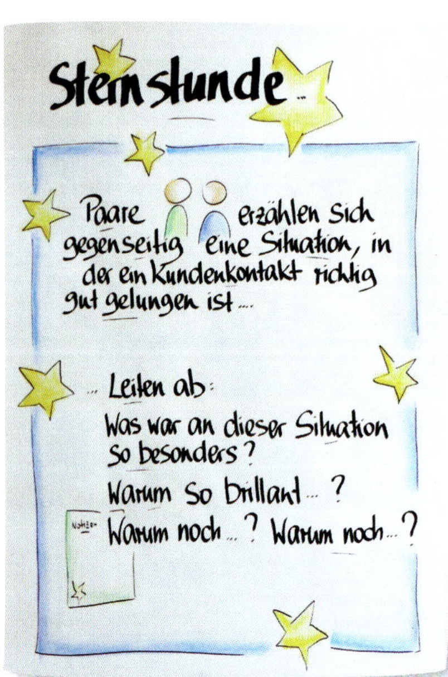

A erzählt nun eine (berufliche) Situation, die einfach grandios war, einen großartigen Moment, wo alles gestimmt hat, wo etwas wirklich gelungen ist, wo A – voll im Element – einen ganz famosen Job gemacht hat.

Aufgabe von B ist es nun, vertiefend nachzufragen: Was war an dieser Situation so besonders, so wertvoll – warum war sie so großartig? Usw.

Gemeinsam werden dann Stärken abgeleitet: Welche Stärken muss A besitzen, damit die Situation so entstehen konnte? Welche Talente von A haben das möglich gemacht?

Dann folgt ein Rollenwechsel: A wird zu B, C zu A und B zu C. Weiter wie gehabt, bis alle mal in jeder Rolle waren.

Praxistipp

Manche Menschen brauchen etwas Zeit, um den besonderen Moment zu finden.

Vertiefendes/Hintergrund

- ***Phase:*** Themenbearbeitung
- ***Situation:*** Wenn es sinnvoll ist, dass sich die Teilnehmer ihrer Stärken bewusst werden und die Ressourcen des Teams in den Blick nehmen

Technische Hinweise

- ***Gruppierung***: 4-30 Personen
- ***Setting***: Paare/Kleingruppen, verteilt im Raum
- ***Medien/Material***: Flipchart, Anleitungs-Chart
- ***Dauer***: 30-60 Minuten, je nach Größe der Gruppe und Intensität der Gespräche
- ***Vorbereitung:*** Anleitungs-Chart

Variationen

- Bei kleineren Gruppen (bis 6 Personen) können die Situationen auch im Plenum noch mal kurz wiederholt und die Stärken von allen gemeinsam erhoben werden.
- Manchmal trägt auch – neben den Stärken – das Zusammentragen wichtiger Elemente in der Sternstunde zum Erkenntnisgewinn bei (s. rechte Spalte in der Abbildung).

Investigatives Talent-Interview

Über verschiedene Fragen Stärken erkennen oder ableiten

Anwendung und Wirkung

Nicht jeder Person sind ihre Stärken bewusst oder präsent. Manchen Menschen fällt es – aus verschiedensten Gründen – sehr schwer, eigene Talente zu benennen und näher zu beschreiben.

Die Fragen des „Talent-Interviews“ kommen durch ihre unterschiedlichen Perspektiven den Stärken auf die Spur – sie helfen z.T. durch Umwege Talente aufzudecken, als solche zu identifizieren und (an-)zuerkennen.

Vorgehen

Es werden Kleingruppen à 2-3 Personen gebildet. Jedes Team verteilt Rollen: A interviewt, B wird befragt und C protokolliert. Die Fragen:

- Wo liegen deine persönlichen Stärken? Was kannst du gut?
- Welches sind denn deine Hobbys? Warum? Was fasziniert dich daran?
- Wann warst du mal richtig stolz auf dich (das habe ich super hingekriegt ...)? Wann noch?
- Was kannst du nach Meinung anderer besonders gut? Wofür rühmt man dich – im Familien-/Freundes-/Kollegenkreis? Wofür noch?

Ein Interview dauert 10-15 Minuten, danach betrachten alle gemeinsam die Aufzeichnungen und leiten, sofern noch nicht geschehen, (weitere) Stärken und Talente ab (5-10 Minuten). Dabei ist die Aufgabe, wirklich genau hinzusehen, Zusammenhänge zu (unter-)suchen und kreativ Verbindungen zu ziehen.

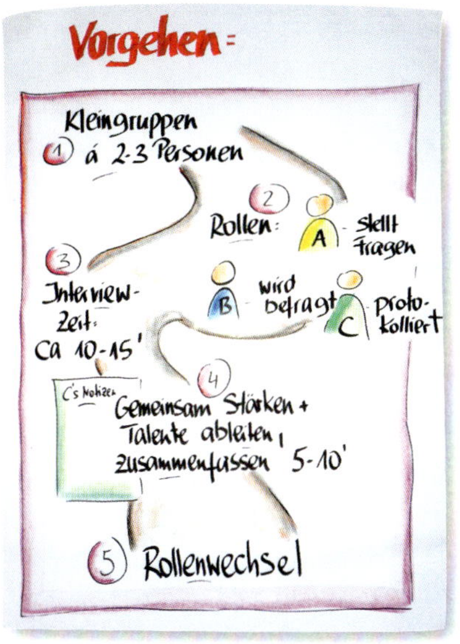

Anschließend erfolgt ein Rollenwechsel, die Übung endet, wenn jede Person einmal jede Rolle innehatte.

Praxistipps

- Regen Sie die Gruppe an, die Interviewzeit wirklich auszunutzen und ggf. immer wieder (ein bisschen investigativ) nachzubohren: „Was noch?", „Denk noch mal nach ..." Manchmal braucht es etwas Zeit, bis B sich erinnert und die Dinge ans Licht kommen.
- Die vierte Frage („Was kannst du nach Meinung anderer besonders gut?") kann abschließend auch von A und C beantwortet werden.
- Geben Sie evtl. mehr Zeit, wenn Sie merken, dass es intensiv wird und die Sequenz den Einzelnen und der Gruppe gut tut.
- Tipp: Nicht weniger als drei, nicht mehr als vier Interview-Fragen stellen.

Vertiefendes/ Hintergrund

- *Phase:* Themenbearbeitung
- *Situation:* Wenn es sinnvoll ist, dass sich die Teilnehmer ihrer Stärken bewusst werden und die Ressourcen des Teams in den Blick nehmen

Technische Hinweise

- *Gruppierung*: 4-30 Personen
- *Setting*: Paare/Kleingruppen, verteilt im Raum
- *Medien/Material*: Flipchart, Anleitungs-Chart
- *Dauer*: Bei Dreiergruppen 60-90 Minuten, je nach Größe der Gruppe und Intensität der Gespräche, bei Paaren entsprechend kürzer
- *Vorbereitung:* Anleitungs-Chart

Variationen

- Die Stärken können bei sehr kleinen Teams auch gemeinsam im Plenum erhoben werden. Oder Sie bilden Paare statt Dreiergruppen.
- Variieren Sie die Fragen. Arbeiten Sie dabei immer mit Perspektivwechseln und fragen Sie nach Dingen, über die Menschen gerne sprechen.

Teampuzzle

Die Stärken der Einzelnen erheben und zu einem Puzzle zusammensetzen

Anwendung und Wirkung

Ein Puzzle ergibt ein gesamtes Bild und besteht doch aus vielen individuellen Einzelteilen. Jedes Einzelteil ist wichtig – wird eins nicht berücksichtigt, fehlt etwas. Dann bleibt eine Lücke und das ganze Bild wirkt unfertig. Das ist die schöne Botschaft dieser Metapher. Wenn Sie auf die Stärken und Talente Einzelner blicken wollen – gleichzeitig aber das Gesamte in den Blick nehmen und bekräftigen möchten – dann passt diese Methode.

Vorgehen

Jeweils ein Flipchart-Bogen wird für vier Personen in vier Puzzleteile geschnitten. Die Sequenz erfolgt nun in mehreren Schritten.

Jedes Teammitglied erarbeitet ihr Puzzleteil zunächst in Einzelarbeit zu Fragen wie:

- Was bringe ich mit?
- Welche guten Eigenschaften besitze ich fürs Team?
- Was sind meine Stärken?
- Welches Know-how und welches Talent stelle ich dem Team zur Verfügung?
- Wo könnt ihr von mir profitieren?

Zeitvorgabe: 15 Minuten

Im nächsten Schritt tut man sich zu zweit zusammen und stellt sich gegenseitig die Selbsteinschätzungen vor. Im Gespräch mit dem Teampartner werden diese ggf. ergänzt (5-10 Minuten).

Es geht weiter: gegenseitige Vorstellung und Fremdeinschätzung mit einem anderen Partner (5-10 Minuten).

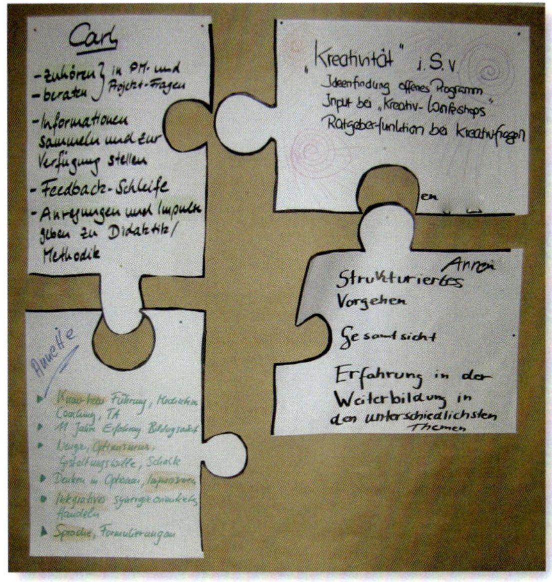

Nun trifft man sich im Plenum, dort werden alle Einzelprofile nacheinander präsentiert und dann als „Teampuzzle" zusammengelegt.

Mit Blick auf das gesamte Bild kann sich das Team nun fragen:

- ▶ Wie sind wir aufgestellt? Was fällt auf? Was überrascht?
- ▶ Wie passen unsere Stärken zu unseren Aufgaben? Bei Einzelnen? Bei uns als Team?
- ▶ Was fehlt uns und wie können wir das kompensieren?

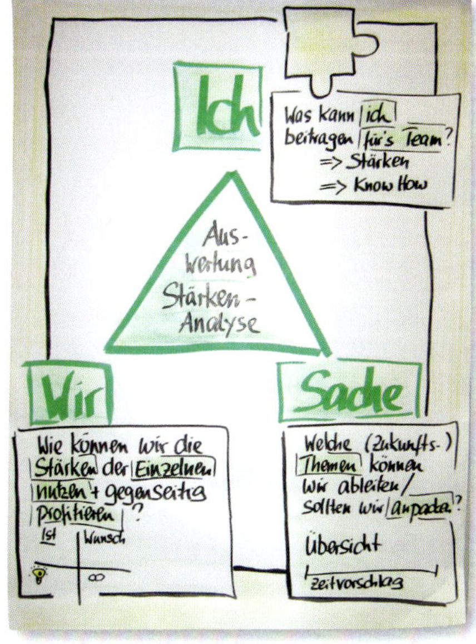

Praxistipps

- ▶ Auf der nebenstehenden Abb. finden Sie weitere Fragestellungen und Anregungen, mit denen Sie weiterarbeiten und Zukunftsthemen ableiten können.
- ▶ Ihr Tipp an die Teilnehmenden: *„Schreiben Sie auf den Puzzleteilen nicht zu groß – und lassen Sie vor allem für die Ergänzung durch die Fremdeinschätzungen noch etwas Platz."*

Vertiefendes/ Hintergrund

- ***Phase:*** Themenbearbeitung
- ***Situation:*** Wenn es sinnvoll ist, dass sich die Teilnehmer ihrer Stärken bewusst werden und die Ressourcen des Teams in den Blick nehmen

Technische Hinweise

- ***Gruppierung***: 4-12 Personen
- ***Setting***: Einzelne/Paare, verteilt im Raum
- ***Medien/Material***: Flipchart-Bögen, Moderationsstifte
- ***Dauer***: 45-90 Minuten
- ***Vorbereitung:*** Puzzleteile vorbereiten

Variationen

- Die Stärken können bei kleineren Gruppen auch gemeinsam im Plenum erhoben werden.
- Die Übung kann verknüpft werden mit der Übung „Sternstunde“, Seite 194.
- Sie kann auch durch ein Teamrollen-Modell, wie z.B. TMS®, oder durch ein Spiel mit Kompetenzkarten, z.B. den SkillCards®, ergänzt werden. Die Arbeit damit wird dann am besten vorangestellt.

Quellen

- TMS® s. www.team.energy
- SkillCards® s. www.skillcards.at

Team beschreiben mit Riemann-Thomann

Das Team durch ein Modell abbilden

Anwendung und Wirkung

„Jeder Jeck is' anders" – und durch diese Methode wird es auf einen Blick sichtbar. Unterschiede und Gemeinsamkeiten zwischen Teammitgliedern werden mithilfe des Riemann-Thomann-Modells wertfrei erhoben und visualisiert. So entsteht ein Gesamtbild des Teams, das zum gegenseitigen Verständnis beiträgt. Es kann gewürdigt, reflektiert, besprochen und mit den aktuellen oder zukünftigen Anforderungen und Aufgaben abgeglichen werden.

Das Modell

Basierend auf Fritz Riemanns Typenlehre aus seinem Buch „Grundformen der Angst", beschreibt das Riemann-Thomann-Kreuz verschiedene Grundstrebungen des Menschen – und zwar anhand der Gegenpole Nähe – Distanz und Dauer – Wechsel.

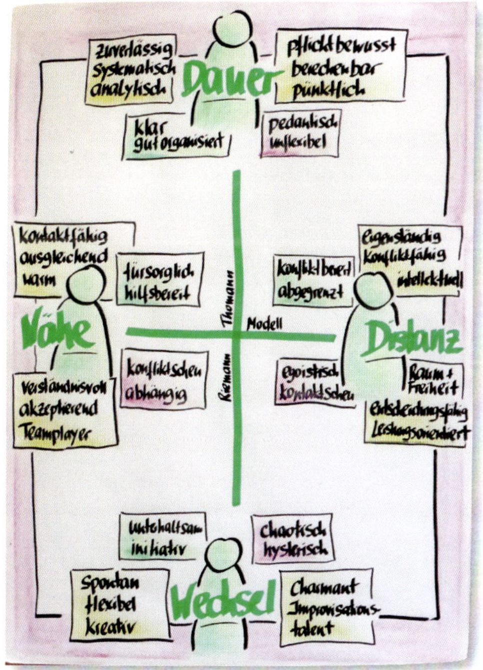

Jedem der Pole sind spezifische (Verhaltens-) Merkmale und Attribute zugeordnet (s. Abb.). In den jeweils zur Mitte liegenden grün und pink gefärbten Kästchen werden beispielhaft unterschiedliche Bewertungen des wahrgenommenen Verhaltens benannt. Einige erleben z.B. das Verhalten des zu Nähe Tendierenden als „fürsorglich oder hilfsbereit", Andere als „konfliktscheu oder abhängig".

Innerhalb des Modells kann sich jeder Mensch „verorten" und sein „Heimatgebiet" finden, nicht selten beruflich anders als privat.

Wichtig: Bei der Bestimmung des „Heimatgebietes" geht es NICHT darum, sich für jeweils einen der Pole zu entscheiden, sondern vielmehr ist die

Intensität der Strebungen in beide Richtungen einzuschätzen und auf den Linien, ausgehend vom Mittelpunkt (= neutral) einzuzeichnen.

Vorgehen

(1) Modell erläutern

Erklären Sie zunächst die vier Grundstrebungen, am besten anhand einer Visualisierung. Zwei Zugänge sind hier möglich:

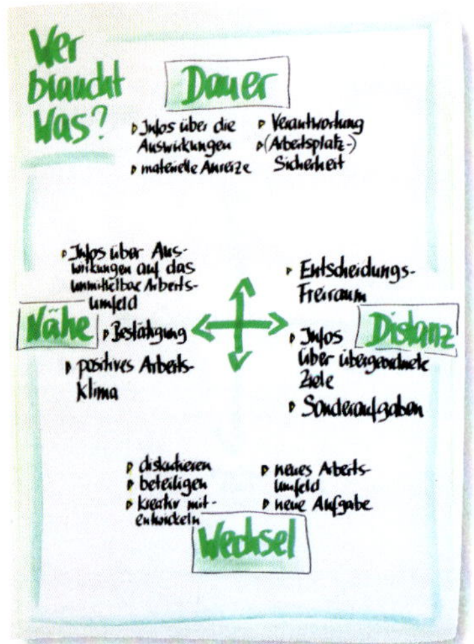

- Entweder Sie beschreiben das Modell analog zur Abb. auf Seite 201. Die Grundfrage lautet: Wodurch zeichnen sich die Menschen, die zu den jeweiligen Grundstrebungen tendieren, aus?
- Oder Sie erläutern aus einer etwas verschobenen Perspektive: Was ist diesen Menschen im Team wichtig? Was brauchen Sie, um gut arbeiten zu können? (s. Abb. „Wer braucht was?")

Entscheiden Sie intuitiv, welche Variante besser zum Team oder zur Situation passt.

(2) Selbst einschätzen und abgleichen

Jede Person zeichnet dann für sich das Kreuz mit den Polen auf, schätzt sich auf den Linien in alle vier Richtungen selbst ein und findet durch das Einzeichnen der Verbindungen und Diagonalen den Quadranten mit dem „Heimatpunkt" (s. Zeichnung).

In Kleingruppen oder bei kleineren Teams auch im Plenum können nun die Selbstbeschreibungen mit der Fremdwahrnehmung der anderen abgeglichen werden.

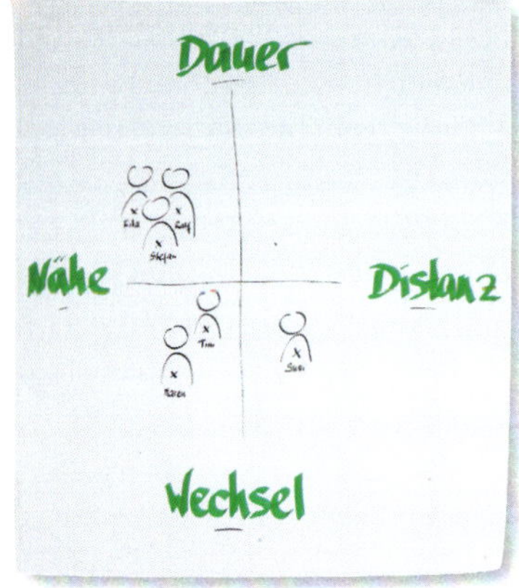

(3) Gesamtbild erstellen und reflektieren, was es bedeutet

Anschließend werden alle Ergebnisse auf einem Chart visualisiert (s. Abb.) und gemeinsam betrachtet. Eine Reflexion schließt sich an.

Leitfragen:

- Was fällt auf? Was überrascht?
- Wenn jemand von außen dieses Team sehen würde, wie würde diese Person das Team beschreiben? Was sind wohl die Stärken des Teams? Wo liegen wohl die Schwierigkeiten? Was sollte im Team getan werden, um sich zu entwickeln?
- Sind wir mit den Aufgaben, die wir zu bewältigen haben, als Team insgesamt gut aufgestellt?
- (Falls noch nicht aus dieser Perspektive betrachtet): Was braucht wer hier im Team, um gut und motiviert arbeiten zu können?

Praxistipp

Visualisiert werden kann auf einem Chart oder auf einem Tisch oder dem Fußboden.

Vertiefendes/ Hintergrund

- ***Phase:*** Themen bearbeiten
- ***Situation:*** Wenn es sinnvoll ist zu verstehen, wie die Kolleginnen und Kollegen „ticken", welche Stärken und Ressourcen vorhanden sind und wie das Team insgesamt aufgestellt ist

Technische Hinweise

- ***Gruppierung***: 4-12 Personen
- ***Setting***: Alle im Raum
- ***Medien/Material***: Flipchart
- ***Dauer***: 1-2 Stunden
- ***Vorbereitung:*** Info-Charts vorbereiten

Variationen

Feedback mit Riemann-Thomann

Das Modell hat sich in unserer Praxis (in Teams bis 10 Personen) auch als Grundmuster für einen geschützten Feedback-Rahmen bewährt.

- Dafür wird das Riemann-Thomann-Kreuz mit besonderer Betonung auf die Wertfreiheit erläutert. Hilfreich ist es auch, hier schon verschiedene Bewertungen von Verhalten anzusprechen. Zum Beispiel kann bei „Dauer" dasselbe Verhalten von den einen als „gut organisiert und klar", von den anderen als „pedantisch und unflexibel" erlebt werden (s. Abb. auf Seite 201).
- Dann schätzt sich jede Person verdeckt selbst ein.
- Anschließend fertigt jeder für jeden eine Fremdwahrnehmung an. Grundfrage: Wie erlebe ich den Kollegen, was beobachte ich ...?

- Nach Vereinbarung von Feedback-Regeln folgen Feedback-Runden zu zweit oder zu dritt. Zunächst werden die Fremdeinschätzungen mitgeteilt, anschließend legt der Feedback-Nehmer seine Selbsteinschätzung offen.

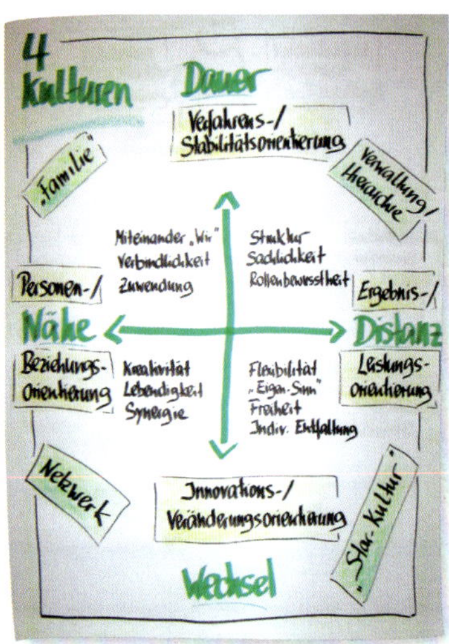

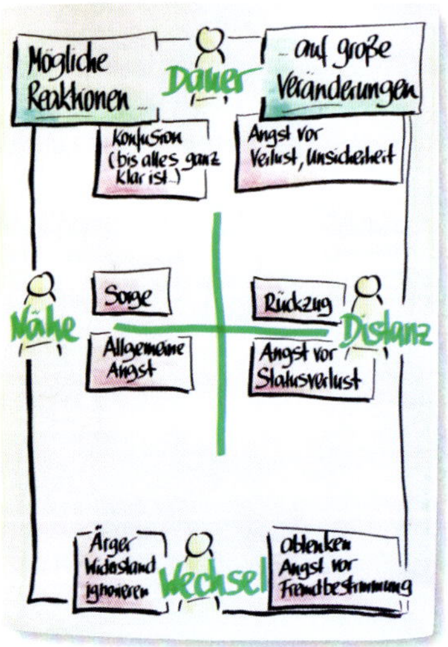

Veränderungs-Prozess begleiten mit Riemann-Thomann

Aufschlussreich ist hier die Betrachtung der Unternehmenskultur im Riemann-Thomann-Kreuz (s. „4 Kulturen"). Aus welcher Kultur kommt das Team und wo wird es in Zukunft hingehen? Und was genau bedeutet dieser Richtungswechsel? Was werden die Anforderungen sein, was die Schwierigkeiten? Wie begegnen wir diesen? …

Auch die möglichen Reaktionen Einzelner auf Veränderungen lassen sich im Modell im Überblick darstellen und auf diese Weise leichter besprechen (s. „Mögliche Reaktionen"). Die Teammitglieder werden in ihren Reaktionen ernst genommen und man kann gemeinsam überlegen, welche Bedürfnisse sich dahinter verbergen und was getan werden kann, um den Einzelnen den Umgang mit der Veränderung zu erleichtern.

Schließlich kann betrachtet werden, welche Ressourcen mit den verschiedenen Grundstrebungen verbunden sind. Welche Stärken bringen die einzelnen Teammitglieder mit, um sie in schwierigen Zeiten zum Wohl der ganzen Gruppe einzusetzen?

Beispiele:

- *Nähe*: Blick für Menschen und Beziehungen, sorgt für Zusammenhalt
- *Distanz*: Kann ein „Fels in der Brandung" sein
- *Dauer*: Gespür für das „Bewahrenswerte"
- *Wechsel*: Optimismus in Bezug auf das Neue, Ideen

5.2

Werte ergründen

Unsere Wertvorstellungen sind uns häufig gar nicht bewusst, wir tragen sie nicht offen vor uns her. Sie sind aber wegweisend für unser Handeln und auch für unsere innere Balance.

Das merken wir besonders dann, wenn unsere Werte verletzt werden: Geschieht das durch eine andere Person, werden wir ärgerlich – ignorieren oder verletzten wir sie selbst, fühlen wir uns schuldig.

Es gibt auch so etwas wie eine innere Rangordnung der Werte, gesellschaftlich, im Unternehmen, im Team, aber auch in jeder einzelnen Person. Je nach Kontext kann sie durchaus unterschiedlich sein. Ist das nicht abgestimmt oder geklärt, so kommt es zu Kollisionen.

Wenn also in der Teamkommunikation gegenseitige Vorwürfe mitschwingen, wenn Unstimmigkeiten oder verschiedene Vorstellungen, wie Zusammenarbeit auszusehen hat, in der Themensammlung oder im Umgang miteinander anklingen, dann könnte eine Ursache für den Missklang in unterschiedlichen Werten einzelner Teammitglieder oder in (unbewussten) Differenzen über die Rangordnung liegen. Es kann sehr lohnend sein, sich darüber zu verständigen. Denn wenn das Thema wirklich den Nerv trifft, dann fallen Ihnen die Teilnehmenden von einem Aha-Erlebnis in das nächste: „Jetzt ist mir klar, warum du immer ..." „Ich verstehe dich jetzt besser, wenn du ..."

In diesem Kapitel finden Sie diese Methoden

Teamwerte

Aktiv und schnell erheben Sie mit dieser Methode die gemeinsamen Werte des Teams und schaffen so eine Basis für die Auseinandersetzung darüber.

Wertstoffbohren

Die Werte jeder einzelnen Person werden erhoben und in die Tiefe befragt. Mit dieser Methode werden nicht nur die individuellen Werte deutlich, sondern im besten Falle auch, warum sie so wichtig sind.

Werte schätzen

Auch hier geht es um die individuellen Werte der Einzelnen. Es wird jedoch nicht ganz so tief gebohrt. Der Charme der Methode: Über den Schritt der Fremdeinschätzung bekommen alle Teilnehmer eine Rückmeldung. Das macht's spannend ...

Wertvolle Kollegen

Über den Umweg einer Geschichte und ein anschließendes Sympathie-Ranking werden hier unterschiedliche und gemeinsame Wertvorstellungen der Teilnehmer deutlich und können besprochen werden.

Teamwerte

Sich als Gruppe auf gemeinsame Werte verständigen

Anwendung und Wirkung

Die Methode lenkt den Blick auf das Gemeinsame – ist also dann interessant, wenn weniger der Einzelne, sondern mehr das Team als Ganzes in den Fokus gerückt werden soll.

Die wichtigsten Teamwerte werden hier ermittelt. Ausgangspunkt sind die bedeutendsten Werte jeder einzelnen Person. Diese werden schnell und systematisch in der ganzen Gruppe abgestimmt und mit Punkten in eine Rangfolge gebracht. Durch das Vorgehen erhalten die Teilnehmer einen (bei größeren Gruppen nicht vollständigen) Überblick, welche unterschiedlichen Werte überhaupt im Raum stehen. Insgesamt entsteht eine Gruppen-Priorisierung.

Vorgehen

Schritt 1: Erläuterung und Vorbereitung (5-10 Minuten)

Jede Person

- bekommt eine Moderationskarte,
- denkt über ihren wichtigsten Wert im Team nach
- und notiert diesen gut lesbar auf der Vorderseite der Karte.

Der Moderator bittet die Teilnehmer, nun auf die Rückseite ihrer Karte eine Tabelle zu zeichnen – und zwar so:

Bewertungsrunde	Punkte
1	
2	
3	
4	
5	
Summe	

Schritt 2: Austausch- und Bewertungsrunden (5-10 Minuten)

Die Karten werden nun jeweils mit dem Sitznachbarn getauscht, sodass niemand mehr seine eigene Karte bzw. Wert hat. Anschließend stehen alle auf, und es beginnt eine lockere Austauschrunde nach diesem Muster:

Jede Person sucht sich einen Partner, man zeigt sich gegenseitig die Werte, die auf der Vorderseite der Karten notiert wurden. In einem kurzen Gespräch wägt man zwischen beiden Werten ab und vergibt auf der Rückseite in der Reihe Nr. 1 der Tabelle insgesamt 7 (Bedeutungs-)Punkte.

Wichtig: Diese 7 Punkte werden auf beide Karten verteilt. Wenn also ein Wert 5 Punkte bekommt, bekommt der andere 2 – oder aber ein Wert bekommt 3 Punkte, dann erhält der andere 4 usw.

Zum Abschluss tauschen die Partner die Karten aus.

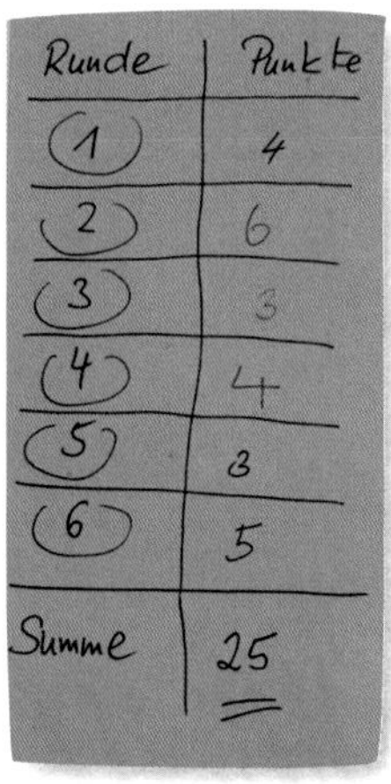

Nun folgt die zweite Runde. Jede Person sucht sich einen neuen Partner und verfährt wie oben, die Punkte aus der Runde 2 werden in der Reihe Nr. 2 notiert, die Karten wiederum zum Schluss getauscht.

Auf dieselbe Weise folgt die dritte Runde, dann die vierte usw. – das Ganze insgesamt 5-7 Mal. (Die Anzahl der Runden entspricht der Anzahl der Zeilen in der Tabelle, die Sie vorgegeben haben.)

Wer alle Zeilen ausgefüllt hat, nimmt wieder auf seinem Stuhl Platz. Zum Schluss addiert jede Person alle Punkte auf ihrer Karte.

Schritt 3: Top-Team-Werte ermitteln (5 Minuten)

Der Moderator fragt in die Runde: Es gilt, jetzt die Wertekarten nach ihrer Punktzahl gerankt vorne an die Pinnwand zu bringen. Ein Gespräch, eine Auswertung oder eine weitere Bearbeitung schließt sich an.

Schritt 4: Teamwerte bearbeiten (10-35 Minuten)

In dieser Phase können Sie, je nach Zeit und Notwendigkeit, unterschiedlich vorgehen. Einige Beispiele seien hier genannt, im Prinzip sind der Kreativität aber keine Grenzen gesetzt:

(1) Sie stellen eine Frage in den Raum: *„Was bedeutet dieses Ergebnis für Ihr Team?"* Ein Gespräch schließt sich an.

(2) Durch eine Skalierung ermitteln Sie zunächst, wie die Werte im Team gelebt werden:

- *Frage 1:* Wie wird der Wert in unserer täglichen Zusammenarbeit tatsächlich von uns umgesetzt? Bitte platzieren Sie sich auf einer Skala von 0-10 (0 = gar nicht, 10 = höchstmöglicher Erfüllungsgrad).
- *Frage 2:* Wo wollen wir denn hin, welches Ziel auf der Skala wollen wir denn erreichen? (Das ist nicht immer die 10 – viele Teams sind z.B. auch mit der 8 zufrieden, weil sie sagen: Perfekt wird's eh nicht, wir wollen realistisch bleiben).

Im weiteren Schritt erarbeiten Sie, was es ganz konkret bedeutet, den Wert zu leben und was getan werden muss, um das Skalen-Ziel zu erreichen.

Oder Sie bilden Kleingruppen. Darin erarbeiten die Teilnehmer, was sie, wenn sie „Teamdoktor" wären, einem Team mit einer solchen Diagnose „verschreiben" würden.

Praxistipps

- Das Vorgehen ist eigentlich sehr einfach, in der Anmoderation klingt das Prozedere aber recht kompliziert. Erläutern Sie das Verfahren daher unbedingt anhand einer anschaulichen und aussagekräftigen Visualisierung (s. Beispiel)!
- *Wichtig:* Bitten Sie die Teilnehmer auf jeden Fall, möglichst konkrete, spezifische Werte zu benennen (z.B. gegenseitige Hilfsbereitschaft, Akzeptanz, Verlässlichkeit, Integrität, Ehrlichkeit etc.). Möglicherweise ist es sinnvoll, ein paar Beispiele zu geben. (Sonst werden gerne „Allgemeinplätze" formuliert, wie z.B. „Gute Stimmung", „Gute Zusammenarbeit").

Abb.: Beispiel für ein Anleitungs-Chart

Vertiefendes/ Hintergrund

- ***Phase:*** Themenbearbeitung – Sich verständigen
- ***Situation:*** Wenn es sinnvoll ist, dass sich die Teammitglieder über ihre Werte verständigen

Technische Hinweise

- ***Gruppierung***: 10-50 Personen
- ***Setting***: Stehend und bewegt im großen Raum
- ***Medien/Material***: Moderationskarten, Moderationsstifte, dünne Stifte
- ***Dauer***: 30-60 Minuten
- ***Vorbereitung:*** Anleitungs-Chart vorbereiten

Variationen

- Die Anzahl der Zeilen in der Tabelle kann variiert werden. Empfehlung: nicht mehr als 8.
- Bei größeren Gruppen (ab 20 Personen) werden nur die (5-10) Wertekarten mit den höchsten Punktzahlen vorne an der Pinnwand angebracht.

Quelle

Abstimmungsprozedere: Als „Framegame“, kennengelernt im Workshop von Torsten Hardieß auf der Veranstaltung „tipps & tools fürs training“, 2013 in Köln.

Wertstoffbohrung

Individuelle Werte werden in die Tiefe befragt

Anwendung und Wirkung

Wenn es in der Zusammenarbeit knirscht und die Moderatorin den Eindruck hat, dass nicht die angesprochenen „Äußerlichkeiten“, sondern tiefer liegende Gründe die Ursache sind, macht es Sinn, mit dieser Methode zu arbeiten. Durch das intensive Nachfragen („bohren“) kommen interessante Motive und Bedürfnisse zutage. Manchmal wird dadurch deutlich, wie zentral, man könnte sogar sagen: überlebenswichtig manche Werte für einzelne Personen sind.

Vorgehen

Einzelarbeit

Jede Person bekommt zwei gelbe und drei weiße Moderationskarten. Die Moderatorin stellt die Frage: *„Was sind für Sie die beiden wichtigsten Werte in der Zusammenarbeit?“* Alle denken darüber nach und schreiben die beiden wichtigsten Werte auf die beiden gelben Karten.

DER wichtigste Wert wird nun von jeder Person ausgewählt.

Partnerarbeit

Anschließend tut man sich zu zweit zusammen und interviewt sich gegenseitig: „Was ist dir an diesem Wert so wichtig?“ In drei Schritten wird in die Tiefe nachgefragt.

Beispiel: Der ausgewählte Wert ist Verlässlichkeit. Person eins (P1) interviewt Person zwei (P2).

P1: *„Was ist dir an diesem Wert Verlässlichkeit so wichtig? Wozu dient das?“*
P2: *„Es geht dabei darum, vertrauen zu können.“* (Das Stichwort „Vertrauen können“ wird auf eine weiße Karte geschrieben)

P1: *„Wozu ist dir vertrauen können so wichtig?"*
P2: *„Es ist für mich die Basis für das Zusammenleben."* („Basis für Zusammenleben" wird auf die zweite weiße Karte geschrieben)
P1: *„Was ist dir an der Basis für Zusammenleben so wichtig? Wozu dient das?"*
P2: *„Das brauche ich zum Atmen. Ich muss atmen können."* (Atmen wird auf die dritte weiße Karte geschrieben)

Wechsel: P2 interviewt nun P1.

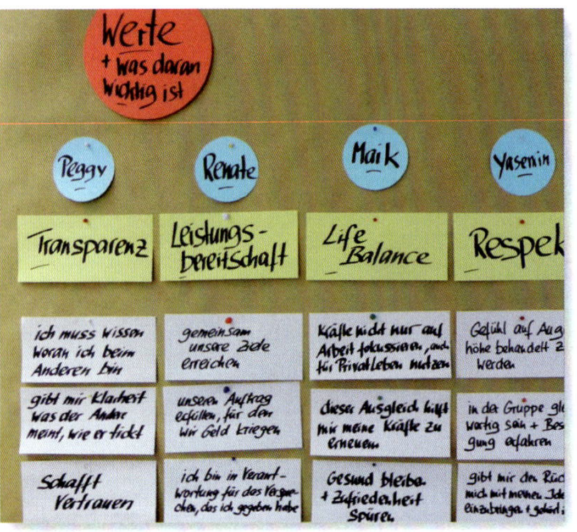

Plenum

Nun kommt man wieder im Plenum zusammen und präsentiert sich gegenseitig die Ergebnisse. Gelbe und weiße Karten werden dazu an einer Pinnwand befestigt und gemeinsam betrachtet.

Ein Gespräch schließt sich an. Hier unterstützen konkretisierende Fragen die weitere Verständigung (z.B. Wert Transparenz: *„Was gehört da für Sie alles zu?", „Woran genau merken Sie Transparenz oder Intransparenz?"*).

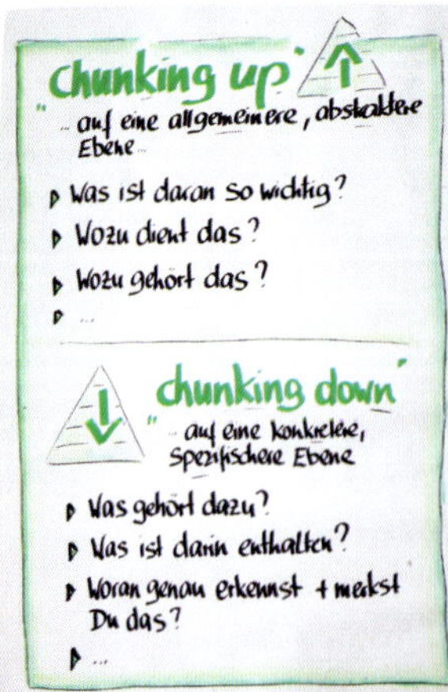

Praxistipps

- Entscheiden Sie in der Situation, ob auch die nicht ausgewählten Werte auf den (zweiten) gelben Karten zum Schluss mit betrachtet werden. Möglicherweise wird das einfach zu viel.
- Beim vertiefenden Nachfragen führen diese Fragen auf eine allgemeinere, abstraktere Ebene („Chunking up", vgl. Quelle):
  - Wozu dient das?
  - Wozu gehört das?
- Und diese Fragen zu einer konkreteren, spezifischeren Ebene („Chunking down", vgl. Quelle):
  - Was ist für dich darin enthalten? Was noch?
  - Was gehört dazu?

Vertiefendes/ Hintergrund

- *Phase:* Themenbearbeitung – Sich verständigen
- *Situation:* Wenn es sinnvoll ist, dass sich die Teammitglieder über ihre Werte verständigen

Technische Hinweise

- *Gruppierung*: 6-20 Personen
- *Setting*: Stuhlkreis ohne Tische
- *Medien/Material*: Pinnwand, pro Person 2 gelbe und 3 weiße Moderationskarten, Stifte
- *Dauer*: 30-60 Minuten, je nach Größe der Gruppe und Intensität des Gesprächs nach der Ergebnisdarstellung
- *Vorbereitung:* Evtl. Ablauf-Chart und Frage-Chart schreiben

Variationen

- Sie können die erhobenen Werte auch als roten Faden für die Weiterarbeit verwenden:
  - Die Moderatorin bereitet auf einer Pinnwand eine Skalierung (0-10) vor.
  - Zur Frage: „Wie funktioniert das im Team" werden die ausgewählten gelben Karten mit den jeweils dritten erfragten weißen Karten auf der Skalierung angebracht.
  - Alle Werte, die unter 5 platziert werden, bilden die Themen für die Teamentwicklung.
- Interessant ist in diesem Zusammenhang auch die Betrachtung des kompletten Wertekanons insgesamt. Welche Werte tauchen häufiger auf? Welche fehlen ganz? Und was bedeutet das für die Situation des Teams?

Quellen

- Diese Methode wurde mir von einer Kollegin am Rande einer Großveranstaltung mündlich erläutert. Vielen Dank dafür! Leider weiß ich nicht mehr, wer es war ...
- Der Begriff „Chunking" wird im NLP verwendet. Die Bedeutung ist: aufgliedern/auffächern. Beim „Chunking down" geht es darum, durch Fragen zu einer spezifischeren, konkreteren Ebene zu gelangen. „Chunking up" hilft, zu einer umfassenderen, allgemeineren Bedeutungsebene zu wechseln.

Werte schätzen

Die Teammitglieder verständigen sich über ihre individuellen Werte und deren Priorisierung

Anwendung und Wirkung

Die Methode kann zum Einsatz kommen, wenn der Moderator vermutet, dass

- Probleme in der Zusammenarbeit,
- Einigungsschwierigkeiten oder
- Konflikte zwischen einzelnen Teammitgliedern

auch mit unterschiedlichen Wertvorstellungen der Einzelnen zu tun haben. Besonders spannend und intensiv wird es hier durch das Element der Fremdeinschätzung: Eine spielerische Anstiftung, Wahrnehmungen und Beobachtungen zu äußern und sich in die Schuhe der jeweils anderen zu stellen.

Vorgehen

Jede Person überlegt sich drei Werte, die für sie in der Zusammenarbeit im Team wichtig sind. Unterstützt werden kann das Nachdenken durch eine vorbereitete Werte-Liste (s. Beispiel). Das Chart soll anregen – die Teilnehmer können aber auch andere Werte formulieren.

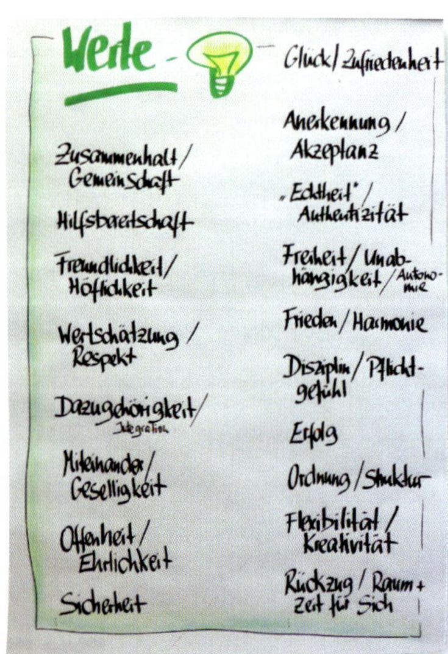

Alle notieren ihre Werte verdeckt auf Notepads, jeweils einen pro Blatt. Niemand soll sehen, was aufgeschrieben wurde.

Es folgt eine Runde, in der nacheinander über jede Person gesprochen wird. Mit Person A wird begonnen – die Kollegen spekulieren, welche Werte Person A wohl besonders wichtig sind. Der Moderator fragt jeweils nach: *„Woran merken Sie das?"*, *„Woran machen Sie das fest?"* Gegebenenfalls: *„Bitte erzählen Sie ein konkretes Beispiel."*

Anschließend wird abgeglichen: Person A deckt auf, welche Werte sie aufgeschrieben hat und erläutert, was ihr daran so wichtig ist.

Zum Schluss sortiert A ihre Werte auf der „Wertepyramide" (= vorbereitetes Chart, Abb.) ein, den für sie wichtigsten Wert ganz nach oben, die weiteren entsprechend weiter unten.

Nun kommt Person B an die Reihe, die Gruppe spekuliert usw.

Praxistipp

Passen Sie auf, dass es wertschätzend bleibt.

Vertiefendes/Hintergrund

- ***Phase:*** Themenbearbeitung – Sich verständigen
- ***Situation:*** Wenn es sinnvoll ist, dass sich die Teammitglieder über ihre Werte verständigen

Technische Hinweise

- ***Gruppierung***: 2-12 Personen
- ***Setting***: Stuhlkreis ohne Tische
- ***Medien/Material:*** Notepads, Stifte, Chart mit Werteliste, Chart mit skizzierter Pyramide
- ***Dauer***: 20-90 Minuten, je nach Teilnehmerzahl und Intensität
- ***Vorbereitung:*** Flipcharts vorbereiten

Variation

Wenn's passt und die Zeit es erlaubt, kann die Werte-Pyramide der Aufhänger für eine verbindende, integrierende Workshop-Abschluss-Aktion sein. Auf der Basis der individuellen Werte wird eine gemeinsame „Team-Pyramide" erarbeitet. Anschaulich visualisiert – evtl. sogar dreidimensional gestaltet – wird sie nach dem Workshop gerne mitgenommen – und dient im Teamalltag als Erinnerungsanker und Hingucker.

Wertvolle Kollegen

Die Akteure einer Geschichte schnell nach Sympathie priorisieren und dadurch über Wertvorstellungen ins Gespräch kommen

Anwendung und Wirkung

Um eine Wertediskussion zu initiieren, wird hier der Umweg über eine Kurzgeschichte gewählt. Auf diese Weise können die Teammitglieder das Verhalten der in der Erzählung Mitwirkenden aus der Zuhörer-Distanz und damit aus einer dissoziierten Position heraus betrachten und einordnen. Häufig wird im Verlauf der Übung recht schnell deutlich, ob die Einzelnen im Team ganz „ähnlich ticken" – oder ob gilt: „Jeder Jeck is anders", auch mit seinen Wertvorstellungen.

Meist stellt sich in der Diskussion auch heraus, dass Verhalten und verbale Äußerungen unterschiedlich wahrgenommen werden und viel Interpretationsspielräume bieten, die sich nicht immer auflösen lassen.

Vorgehen

Schritt 1: Geschichte und Sympathie-Ranking (10 Minuten)

Die Moderatorin erzählt eine Geschichte (s. S. 218), in der mehrere „Darsteller" unterschiedlich agieren. Sie bittet die Teilnehmer, anschließend die Akteure in eine Reihenfolge zu bringen, beginnend mit der sympathischsten Figur und dann absteigend bis zur unsympathischsten.

Jede Person notiert für sich recht schnell und aus dem Bauch ein Sympathie-Ranking der Figuren.

Schritt 2: Austausch und Vertiefung in Kleingruppen (15 Minuten)

Nun werden Kleingruppen à 3-5 Personen gebildet. Die Teams bekommen die Aufgaben,

(1) zunächst ihre Rankings kurz auszutauschen und zu vergleichen,

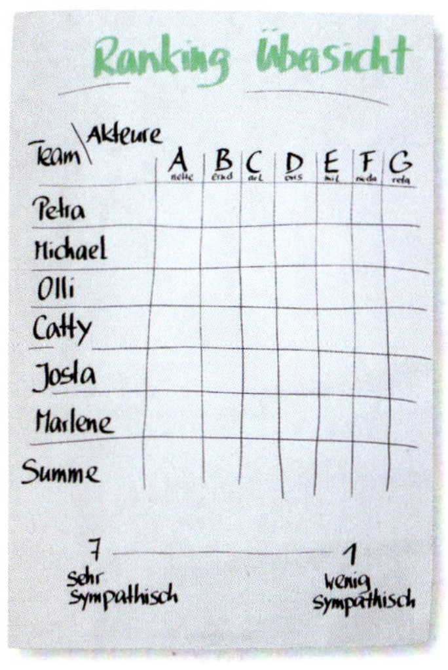

(2) dann vertiefend zusammenzutragen und zu diskutieren, warum es zu diesen Rankings kam: Was genau gefällt oder missfällt den Einzelnen an den beschriebenen Verhaltensweisen der Darsteller – und welche für das Berufsleben wichtigen Werte verbergen sich dahinter? Die Kleingruppen checken: Wo gibt es bei uns Übereinstimmung? Wo gibt es (überraschende) Abweichungen?

(3) Abschließend überprüft jede Person noch einmal ihr Ranking und nimmt ggf. Änderungen vor.

Schritt 3: Zusammentragen der Ergebnisse und Austausch im Plenum (20-30 Minuten)

Nun kommt man wieder im Plenum zusammen. Lassen Sie sich zunächst, um einen Überblick zu schaffen, die Einzelrankings nennen und visualisieren Sie diese in einer Tabelle. Im Beispiel auf der Abbildung vergeben die Einzelnen Sympathie-Punkte, in der Summe wird ein Teamranking sichtbar.

Beginnend mit den jeweils höchsten im Ranking werden nun die Entscheidungen genauer in den Blick genommen: Welche Überlegungen und Werte stecken hinter der jeweiligen Ranking-Entscheidung?

Am besten sammeln Sie die als besonders wichtig genannten Werte per Zuruf auf einem Flipchart. Dies geschieht unabhängig von den Figuren, auf die sich die Entscheidung bezieht.

Abschließend können Sie fragen: *„Welche Person fehlt noch in der Geschichte? Welcher wichtige Wert ist überhaupt noch nicht angesprochen?“*

Die Fragestellungen für den kommenden Schritt hängen davon ab, mit welchem Ziel Sie die Übung einsetzen, was bisher passiert ist und wie viel Zeit Sie noch haben. Es folgt nun eine Möglichkeit, weitere finden Sie weiter unten unter Variationen.

Schritt 4: Fazit und Wünsche für die Zukunft (20-30 Minuten)

Nun schaut man gemeinsam auf die Ergebnisse. In Einzelarbeit oder zu zweit bearbeitet man die folgenden Fragen:

(1) Was ist mir jetzt klarer als es vorher war, was verstehe ich nun besser?

(2) Für das zukünftige Zusammenarbeiten wünsche ich mir hier im Team mehr/weniger ...

Abschließend werden die Ergebnisse reihum präsentiert. Sie bleiben so stehen, damit sie „sacken“ können.

Die Geschichte

Anette möchte sich auf eine Führungsposition bewerben. Allerdings rechnet sie sich keine guten Chancen aus und überlegt, was sie tun kann, um die Stelle zu bekommen. Sie geht zum Kollegen Bernd und bittet um Rat.

Bernd sagt: „Ich kann dich coachen, ein gutes Wort für dich einlegen und dir ein paar sichere Tipps geben. Aber nur, wenn du mich zum Stellvertreter machst, sobald du den Job hast.“

In der Kantine trifft Anette den Kollegen Carl und erzählt ihm von ihrer Bewerbungsidee und von dem Gespräch mit Bernd. Carl sagt: „Du kannst mich immer ansprechen – aber ich kann dir nicht raten, du musst selbst entscheiden, wie du die Sache angehst.“

Zurück im Büro checkt Anette ihre Mails und findet eine Mail von Bereichsleiterin Doris (= ihre Chefin, falls sie die Führungsposition bekommt). Sie schreibt: „Ich habe gehört, dass du dich auf die Stelle bewerben möchtest und möchte dir kurz die Kriterien und Anforderungen skizzieren. 1. ..., 2. ..., 3. ... Es wäre sicher auch gut für deine Chancen, wenn du deine Qualifikation und dein Engagement noch stärker als bisher im Projekt XY unter Beweis stellst.“

Anette hat die Mail gerade gelesen, da kommt der Kollege Emil ins Büro und sagt: „Ich habe gehört, dass du dich auf die Stelle bewirbst und möchte dir viel Glück wünschen. Dir aber auch sagen, dass ich es sehr schade finde, weil du dann unser Team verlassen wirst ..."

Etwas später geht Anette in den Kopierraum und kriegt dort unbeabsichtigt eine kurze Gesprächssequenz zwischen zwei Kolleginnen mit: Kollegin Frieda sagt: „Ich finde, dass Anette für die Stelle nicht geeignet ist, weil sie sich nicht gerne auseinandersetzt." Darauf Greta: „Doch, ich glaube das schafft sie. Ich find's super, das ist doch genau ihr Ding!"

Praxistipps

- Erzählen Sie die Geschichte unbedingt anhand einer Visualisierung, die dann auch sichtbar bleibt. Statt Flipchart (s. Abb.) können Sie die Szenerie auch mit Gegenständen auf einem Tisch oder auf dem Fußboden nachstellen.
- Sie können die Akteure natürlich nennen, wie Sie wollen. Zur Unterscheidung ist es hilfreich, wenn alle Darsteller mit einem anderen Anfangsbuchstaben beginnen – und wenn Sie Dopplungen mit Teilnehmer-Namen vermeiden.
- Manchen Teilnehmern fällt es zunächst schwer, sich für ein Ranking zu entscheiden, die Wichtigkeiten werden erst in der Kleingruppenarbeit klarer, wenn vertiefend nachgefragt und darüber gesprochen wurde.
- Die Geschichte ist erfunden und bestimmt nicht perfekt (= eine Einladung an Sie, daran zu feilen).
- Für die subjektive Wahrnehmung der Verfasserinnen klingen bei der Einschätzung des Verhaltens der Akteure die nebenstehenden Werte an. Wir empfehlen aber unbedingt, den Teilnehmern keine Ideen für dahinterliegende Werte zu nennen, sondern sie ihre eigenen Deutungen (bei denen es kein „Richtig" und kein „Falsch" gibt!) finden zu lassen. Stattdessen lieber vertiefend nachfragen: Was ist daran so wichtig? Warum ist das so wichtig ...

Einige Werte, die mitschwingen:

- Erfolg/Ehrgeiz/Karriere
- Treue/Loyalität/Freundschaft
- Freiheit/Eigenverantwortung/Autonomie
- Flexibilität/Engagement
- Ehrlichkeit/Offenheit

Vertiefendes/Hintergrund

- *Phase:* Themenbearbeitung – Sich über Werte verständigen
- *Situation:* Wenn es sinnvoll ist, dass sich die Teammitglieder über ihre Werte austauschen

Technische Hinweise

- ***Gruppierung***: 2-12 Personen
- ***Setting***: Alle im Raum
- ***Medien/Material***: Flipchart, Moderationsmaterialien, Stifte, Chart oder Gegenstände zur Geschichte
- ***Dauer***: 70-90 Minuten
- ***Vorbereitung:*** Ggf. Anleitungs-Charts vorbereiten

Variationen

- Ggf. kann Anette im Ranking weggelassen werden.
- Erfinden Sie Ihre eigene Geschichte!
- Weitere Auswertungsfragen:
  - Wenn wir auf das Ergebnis blicken: Wo sehen wir Gemeinsamkeiten – wo sehen wir Unterschiede?
  - Was bedeutet das für unsere konkrete Zusammenarbeit? Wo möchten wir uns weiterentwickeln? Wo müssen wir uns ggf. einigen?
  - Wie halten wir es aus, dass es unterschiedliche, individuelle Werte gibt?
- Mit kreativen Mitteln weiterentwickeln: Die Gruppe kreiert in Kleingruppen eigene Geschichten. Ein erfundener oder sogar ein realer Konflikt könnte dafür Grundlage sein – wie sähe förderliches und wünschenswertes Verhalten aus?

Quellen

- Cathrin Germing nutzt eine ähnliche Story in ihren interkulturellen Trainings. Zu finden bei: Rott, G., Siemer, V. & Sawgorodnja, I.: Trainingsmanual Interkulturelle Kompetenz. Wuppertal 2004.
- Schon einmal hat sie die Geschichte in modifizierter Form veröffentlicht: Comenius Institut (Hrsg.): Inklusive Religionslehrer_innenbildung. Module und Bausteine. Münster 2014, Material B3.
- Mit Cathrin zusammen haben wir die Story noch einmal neu für unsere Zwecke angepasst und in die Businesswelt übertragen.
  Cathrin Germing: www.cage-bildungsdienstleistungen.de

Mit Stress umgehen

Stress scheint uns allgegenwärtig. Jedenfalls fällt uns auf, dass das Thema zurzeit in jeder Teamentwicklung mehr oder weniger intensiv mitschwingt. Der Umgang mit dem Stress und seinen Auswirkungen – auch auf das Teamklima – wird zunehmend häufig im Auftragsgespräch als ein zu bearbeitender Punkt im Workshop gewünscht. So kann auch mal Zeit investiert werden, um genauer hinzugucken und in die Tiefe zu gehen.

Nicht immer ist der Stress von außen „aufgedrückt" und unvermeidlich, manchmal ist er auch „hausgemacht". Oft können festgefahrene Denkmuster Einzelner oder des Teams durchaus ihren Teil dazu beitragen.

Grundsätzlich erhellend und hilfreich für das gegenseitige Verständnis könnte es für ein Team sein, zu erkennen, wie unterschiedlich Menschen sich in Stresssituationen verhalten. Dazu gibt es ein interessantes Stresstypen-Modell von der großen Familientherapeutin Virginia

Satir (1916-1988). Sie spricht von „Überlebenshaltungen" und unterscheidet:

- Beschwichtigen (Stärken dahinter: eine vermittelnde Haltung, Engagement für andere, Loyalität)
- Anklagen (Stärken dahinter: eine zielstrebige Haltung, Mut, Leistungswille)
- Ablenken (Stärken dahinter: Kreativität, Einfallsreichtum, Kontaktfreude)
- Rationalisieren (Stärken dahinter: Exaktheit, Präzision, Analysefähigkeit)

Aus Platzgründen möchten wir an dieser Stelle nicht näher auf das Modell eingehen. Das Internet ist aber voll von detaillierten Erläuterungen.

Die folgenden Methoden beschäftigen sich auf verschiedene Weise und von unterschiedlichen Ansätzen her mit dem Stress, seinen Auslösern und deren Bewältigung.

Zu diesem Schwerpunkt finden Sie diese Methoden

SORK-los

Ein Kurzworkshop im Workshop. Über das SORK-Modell verständigt sich das Team über Stress und findet Ansätze zur Bewältigung.

Sportprogramm fürs Team

Metaphorisch verordnet sich das Team Sport zur Stresslinderung. Doch welche Sportart wird gebraucht – und welche auf keinen Fall?

Belief durchdenken

Ein gedankliches Experiment, um festgefahrene Glaubenssätze oder Meinungen etwas zu lockern.

Immer Stress mit dem Druck

Schritt für Schritt werden die individuellen Antreiber identifiziert und eine Drucksituation auf spielerische Weise verändert. Eine sehr variable Methode, hier beispielhaft angewandt auf das Thema „Mit Stress umgehen".

SORK-los

Stress verstehen und sich darüber verständigen. Dabei Ansatzpunkte zur Bewältigung finden

Anwendung und Wirkung

Arbeitsüberlastung, Stress sowie die individuellen Folgen und Reaktionen darauf, sind recht häufig Thema einer Teamentwicklung. Mit diesem abwechslungsreichen Format und dem zugrunde liegenden SORK-Modell können die Teammitglieder die Stressmechanismen, sich selbst und die anderen besser verstehen und an Bewältigungsstrategien arbeiten.

Vorgehen

Erläutern Sie kurz, am besten anhand eines Charts, das Modell mit seinen Begrifflichkeiten (s. Abb. rechts):

- S steht für Stressor oder Stimulus, d.h. Anforderungen, Ereignisse, eine Reizsituation, die das Wohlergehen beeinflusst.
- O bezeichnet den Organismus, den individuellen Hintergrund der einzelnen Person (z.B. Anfälligkeiten, Glaubenssätze, Werte, Fähigkeiten, ...).
- R benennt die Reaktion auf den Stressor (auf der Grundlage des individuellen Organismus). Sie findet auf vier verschiedenen Ebenen (s.u.) statt.
- K steht für Konsequenz. Es geht um die Folgen, nämlich das, was (langfristig) danach passiert.

Ein konkretes Beispiel macht die Sache anschaulich (s. Abb. links).

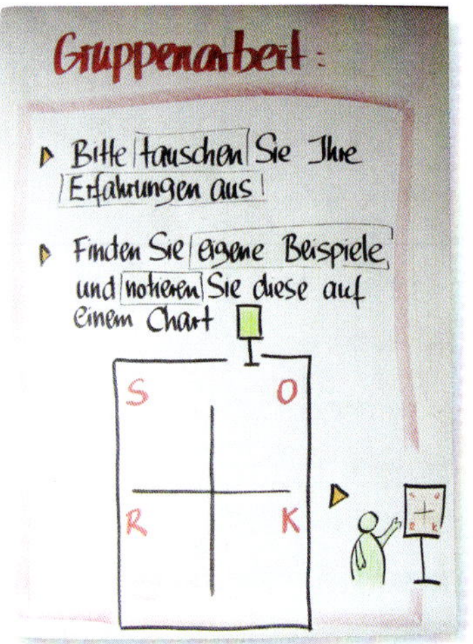

In Kleingruppen füllen die Teilnehmer dann die vier Kategorien des Modells mit eigenen Erfahrungen, Erlebnissen, Ideen, Gedanken, Beispielen aus der Praxis aus. Die Ergebnisse werden danach im Plenum präsentiert (Abb. links).

Anschließend lohnt sich ein Blick darauf, wie individuell Menschen Stress erleben:

- Kennzeichnen Sie dazu im Raum ein JA-Feld und ein NEIN-Feld.
- Gehen Sie (evtl. beispielhaft) die unterschiedlichen Stressoren durch, die Sie auf den Ergebnisplakaten der Kleingruppen aufgelistet finden.
- Bitten Sie die Teilnehmer, sich jeweils für JA (das stresst mich) oder NEIN (das macht mir nichts aus) zu entscheiden, das entsprechende Feld aufzusuchen und sich dann umzuschauen wo die anderen stehen.

Eventuell können Sie

- in kurzen Interviews nach den Hintergründen fragen
- oder die Teilnehmer fragen, wo sie sich, die Kollegen betreffend, bestätigt sehen oder überrascht sind.

Im nächsten Schritt geht es um die vertiefende Betrachtung der Stressreaktionen:

- Erläutern Sie den Teilnehmern zunächst kurz die vier Ebenen mit den Merkmalen (s. Abb.).
- Nun schätzen die Teilnehmer für sich ein, wie sie am ehesten reagieren: Wie zeigt sich bei mir am ehesten Stress? Woran merke ich das?
- Bei einem tragfähigen Teamklima können Sie auch zuerst eine Fremdeinschätzung initiieren: Welche Stressreaktionen beobachte ich bei den Kollegen?

Abschließend können Sie Bewältigungsstrategien (individuelle und gemeinsame) sammeln und austauschen. Auch eine einfache Atem- oder Entspannungsübung passt hierhin. Jeder Teilnehmer und/oder das Team als Ganzes formuliert zusammenfassend eine wichtige Erkenntnis und ein Vorhaben für die Zukunft.

Praxistipps

- Zum Schritt „Individuelles Stresserleben" (Seite 224): Die Liste können Sie erstellen, während Sie durch die Kleingruppen gehen.
- Auch eigene Ergänzungen sind möglich. Sie sollten aber am Arbeitsalltag der Gruppe orientiert sein.

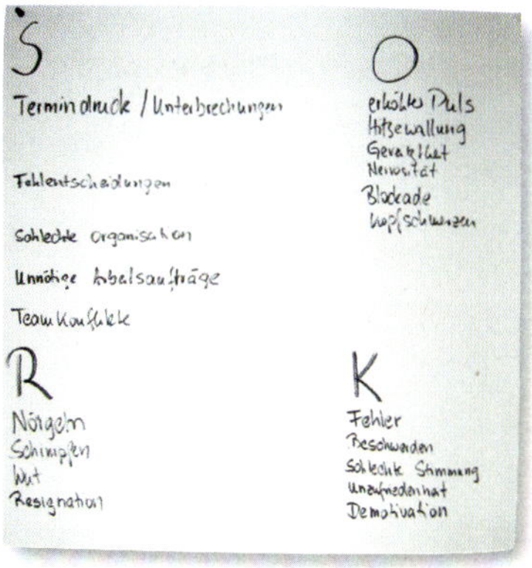

Vertiefendes/Hintergrund

- ***Phase:*** Themenbearbeitung – Stressbewältigung
- ***Situation:*** Wenn es sinnvoll und entlastend erscheint, sich mit dem Thema Stress zu beschäftigen

Technische Hinweise

- ***Gruppierung:*** 6-20 Personen
- ***Setting***: Alle im Raum
- ***Medien/Material:*** Vorbereitete Charts, Flipchart mit Papier, Pinnwände, Stifte, Schilder (JA/NEIN)
- ***Dauer***: 90 Minuten
- ***Vorbereitung:*** Info-Charts schreiben

Variation

Schritt „Individuelles Stresserleben" (Seite 224): Hier können Sie statt mit JA-/NEIN-Feldern auch mit einer Skalierung (Stresslevel 0-10) arbeiten.

Quelle

Das SORK-Modell (oder SORKC-Modell) geht zurück auf Kanfer und Saslow (1974). Es hilft, sogenannte „funktionale Verhaltensanalysen" durchzuführen, also Verhalten zu verstehen und Ansatzpunkte für Veränderung zu finden. Anwendung findet es z.B. in der Verhaltenstherapie.

Sportprogramm fürs Team

Ein Team „verordnet" sich eine metaphorische Aktivität

Anwendung und Wirkung

Hier wird der Sport als Metapher für das genutzt, was das Team braucht, um sich (im Beispiel in Bezug auf die Stressbewältigung) gut zu entwickeln. Dabei sind zwei Merkmale bedeutsam:

- (Mannschafts-)Sportarten stellen sehr unterschiedliche Anforderungen an den Einzelnen und die Gruppe, die sie ausüben.
- Auch wenn viele Menschen die verschiedenen sportlichen Aktivitäten nicht wirklich aus der eigenen Praxis kennen, haben die meisten doch ein ungefähres Bild von Ablauf, Tempo, Anforderungen, Wirkungen.

Das gedankliche Spiel mit der Sportmetapher kann auf einer „tieferen Ebene" zu Einsichten führen, die dann Ideen zur Weiterentwicklung (oder hier: Stressbewältigung) nach sich ziehen.

Wichtig: Auf richtig oder falsch bei der Einschätzung der Sportarten kommt es hier nicht an – viel mehr, was die Gruppe für sich daraus ableitet und an Erkenntnissen gewinnt.

Vorgehen

Vorbemerkung

Am schönsten ist es, wenn Sie rund um die Übung herum eine kurze „Story" erfinden, die zum Team bzw. der Teamsituation passt.

Ein Beispiel aus einer Teamentwicklung mit der Geschäftsstelle einer Bank. Thema des Teams war die Stressbewältigung mit dem Ziel, zu einer gelasseneren, konstruktiven Zusammenarbeit zu kommen.

Zum Einstieg in das Thema – und um nicht nur kognitiven, sondern auch intuitiven Gedanken Raum zu geben, setzte die Autorin diese Übung ein.

Aktion

Das Team wird in Kleingruppen à 3-5 Personen aufgeteilt. Jede Gruppe bekommt zur Anregung eine (am besten bebilderte) Liste mit unterschiedlichen Sportarten sowie den folgenden Anleitungstext:

Sportprogramm für Ihr Team

Ihr Vorstand hat in seiner letzten Sitzung beschlossen, zum Stressabbau und zur Förderung Ihres Teams regelmäßige Sportangebote zu installieren. Beiliegend finden Sie die vom Vorstand verabschiedete Auswahl von Sportarten, die für Ihre Geschäftsstelle vorgeschlagen werden.

Bitte wählen Sie 2-3 Sportarten (ggf. auch andere als die abgebildeten) aus, die aus Ihrer Sicht für Ihr Team dem o.a. Ziel am dienlichsten sind. Entscheiden Sie sich bitte auch für 2-3 Sportarten, von deren Einsatz Sie dringend abraten.

Bitte begründen Sie dem Vorstand Ihre Wahl und Ihre Ablehnung. Notieren Sie zu jeder gewählten, bzw. abgelehnten Sportart 3-5 positive, bzw. 3-5 kritische Punkte für den Fall, dass diese Sportart in Ihrem Team zum Stressabbau eingesetzt würde.

Zeigen Sie die Ergebnisse Ihrer Arbeit in einer mitreißenden, unterhaltsamen, überzeugenden Präsentation.

Auswertung

Die Auswertung der Sequenz kann moderiert im Plenum geschehen oder in Kleingruppen stattfinden. Bei letzterer Variante beschäftigt sich jede Gruppe 15 Minuten mit dem Ergebnis einer anderen Gruppe, z.B. auf der Grundlage dieser Fragen:

- Welche Merkmale und Erkenntnisse zum Stressempfinden (der anderen) entnehmen wir der Präsentation? Was schwingt zwischen den Zeilen mit?
- Welche konkreten Gedanken zur Stressbewältigung für unser Team können wir (ergänzend) daraus ableiten?
- Welche Maßnahmen schlagen wir vor?

Auch diese Ergebnisse und Erkenntnisse werden dann im Plenum vorgestellt und abschließend besprochen. Zum Schluss sollten mit allen gemeinsam Verabredungen getroffen bzw. Maßnahmen zur Stressbewältigung vereinbart werden.

Praxistipp

Geben Sie der Gruppe als Anregung ein paar (möglichst unterschiedliche) Beispiele für Sportarten: z.B. Squaredance, Basketball, Eisstockschießen, Judo, Angeln, Golf, Fußball, Kegeln, Synchronspringen, Biathlon, Yoga, Walken, Boxen, Karate, Wasserballett, …

Vertiefendes/ Hintergrund

- *Phase:* Themen bearbeiten
- *Situation:* Wenn Sie neben dem kognitiven auch intuitive Impulse wirken lassen und für die Erarbeitung von Lösungen nutzen möchten

Technische Hinweise

- *Gruppierung*: Alle im Raum
- *Setting*: Mehrere Kleingruppen
- *Medien/Material:* Pro Kleingruppe ein Anleitungstext und eine Liste mit Sportarten, Flipchart-Papier, Flipchart-Stifte
- *Dauer*: 60-90 Minuten
- *Vorbereitung:* Anleitungstext und Liste mit Sportarten an das Team/ die Teamsituation anpassen

Variation

Auch andere, allgemeinere Entwicklungsziele für das Team können über die Metapher „Sport" bearbeitet werden, z.B. die Optimierung der Abläufe/ der Zusammenarbeit.

Quelle

In Anlehnung an die Übung „Wählen Sie Ihre Sportart" aus der Sammlung: Stuart, R.: 58 Spiele zur Teamentwicklung. Training Media GmbH.

Belief durchdenken

Eine festgefahrene Meinung oder einen Glaubenssatz bearbeiten und lockern

Anwendung und Wirkung

Wenn Sie im Verlauf des Workshops den Eindruck gewinnen, dass einschränkende Team-Beliefs (Glaubenssätze: „Wir müssen ...", Wir dürfen nicht ...", „Wir können nicht ...", „Kunden sind immer ...", „Die Chefin interessiert sich eh nicht dafür.") die Gruppe hartnäckig im Fortkommen und beim Blick über den Tellerrand behindern, können Sie dem Team anbieten, innezuhalten, dort genauer hinzuschauen und sich auf ein gedankliches Experiment einzulassen.

Die Methode ist einfach, lockert festgefahrene Denkstrukturen und kann zu überraschenden Einsichten und Erkenntnissen führen.

Vorgehen

Phase 1

Der einschränkende Glaubenssatz wird zunächst identifiziert und als Aussagesatz mittig links auf einer Pinnwand notiert (s. Abb.).

Nun einigt man sich auf eine Formulierung für das Gegenteil – diese bekommt ihren Platz rechts auf der Pinnwand (gegenüber). So bilden der Glaubenssatz und sein Gegenteil eine horizontale Linie.

Auf der Vertikalen wird oben eine Möglichkeit für „Beides" (eine Verbindung von beiden) und unten eine Idee für „Keins von beiden" (etwas ganz anderes) notiert.

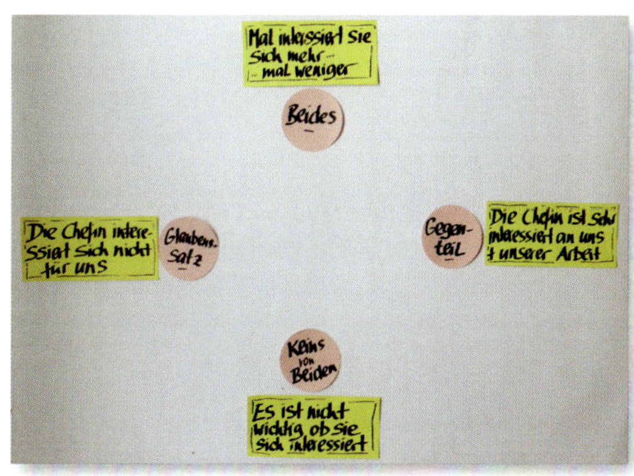

Ein Beispiel:

- Horizontale
  - Glaubenssatz: Die Chefin interessiert sich sowieso nicht für uns.
  - Gegenteil: Die Chefin ist sehr interessiert an uns und unserer Arbeit.
- Vertikale
  - Beides: Mal interessiert sie sich mehr, mal weniger. Je nachdem, wie eingespannt sie ist.
  - Keins von beiden: Es ist nicht wichtig, ob sie sich interessiert oder nicht.

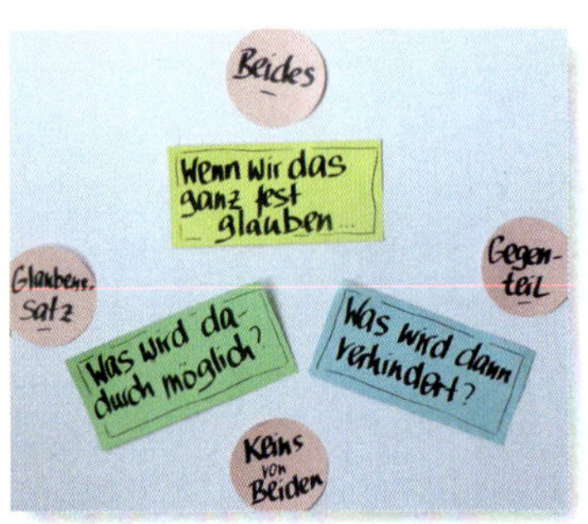

Phase 2

Nacheinander und systematisch wird nun jede dieser Optionen befragt:

„Angenommen, Sie glauben ganz fest an diesen Satz:
(1) Was wird dadurch möglich?
(2) Was wird dann verhindert?"

Hier werden mehrere Antworten gesammelt und notiert.

Phase 3

Gemeinsam blickt man nun auf das Ergebnis ...

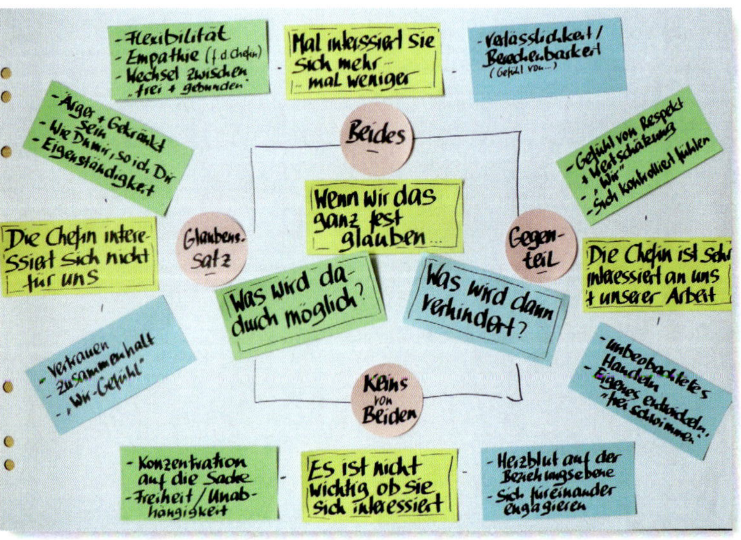

… und kommt darüber ins Gespräch. Strukturgebende Leitfragen können sein:

- Wie geht's Ihnen jetzt mit dem (Ursprungs-)Satz?
- Was bedeutet dieses Ergebnis?
- Wo möchten Sie sich gerne verorten?
- Was könnten Sie tun, um dort hinzukommen?
- Was müssen Sie evtl. loslassen?
- Was werden Sie dazugewinnen?
- Wohin wollen Sie sich bewegen?

Praxistipp

Manchmal bewirkt schon das Aufschreiben des Gegenteils Erleichterung, manchmal muss man die Gruppen aber auch sanft dort hinziehen, weil sie es unrealistisch finden und daran gerne festhalten wollen.

Vertiefendes/ Hintergrund

- ***Phase:*** Themenbearbeitung – Sich weiterentwickeln
- ***Situation:*** In einer Situation, in der fest gefahrene Denkstrukturen hinderlich sind

Technische Hinweise

- ***Gruppierung***: 1-12 Personen
- ***Setting***: Alle im Raum
- ***Medien/Material***: Pinnwand oder Flipchart, Flipchart-Stift, evtl. Moderationskarten
- ***Dauer***: 30-45 Minuten
- ***Vorbereitung:*** Keine

Quellen

Kennengelernt in der Ausbildung zum NLP Master bei Ute Grießl und Renate Biebrach unter dem Namen „Diamonds". Die Grundstruktur der Methode ist im Coaching auch bekannt als „Tetralemma".

Immer Stress mit dem Druck

Im Team die vorherrschenden Antreiber herausfinden, verstehen und spielerisch den Umgang damit finden

Anwendung und Wirkung

Die Anforderungen an Teams, z.B. agiler zu werden und selbstorganisiert Ziele zu erreichen – natürlich schnell und erfolgreich – führen nicht selten zu Druck. Oder es sind die Erwartungen jedes Einzelnen an sich selbst, die vielfältigen Aufgaben beruflich und privat gleichermaßen gut unter einen Hut zu bringen, die Stress auslösen. Kippende Atmosphäre, unerwartetes Verhalten Einzelner, Konflikte in der Zusammenarbeit etc. können die Folge sein. Oder die Diskussionen driften in Katastrophenfantasien ab. Aus Sicht der Teammitglieder durchaus nachvollziehbar, aber auch lähmend für ihre Handlungsfähigkeit.

Die folgende kreative und inspirierende Intervention eignet sich gut, wenn Stress als Thema während einer Teammaßnahme auftaucht und Sie den Ursachen auf den Grund gehen wollen. Die Übung verknüpft das Arbeiten mit den fünf Antreibern nach dem Transaktionsanalytiker Taibi Kahler mit einer szenischen Darstellung in vier Akten.

Die Auseinandersetzung mit den individuellen Antreibern gibt den Teammitgliedern natürliche Erklärungen für ihr „typisches" Denken, Fühlen und Handeln „unter Druck". Mit der darauf aufsetzenden Methode „Antreiber bewältigen in 4 Akten" (s. Seite 236) lassen sich alternative Wege für den Umgang miteinander erproben und mitunter überraschende Handlungs- und Verhaltensideen finden, an die vorher keiner gedacht hatte.

Exkurs: Innere Antreiber

Der Begriff der inneren Antreiber kommt aus der Transaktionsanalyse und bezeichnet frühere Botschaften von Eltern, Lehrern und anderen äußeren Autoritäten aus der Kindheit, die heute noch immer unser Verhalten als Erwachsene stark bestimmen.

Sie sind Energien, die es nicht leiden können, wenn wir uns ausruhen, träumen oder Zeit verschwenden. Deshalb unterbrechen Antreiber uns gern in ruhigen Momenten und erinnern uns daran, was noch zu tun ist oder was wir immer noch nicht können, sind, haben. Es ist leicht, die Anwesenheit eines Antreibers im Körper wahrzunehmen. Der Körper spannt sich, die Kiefer pressen sich zusammen, wir schwitzen, das Atmen fällt schwerer, wir spüren Panik in der Magengegend etc.

Antreiber sind in sich weder positiv noch negativ, sondern wir folgen ihnen unter Druck meist wie programmiert. Je nach Situation können sie uns zu Höchstformen auflaufen lassen oder uns belasten. Sind sie uns erst bewusst, können wir sie steuern.

Vorgehen

Schritt 1: Stressauslöser erkennen und wahrnehmen

Bitten Sie alle, aufzustehen. Lesen Sie einige Szenarien (siehe Beispiele) vor und bitten Sie die Teammitglieder, sich entlang einer Skala von 1-10 aufzustellen: 1 (bereitet mir keinen Stress) bis 10 (bereitet mir in höchstem Maße Stress).

Beispiele:

- In einem fremden Bett schlafen
- Eine Spinne im Zimmer beseitigen
- Eine Präsentation vor dem obersten Boss und weiteren hochkarätigen Managern halten
- Einen Mitarbeiter/ein gesamtes Team für schlechte Leistungen kritisieren
- Kritik vom eigenen Chef erfahren
- Einen Fehler gemacht haben
- Einen wichtigen Termin nicht einhalten können
- Täglich die gleiche Arbeit machen
- Etwas läuft nicht wie von mir geplant
- Wartezeit beim Arzt
- Ungenaue Vorgaben bei der Arbeit etc.

Fördern Sie den Austausch, indem Sie Fragen zum unterschiedlichen Stressempfinden stellen, beispielsweise: *„Was denken Sie in dem Moment? Wo/woran merken Sie das körperlich?“* Etc.

Arbeiten Sie dabei heraus, dass Stress nicht ein bestimmtes Ereignis beschreibt, sondern unsere körperliche und mentale Reaktion darauf (siehe dazu auch Übung „SORK-los“, Seite 223 ff.).

Ist die Zeit knapp bemessen oder wenn das Team sich vorher schon mit dem Thema „Was ist Stress" beschäftigt hat, können Sie diesen ersten Teil auch weglassen und gleich zu den Antreibern überleiten, etwa mit folgenden Worten:

Näheres s. Seite 237 unter Schritt 5

Schritt 2: Antreibern begegnen

„Ich möchte Ihnen jetzt gern Gelegenheit geben, den Ursachen für Ihr Stresserleben auf die Spur zu kommen. Denken Sie einmal an all die Dinge, die Sie noch tun müssen, und schreiben Sie sie auf. Fragen Sie sich z.B.:

- *Was muss noch im Büro, Lager, Betrieb, zuhause getan werden?*
- *Für Ihren Partner/Partnerin? Für Ihre Kinder? Ihre Eltern? Ihre Fortbildung?*
- *Die Altersvorsorge? Die Finanzen?*
- *Welche Bücher müssen Sie noch lesen? Welche Projekte sind erst halb fertig?*
- *Was muss repariert werden? Wo/wen müssen Sie noch anrufen?*
- *Welches innere Potenzial; körperlich, psychologisch, spirituell, ist noch nicht ausgeschöpft?*

Machen Sie diese Liste immer länger, bis Sie in eine andere Gemütsverfassung kommen:

- *Wie fühlen Sie sich, während Ihre Liste von Unerledigtem wächst?*
- *Wie unterscheiden sich diese (Körper-)Gefühle von den Gefühlen, die Sie in einem entspannten Zustand erleben?*
- *Wo ist die meiste Spannung? In Ihrem Kiefer, Gesicht, in den Händen, Schultern, im Kopf oder im Magen?*
- *Begleitet Sie dieses Gefühl sehr oft oder kommt es nur gelegentlich vor?"*

Schritt 3: Antreiber erläutern und identifizieren

Erklären Sie, dass, wenn häufig Gedanken und Gefühle auftauchen wie „Eigentlich habe ich nie genug Zeit …", „Es gibt noch so viel zu tun" oder „Es wäre sinnvoll, jetzt aufzustehen und etwas zu erledigen", die Teilnehmenden gerade ihren Antreibern begegnet sind.

Geben Sie eine kurze Erläuterung dazu, was Antreiber sind und stellen Sie sie jeweils anhand der Flipcharts und mit einem Beispiel vor (decken Sie dabei den Abschnitt „Erlauber" noch ab):

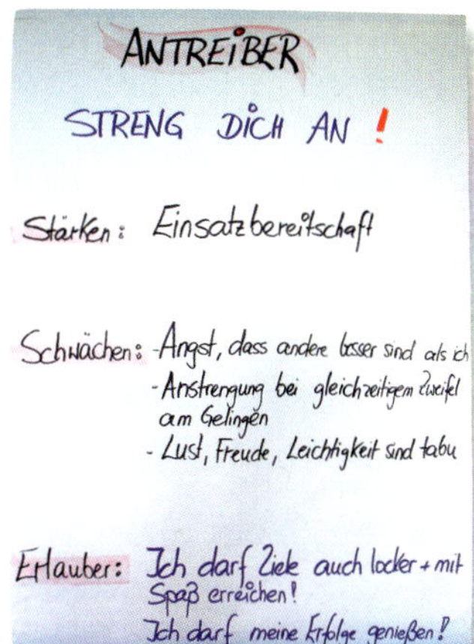

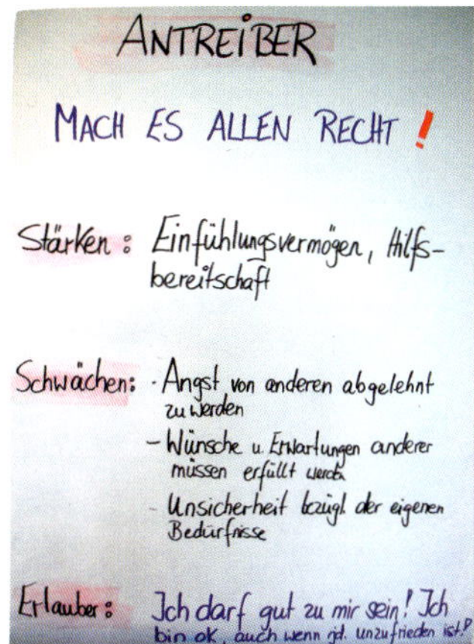

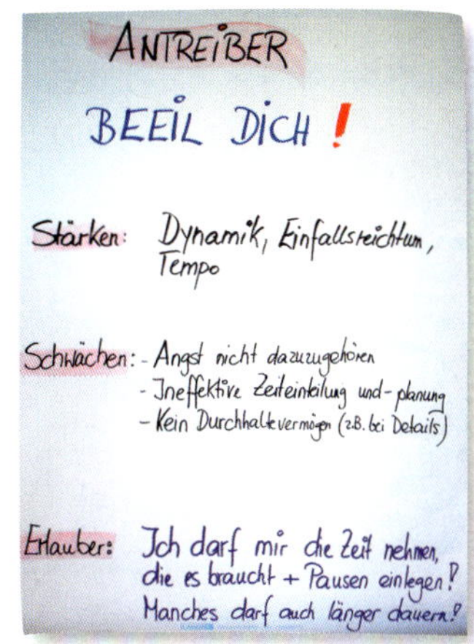

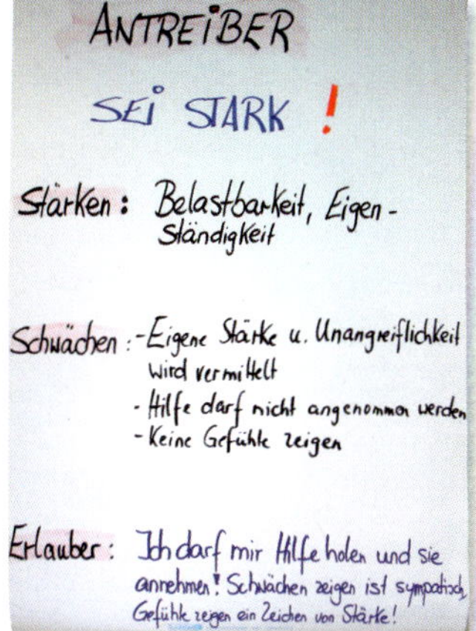

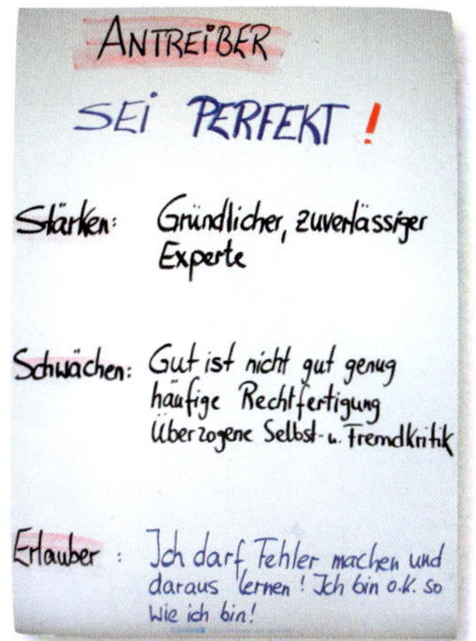

Bitten Sie die Teilnehmenden im Anschluss an die Erklärungen nachzuspüren, bei welchen Antreibern sie den größten „Wiedererkennungswert" hatten und welche Beispiele ihnen dazu einfallen.

Lassen Sie sie dann in Kleingruppen à 3-5 Personen (je nach Gruppengröße) ihre Beispiele austauschen.

Leiten Sie anschließend über in eine szenische Übung, bei der die Teammitglieder herausfinden, wie sie mit den eigenen Antreibern umgehen und Teamkollegen mit dieser Tendenz begegnen und bestmöglich unterstützen können:

Schritt 4: Antreiber bewältigen in 4 Akten

Bitten Sie die Teammitglieder, Teilgruppen (evtl. nach Antreibern) zu bilden.

Aufgabe ist es, ein 5-Minuten-Theaterstück in vier Akten zu entwickeln, das einen Antreiber in persona (gern etwas übertrieben) zeigt sowie Möglichkeiten des Umgangs damit verdeutlicht. Über Ort, Rollen, Dramaturgie entscheiden die Kleingruppen selbst.

Geben Sie max.10 Minuten Vorbereitungszeit. Anschließend spielen die jeweiligen Gruppen ihr „Theaterstück" vor.

Die anderen Kleingruppen beobachten als Publikum die Szenen.

Beobachten der Szenen

Je nach Gruppengröße können Sie Beobachter einsetzen. Diese halten während der Vorführungen relevante Entdeckungen und Aussagen verdeckt auf der Flipchart fest (siehe Abb. unten):

- *Beobachter A*: Was war förderlich und wohltuend, was war hinderlich für eine Veränderung?
- *Beobachter B:* Welche außergewöhnlichen, spannenden Ansätze und (Veränderungs-)Ideen für die Praxis gab es?

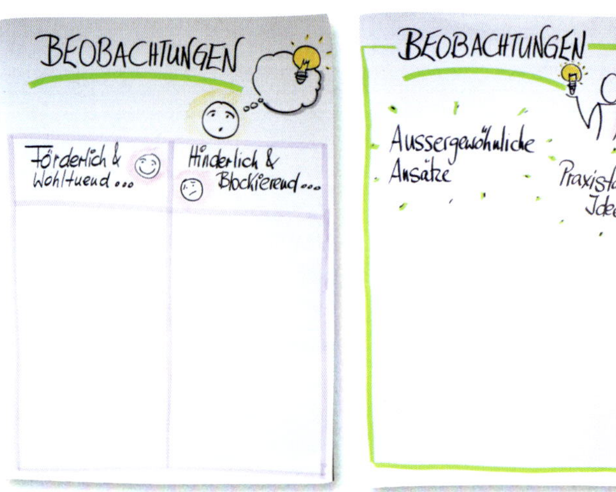

Schritt 5: Auswertung der Szenen

Nach der Spielszene und dem gebührenden Applaus erfolgt die Auswertung dann im Plenum. Befragen Sie zunächst die Akteure, dann das Publikum. Anschließend präsentieren die Beobachter ihre Notizen, und die Gruppe ergänzt.

Tipp: Achten Sie bei der Auswertung darauf: Es geht darum, Verständnis für sich selbst und den anderen zu entwickeln.

Beispiele für Leitfragen Innensicht (der Akteure):

- Mit welchen Gedanken und Gefühlen gehen Sie jetzt aus der Situation heraus?
- Was haben Sie in Ihrer Rolle als wohltuend/förderlich/hinderlich erlebt?
- Wie haben Sie Ihre Mitspieler erlebt?
- Welche Veränderungen haben Sie erfahren?
- Welche Erkenntnisse gewonnen? An welchen Stellen? Wodurch?

Beispiele für Leitfragen Außensicht (Publikum):

- Was war förderlich, wohltuend, was war hinderlich für eine Veränderung?
- Wie haben Sie die Mitspieler im Zusammenspiel erlebt?
- Welche Entwicklungen, Reaktionen und Lösungsansätze haben Sie gesehen?
- Welche faszinierenden (Veränderungs-)Ideen für die Praxis enthielten die Szenen?

Ergänzen Sie ggf. die Beiträge und decken Sie hierfür die alternativen Glaubenssätze (Erlauber) der einzelnen Antreiber auf. Tragen Sie Beispiele mit der Gruppe zusammen.

Schritt 6: Transfer

Zunächst in Einzelarbeit, dann in Kleingruppen – alternativ gemeinsam im Plenum – erfolgt nun die Übertragung auf die tägliche Arbeitspraxis, etwa mit folgenden Fragen:

- Was heißt dies jetzt für *mich*? Welche Ideen haben mich weitergebracht?
- Was bedeutet es für *uns* und unseren Umgang miteinander?

Jeder Teilnehmende und/oder das Team als Ganzes formuliert zusammenfassend eine wichtige Erkenntnis und ein Vorhaben für die Zukunft.

Praxistipps

- Halten Sie die Vorbereitungszeit für die szenische Darstellung kurz. Je weniger Zeit zur Verfügung steht, desto weniger kann sich die Ratio einmischen und desto authentischer und ehrlicher sind die Beispiele.
- Sollte den Gruppen kein geeigneter Schauplatz einfallen, können Sie diesen auch vorgeben. Überlegen Sie sich hierfür vorher ein paar geeignete Beispiele, die Stress auslösen können (Einladung erstmals im Feinschmeckerlokal zusammen mit dem CEO, Führerscheinprüfung etc.).
- Optional und als Hilfestellung können Sie den vier Akten auch Überschriften geben (angelehnt an die Heldenreise), an denen sich die Gruppen orientieren können (siehe Abb.).
- Wir haben gute Erfahrungen damit gemacht, die Bedeutung der Akte offenzulassen. Dies hat den Vorteil, dass die Kreativität sich frei entfalten kann und die Teilnehmenden Mut fassen, sich auszuprobieren.

Ein praktisches Beispiel zu der obigen Abbildung, aus der Erinnerung erzählt: Die Gruppe identifizierte u.a. den Antreiber „Mach es allen recht", der von einer der Teilgruppen folgendermaßen auf die Bühne gebracht wurde:

Schauplatz: „Wöchentlicher Stammtisch unter Freunden"

- **Akt 1 – Die Ist-Situation:** Einer aus der Gruppe möchte abnehmen und deshalb auf Alkohol und fettes Essen am Abend verzichten. Als alle bestellen, traut er sich nicht, dem zu folgen, und bestellt wie immer – aus Sorge vor neckenden oder abschätzigen Kommentaren aus der Gruppe. Die Person verlässt, verärgert über sich selbst, den Stammtisch.

- **Akt 2 – Moment des Umdenkens:** Auf dem Weg zum nächsten Treffen erleben wir die inneren Anteile in der Person, die miteinander debattieren: Bleiben oder Gehen, gute Gründe, sich gesund zu ernähren vs. das Leben ist kurz ist und will gelebt werden usw.

- **Akt 3 – Die Entscheidung (Feuerprobe):** Person kommt mit einem (für die anderen nicht sichtbaren) „Ermutiger" zum nächsten Treffen, bestellt Wasser und Salat, erklärt der Gruppe, wie gut es ihm geht und dass Waage und ärztlicher Check-up schon erste Erfolge zeigen. Die Gruppe neckt weiter. Nach dem Treffen kommt einer aus der Runde auf die Person zu und zeigt Interesse an deren Lebenswandel.

- **Akt 4 – Die Wende:** Gruppe trifft sich, die Person bestellt wie selbstverständlich Wasser und Salat, schlägt außerdem eine Variation des Treffpunkts mit mehr Bewegung vor; z.B. – je nach Wetterlage – Wanderung mit Einkehren. Hinter ihm steht sein „Ermutiger", der ihm auf die Schulter klopft ...

Vertiefendes/ Hintergrund

- ***Phase:*** Themenbearbeitung – Stress
- ***Situation:*** Wenn es sinnvoll und entlastend scheint, persönliche Antreiber in der täglichen Zusammenarbeit bewusst zu machen und das Verständnis für sich selbst und die anderen Mitglieder zu fördern

Technische Hinweise

- ***Gruppierung:*** 6-15 Personen
- ***Setting***: Stuhlhalbkreis mit freier Fläche als „Bühne"
- ***Medien/Material***: Ggf. Requisiten, vorbereitete Flipcharts mit den Antreibern, Chart mit Auswertungsfagen innen/außen nach dem Theaterstück, Chart mit Überschriften für die 4 Akte (im Falle dass ...)
- ***Dauer***: 60-90 Minuten, je nach Gruppengröße
- ***Vorbereitung:*** Charts vorbereiten, Stressauslöser und einige Schauplatzideen ausdenken

Variationen

Fremdeinschätzung als Variante: Nach der Selbsteinschätzung der Teammitglieder („Bei welchem Antreiber fühle ich mich am meisten angesprochen") können Sie eine Feedback-Runde „der anderen Art" anregen:

- Kennzeichnen Sie dazu die einzelnen Antreiber durch Positionen im Raum (Moderationskarten, „Bodenanker").
- Fragen Sie nach, wer gern ein Feedback darüber hätte, wie sich seine Antreiber im täglichen Zusammenarbeiten zeigen – und von wem er das Feedback gern hätte.
- Die Fremdeinschätzung erfolgt dann nacheinander durch zwei andere Teilnehmende, die vom Feedback-Empfänger ausgewählt werden. Der jeweilige Feedback-Geber stellt den Feedback-Empfänger auf die von ihm eingeschätzte Antreiber-Position und gibt ein Beispiel (Feedback-Regeln beachten; konkret, beschreibend, ...).
- Der Feedback-Empfänger vergleicht Selbst- und Fremdeinschätzung miteinander; lässt dies sacken und wirken.

5.4

Kulturen thematisieren

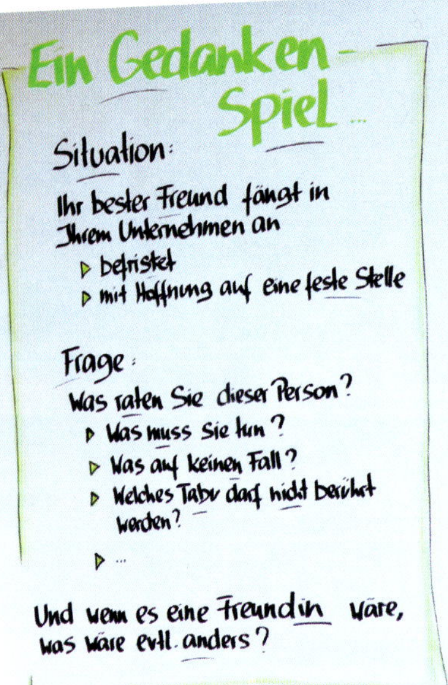

Ein Gedankenspiel für Ihre Workshop-Teilnehmer (nach einer Idee vom Kollegen Uwe Volkmer, Bonn):

„Nehmen wir an, Ihr bester Freund fängt in Ihrem Unternehmen an. Zunächst befristet, aber mit Hoffnung auf eine feste Stelle. Was raten Sie dieser Person? Was muss sie auf jeden Fall tun, um eine gute Chance auf Weiterbeschäftigung zu haben? Was darf sie auf keinen Fall tun? Welches Thema auf keinen Fall anschneiden? Welche Fettnäpfchen warten darauf, betreten zu werden?

Und wenn es nun eine Freundin wäre, was wäre für sie evtl. anders?"

Die Antworten auf diese Fragen berühren kulturelle Aspekte: also Wahrnehmungen davon, wie Menschen im Unternehmen denken, fühlen, handeln, sowie Infos über Sitten, Werte, Rituale, (Status-)Symbole, Tabus, bis hin zu Legenden und Heldengeschichten.

Wenn verschiedene Unternehmen/Unternehmensbereiche fusionieren, aber auch wenn ein Team international zusammengestellt ist – auf jeden Fall haben Sie das Kulturthema auf der Tagesordnung.

Hier hat man aus vergangenen Fehlern eine Menge gelernt: Es ist unserer Wahrnehmung nach stark ins Bewusstsein gerückt, dass es sinnvoll und notwendig ist, das Thema „kulturelle Ausprägungen und Unterschiede" offensiv und rechtzeitig anzugehen, statt abzuwarten, bis das Kind in den Brunnen gefallen ist.

Die beiden oben genannten Möglichkeiten spiegeln sich in unserer Methodenauswahl.

Zu diesem Schwerpunkt finden Sie diese Methoden

Geheimer Vorbereitungsauftrag

Eine eindrückliche und unterhaltsame Art des Einstiegs in ein Kickoff: Teams bereiten sich im Vorfeld vor und präsentieren sich zu Beginn der Veranstaltung auf ungewöhnliche, kreative Art.

Inseln im Strom

Das Bild einer Inselkultur dient als Metapher für die visuelle Darstellung von Abteilungs- oder Unternehmenskulturen. Unterschiede und Gemeinsamkeiten kommen anschaulich auf den Punkt und können bearbeitet werden.

Die Albatros-Kultur

Mit dieser sehr einfachen, erfahrungsbasierten Methode kommen Sie schnell über Zuschreibungen, Bewertungen, Vorurteile im interkulturellen Kontext ins Gespräch.

Die Chinesen sind

Bewusst werden hier erst mal die Stereotype bedient, Fremdbilder und Unterschiede in den Kulturen auf humorvolle Weise offengelegt. Anschließend liegt der Fokus darauf, welche Vorteile sich ziehen lassen und was man voneinander lernen kann.

Geheimer Vorbereitungsauftrag

Teams stellen sich auf kreative und überraschende Weise vor

Anwendung und Wirkung

Mancher Change-Prozess bringt es mit sich, dass bisherige Strukturen durchgeschüttelt werden und Zusammenarbeit neu gemischt wird. Teams, die bisher nichts oder wenig miteinander zu tun hatten, sollen nun in Zukunft kooperieren.

Diese Aktion passt besonders gut in ein Kick-off – also eine Veranstaltung, in der sich die Teams (oder Abteilungen) kennenlernen und erste Schritte zur Zusammenarbeit erarbeiten sollen.

Die unterhaltsame Vorbereitungsaufgabe sorgt von Beginn an für Spannung – und für einen guten Auftakt mit positiver Stimmung.

Vorgehen

Vorbereitung

Rechtzeitig vor der Veranstaltung (ca. 4 Wochen vorher) bekommen die einzelnen Teams den geheimen Vorbereitungsauftrag.

Lassen Sie sich vom Auftraggeber oder den Teamleitern dazu sinnvolle Gruppen, möglichst à 3-7 Personen zusammenstellen. Meist gibt es in größeren Teams Untergruppen, die jeweils enger zusammenarbeiten.

Der Auftrag könnte wie folgt lauten (Beispiel):

> Bitte denken Sie gemeinsam darüber nach: Was zeichnet uns als Team aus? Was macht uns unverwechselbar? Wofür sind wir berühmt/berüchtigt? Was müssen andere unbedingt über uns wissen? Vielleicht gibt es eine Besonderheit oder sogar einen netten, harmlosen Spleen – falls ja, welchen?

Gestalten Sie eine Szenerie aus dem Berufsalltag Ihres Teams. Symbolisieren Sie dabei mit (mindestens) einem Gegenstand etwas, das für Sie ganz typisch ist.

Ihre Szenerie ...
- kann Ausstellungs-/Schaufenstercharakter haben – oder auch eine kurze bewegte Sequenz sein,
- soll kreativ und unterhaltsam,
- zugespitzt oder auch übertrieben
- und gerne völlig talentfrei dargeboten werden.
- Ihre Dramaturgie darf bitte zwei Minuten nicht übersteigen.
- Strengstens verboten ist PowerPoint.

Durchführung am Veranstaltungstag

Zu Anfang des Workshops, noch vor dem offiziellen Beginn: Weisen Sie jeder Kleingruppe im Raum einen Platz zu, wo sie ggf. aufbauen kann, was sie vorbereitet hat. Lassen Sie sich kurz ins Bild setzen, was die Teams vorhaben und kreieren Sie daraus eine abwechslungsreiche „Führung".

Eröffnen Sie, wenn es so weit ist, feierlich die Veranstaltung/die Sequenz und führen Sie würdigend und humorvoll moderierend durch die Präsentationen. Sorgen Sie für Applaus!

Räumen Sie Zeit für Nachfragen, am besten jeweils direkt nach den Präsentationen ein.

Nach Abschluss der Aktion passt eine Kaffeepause.

Praxistipp

Geben Sie alles, den Auftrag schon so zu formulieren, dass es Lust macht.

Vertiefendes/Hintergrund

- *Phase:* Zu Beginn einer Veranstaltung
- *Situation:* Wenn verschiedene Teams oder Abteilungen sich kennenlernen sollen, um in Zukunft zu kooperieren

Technische Hinweise

- ***Gruppierung***: 12-100 Personen
- ***Setting***: Alle im Raum
- ***Medien/Material:*** Nach ***Situation:*** Flipcharts, Pinnwände, Tische, evtl. Tücher und weitere Deko
- ***Dauer***: Je nach Anzahl der Teams 30-60 Minuten
- ***Vorbereitung:*** Vorbereitungsaufträge vergeben, ggf. für Raumdeko sorgen

---

Variationen

- Bei bis zu 30 Personen: Wenn die Teams ein oder mehrere Ausstellungsstücke oder eine Art „Schaufenster" präsentieren, könnten Sie das „Publikum" zunächst bitten zu assoziieren, was es dem Bild entnimmt – und zu spekulieren, was das Team wohl aussagen wollte.
- Bei großen Gruppen besteht die Möglichkeit sich einzelne O-Töne aus dem Publikum zu holen – oder Sie lassen das Publikum nonverbal (z.B. durch Summen oder Gesten) ihre Eindrücke mitteilen.
- Das Thema kann angepasst bzw. verändert werden, etwa: Wie erleben wir die derzeitige Teamkultur?

Inseln im Strom

Gemeinsamkeiten und Unterschiede von (Team- oder Unternehmens-) Kulturen werden kreativ und grafisch dargestellt

Anwendung und Wirkung

Anlass und Ausgangspunkt für diese kreative Intervention könnte eine Veränderung sein, z.B. zwei Abteilungen werden zusammengelegt, eine Unternehmensfusion steht an oder ein Unternehmen wird an ein anderes verkauft. Jetzt geht es darum, über die Auswirkungen nachzudenken, sich Gemeinsamkeiten und Unterschiede zwischen den „Kulturen" bewusst zu machen und sich mit den Konsequenzen für die (weitere) Zusammenarbeit auseinanderzusetzen.

Mit dieser Methode kann sich entweder eine Abteilung intern auf eine Zusammenlegung vorbereiten – oder man erarbeitet das Thema sofort mit beiden (allen) betroffenen Teams.

Durch das Arbeiten mit der Metapher von Inseln gestalten Sie einen „sanften" Einstieg in das Thema, der die Teilnehmenden auch gleich miteinander ins Tun bringt. Die jeweiligen Kulturen werden auf die Eigenschaften einer Insel übertragen und visualisiert. Die Teammitglieder erarbeiten – auch intuitiv – die jeweiligen Werte, Stärken, das Führungsverständnis, Ziele und Konfliktpotenziale heraus. Nach dem Prinzip: Kenne die Unterschiede und nutze die Potenziale aus der Unterschiedlichkeit.

Vorgehen

Vorweg

Diese Übung ist so beschrieben, dass zunächst nur eine Abteilung sich mit ihrer Kultur und (hypothetisch) mit der des neuen Partners auseinandersetzt. In der Folgezeit ist es dann wünschenswert, dass es zu Begegnungen und Austausch mit der Partnerorganisation kommt und das Zusammenfinden darauf aufbauen kann.

Start

Bitten Sie die Teammitglieder, sich vorzustellen, die beiden neu verbandelten Abteilungen seien Inseln.

Nun bilden Sie zwei Kleingruppen. Diese erhalten den Auftrag, anhand einiger Fragen kreativ und aus ihrer jeweiligen Sicht die Gegebenheiten der Inseln grafisch darzustellen. Gruppe A übernimmt die eigene Insel (Areo), Gruppe B die Insel des zukünftigen Partners (Bereo). Es sind 30 Minuten Zeit.

Beispiele für Fragen dazu:

- Wie ist das Klima dort?
- Welche Werte kennzeichnen die Kultur? Was ist üblich? Wichtig? In welchen Ritualen äußert sich dies?
- Wie sind die Beziehungen unter den Inselbewohnern?
- Wie agiert die Regierung?
- Wer besucht die Insel? Und zu welchem Zweck?
- Wie ist die Vegetation/die Landschaft dort?

Die Teilnehmer visualisieren ihre Gedanken auf Pinnwänden oder Flipcharts.

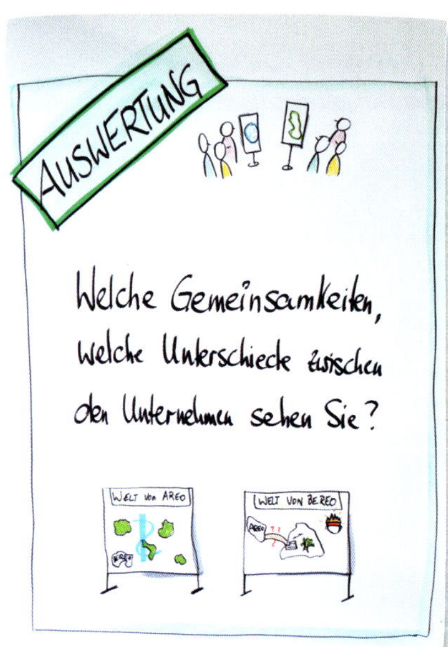

Anschließend findet eine Vernissage im Plenum statt und die einzelnen Gruppen präsentieren ihre Ergebnisse. Diese können aus dem Plenum noch ergänzt werden.

Erstes Fazit

Bitten Sie die Teilnehmer, die Gemeinsamkeiten und Unterschiede zwischen den beiden „Inseln" zusammenzutragen.

Bei größeren Gruppen „ermurmeln" alle mit den Nachbarn im Plenum die Gemeinsamkeiten und Unterschiede und nennen sie dann auf Zuruf. Bei kleineren Gruppen halten Sie die Beiträge auf Zuruf direkt auf Flipchart fest (15 Minuten).

Transfer: Vertiefende Standortbestimmung

In einem weiteren Schritt bitten Sie das Team, sich in neu gewählten Kleingruppen die bisherigen Ergebnisse auf die zukünftige Zusammenarbeit mit der anderen Abteilung zu übertragen.

Etwa mit einer Auswahl aus folgenden vertiefenden Fragen (die, je nach Gruppe, eher sachlich oder emotional orientiert sein können), z.B.:

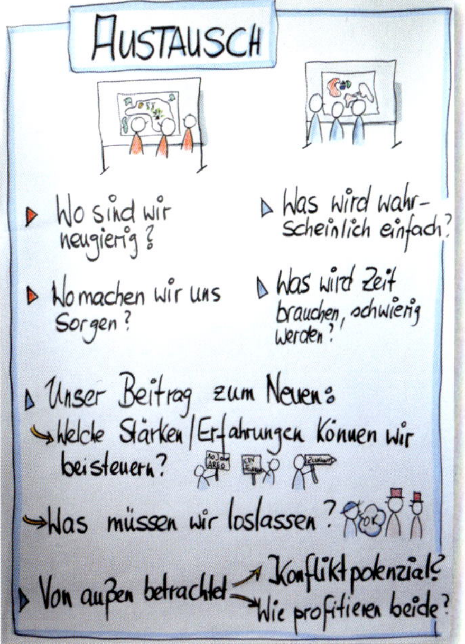

- ▶ Emotion aufgreifend: Wo sind wir neugierig? Wo machen wir uns Sorgen? Welche Hoffnungen/Befürchtungen gibt es?
- ▶ oder sachlich betrachtend: Was wird wahrscheinlich einfach? Was wird vermutlich schwierig?
- ▶ Wie können wir dazu beitragen, das Neue zu gestalten, z.B.:
  - Welche Stärken/Erfahrungen können wir einbringen?
  - Was möchten wir gerne bewahren (z.B. Werte, Grundsätze)?
  - Was müssen wir ggf. loslassen? Wo müssen wir uns öffnen bzw. unsere ganze Experimentierfreude einsetzen?
  - Was müssen die anderen unbedingt von uns wissen, was müssen wir ihnen sagen?
- ▶ Wenn jemand von außen draufgucken würde:
  - Welche Differenzen, welches zukünftige Konfliktpotenzial würde diese Person sehen?
  - Und wo und wie könnten diese beiden Teams voneinander profitieren?

Jede Gruppe bekommt eine Pinnwand, die Beiträge werden darauf mit Karten oder Post-its festgehalten.

Nach 25-45 Minuten präsentieren die einzelnen Gruppen ihre Ergebnisse und es schließt sich eine Diskussion im Plenum darüber an.

Bei Bedarf stellt man nun noch zu bearbeitende, offene Themen zusammen und trifft eine Vereinbarung, wann diese angepackt werden.

Praxistipps

- Bei Gruppen von mehr als 10 Teilnehmern brauchen Sie zur Entwicklung der Inseln mehr als zwei Kleingruppen. In diesem Fall empfehlen wir:
  - Die Insel BEREO (= die anderen) von zwei Gruppen bearbeiten zu lassen.
  - Oder aber die eigene Insel (AREO) entsteht arbeitsteilig, d.h. die Teams setzen sich mit Teilbereichen auseinander, z.B. Gruppe 1: Landschaft und Vegetation, Gruppe 2: Regierung und Beziehungen, Gruppe 3: Bevölkerung und Besucher usw.
- Wenn die Sorgen und negative Zuschreibungen oder Vorurteile überwiegen, können Sie versuchen, durch Reframing andere Denkperspektiven zu eröffnen: Was ist das Gute? Was ist die Qualität daran?

Vertiefendes/ Hintergrund

- ***Phase:*** Themen bearbeiten
- ***Situation:*** Wenn eine Zusammenlegung ansteht und es sinnvoll ist, sich die Gemeinsamkeiten und Unterschiede in den jeweiligen Kulturen (Werte, Führung, Stärken etc.) bewusst zu machen und daraus Schlüsse zu ziehen

---

Technische Hinweise

- ***Gruppierung:*** 6-30 Personen
- ***Setting***: In Kleingruppen in getrennten Arbeitsbereichen, Plenumsdiskussionen im Stuhlkreis ohne Tische
- ***Medien/Material***: 1-2 Pinnwände je Gruppe, Flipchart mit Arbeitsaufträgen/Fragen, extra Brown Paper
- ***Dauer***: 2-3 Stunden
- ***Vorbereitung:*** Flipcharts mit Fragen vorbereiten, Stifte bereitlegen

---

Variationen

- Statt der Inseln lassen sich auch andere Metaphern nutzen (z.B. Auto, Reisegruppe o.Ä.), je nach Unternehmen und Kontext.
- Die Intervention funktioniert auch gut bei Teams, die sich aus Vertretern verschiedener Länder und Kulturen zusammensetzen.
- Das Format passt auch dann, wenn die Menschen aus beiden Abteilungen (oder Unternehmen) erstmals zusammenkommen. Sehr bildhaft und lustvoll können dann Unterschiede und Gemeinsamkeiten, Anforderungen und Erwartungen, Sorgen und Hoffnungen deutlich werden.
- Wenn Sie mit beiden Kulturen gleichzeitig arbeiten, könnte eine weitere Denkperspektive von Interesse sein: Was glauben wir, was die anderen über uns denken?

Die Albatros-Kultur

Eine fiktive Kultur beobachten, daraus Schlüsse ziehen und diese reflektieren

Anwendung und Wirkung

Übungen wie diese werden schon seit Jahrzehnten im Non-Profit-Bereich in Arbeitsfeldern wie der Sozialarbeit, der Jugendarbeit, der politischen Bildung, der interkulturellen Zusammenarbeit, Entwicklungshilfe, ... eingesetzt. Kreative Menschen aus diesen Branchen haben immer wieder spielerische, unterhaltsame, erfahrungsbasierte Methoden entwickelt, die das Verständnis für kulturelle Denkweisen, Gemeinsamkeiten und Unterschiede befördern.

Die Methoden führen recht schnell zu Aha-Erlebnissen und zur Selbsterkenntnis – und sind eine gute Grundlage für ein lebhaftes Gespräch über Zuschreibungen, Interpretationen, Bewertungen, Vorurteile im interkulturellen Kontext. Stellvertretend haben wir eine sehr einfache und unaufwendige Methode ausgewählt.

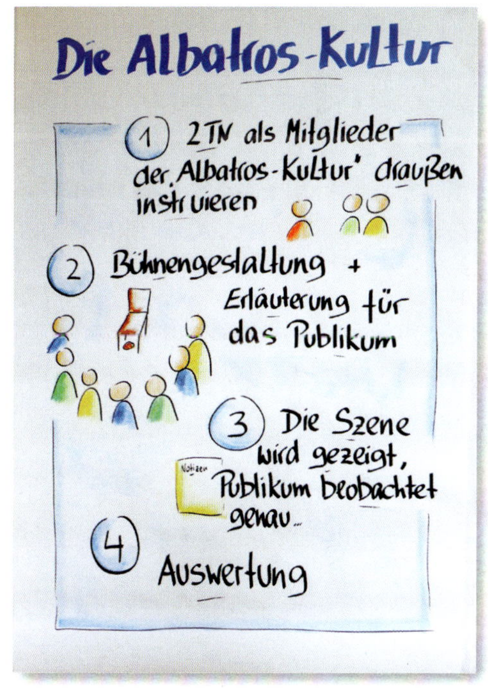

Vorgehen

Instruktion Mitglieder der Albatros-Kultur

Zwei Teilnehmer (möglichst ein Mann und eine Frau) werden kurz vor die Tür gebeten und dort (mit am besten schriftlicher Anleitung) instruiert, der Gruppe eine kurze Szene aus der „Albatros-Kultur" vorzuspielen (s. Szene S. 250).

Bühnengestaltung und Instruktion des „Publikums"

Die Gruppe (Publikum) sitzt auf Stühlen im Halbkreis, ohne Tische. Auf der „Bühne" befindet sich ein leerer Stuhl, darunter steht eine Schale mit Erdnüssen.

Den Teilnehmenden wird nun angekündigt, dass in wenigen Minuten ein Mann und eine Frau als Vertreterin und Vertreter der Albatros-Kultur den Gruppenraum betreten werden. Alle werden gebeten, das Verhalten der beiden Personen genau zu beobachten, sich ggf. auch Notizen zu machen.

Die Szene

Mann und Frau kommen schweigend herein, mit freundlichen Gesichtern. Die Frau geht hinter dem Mann mit einem deutlichen Abstand. Beide bleiben kurz in der Mitte stehen und betrachten die Gruppe wohlwollend. Sie gehen dann der Reihe nach auf die Teilnehmenden zu. Übereinandergeschlagene Beine von Einzelnen werden sanft, aber bestimmt auf den Boden gestellt. Bei denjenigen, welche die Beine wieder übereinanderschlagen, erneut. Dabei berührt die Frau nur Frauen und der Mann nur Männer.

Nun setzt sich der Mann auf den Stuhl, die Frau kniet sich neben ihn auf den Boden. Die Frau nimmt die Schale mit den Erdnüssen, sofort nimmt ihr der Mann diese aus der Hand, bevor sie eine Nuss essen kann, und isst selbst konzentriert und demonstrativ kauend einige Nüsse. Danach übergibt er der Frau die Schale, die nun auch einige Nüsse isst und die Schale dann beiseitestellt.

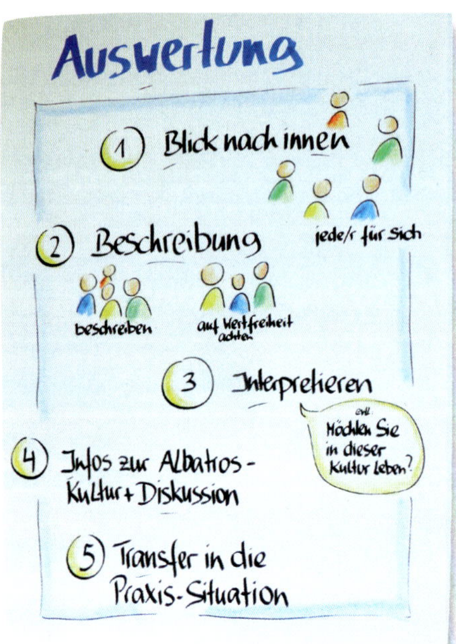

Danach legt der Mann seine Hand auf die Schulter der Frau, die sich dreimal dicht zum Boden hin beugt. Nun stehen beide auf und schreiten zum Abschied noch einmal die Runde der Teilnehmenden ab. Die Frau folgt dabei wieder dem Mann. Dann verlassen sie den Raum.

Auswertung

Die Reflexion erfolgt in mehreren Schritten.

Schritt 1: Blick nach innen

Jede Person notiert für sich kurz: Was ging in mir vor? Welche Gefühle kamen hoch? Was ist mir aufgefallen?

Schritt 2: Beschreibung

Die Teilnehmer werden in zwei Gruppen geteilt. Gruppe 1 wird gebeten, das Beobachtete zu beschreiben, ohne zu werten. Gruppe 2 hat die Aufgabe darauf zu achten, ob wirklich beschrieben wird oder ob sich Wertungen einschleichen.

Schritt 3: Interpretation

Die Gruppe wird nun eingeladen, das Beobachtete zu interpretieren. Sie können diese Sequenz einleiten durch die Frage: *„Möchten Sie in dieser Kultur leben? Wenn ja: warum? Wenn nein: warum nicht?"*

Schritt 4: Informationen zur Albatros-Kultur und Diskussion

Erläutern Sie nun der Gruppe das Hintergrundwissen zur Kultur.

Hintergrundwissen zur Albatros-Kultur

Bei der Albatros-Kultur handelt es sich um ein Matriarchat, in der die Erde als Muttergottheit verehrt wird. Große Füße gelten als schön, denn sie bewirken einen guten Kontakt zur Erde. Gästen wird besondere Ehrerbietung erwiesen, indem ihren Füßen möglichst viel Bodenkontakt gegeben wird. Erdnüsse sind eine rituelle Speise, weil sie die Kraft der Muttergottheit beinhalten.

Frauen haben besondere Privilegien, weil sie genau wie die Mutter Erde Leben hervorbringen können. Männer sind verpflichtet, Speisen der Frauen vorzukosten und vor ihnen herzugehen, um Gefahren abzuwenden. Frauen dürfen auf dem Boden sitzen, Männer müssen auf Sitzgestellen Platz nehmen, die sie in Distanz zur Muttergottheit halten. Für ihre Dienste werden Männer belohnt, indem sie Frauen die Hand auf die Schulter legen dürfen. Diese neigen sich dann der Gottheit zu, nehmen Energie auf und leiten sie durch ihren Körper an den Mann weiter. Ansonsten ist es Männern nicht erlaubt, Frauen ohne deren Aufforderung zu berühren.

Fragen Sie die Teilnehmer dann, wie es ihnen nun geht, nachdem sie mehr über die Kultur wissen. Eine Diskussion schließt sich an. Besonders interessant ist die Frage, wodurch eigentlich Fehlinterpretationen zustande kommen. Welche Prägungen wirken?

Schritt 5: Transfer in die Praxis-Situation

Entsprechend dem Anlass für den Übungseinsatz werden nun Unterschiede und Gemeinsamkeiten zwischen der Simulation und der Praxis herausgearbeitet, besprochen und daraus Schlüsse gezogen.

Praxistipps

- Fehlinterpretationen zu erkennen und auf eigene Vorurteile zu stoßen, kann unangenehm sein und Abwehr hervorrufen. Vermeiden Sie deshalb unbedingt Moral in der Diskussion und normalisieren Sie („*Es ist ganz normal, dass Menschen unserer kulturellen Prägung erstmal so interpretieren.*"). Gehen Sie nicht in eine Rechthabediskussion, lassen Sie differente Meinungen lieber stehen. Erfahrungsgemäß brauchen manche Erkenntnisse auch ein bisschen Zeit, um zu reifen.
- Schritt 4 der Auswertung könnte in Kleingruppen erfolgen, um einen geschützteren Rahmen zu schaffen.
- Wenn Sie vorwiegend mit Menschen aus komplett anderen Kulturen arbeiten, empfehlen wir, die Stimmigkeit der Simulation zu überprüfen und diese ggf. zu verändern.

Vertiefendes/ Hintergrund

- ***Phase:*** Themen bearbeiten – oder zu Beginn einer Teamentwicklung mit interkulturellem Themenschwerpunkt
- ***Situation:*** Wenn für die Schwierigkeiten mit der Interpretation und Bewertung kultureller Unterschiede sensibilisiert werden soll

---

Technische Hinweise

- ***Gruppierung:*** 8-20 Personen
- ***Setting***: Stuhlhalbkreis ohne Tische im Raum
- ***Medien/Material***: 1 Schale mit Erdnüssen, Flipchart
- ***Dauer***: 30-45 Minuten
- ***Vorbereitung:*** Erdnüsse besorgen

Variation

Die Hintergrundinfo zur Kultur – und damit die Szene, die zur Beobachtung gezeigt wird, kann verändert werden.

Quellen

- Bundeszentrale für politische Bildung, in Anlehnung an: Handschuck, S. & Klawe, W.: Interkulturelle Verständigung in der Sozialen Arbeit. Ein Erfahrungs-, Lern- und Übungsprogramm zum Erwerb interkultureller Kompetenz. 2004, Beltz.
- Auf die Idee gebracht durch Cathrin Germing, www.cage-bildungs-dienstleistungen.de

Die Chinesen sind

Gemeinsamkeiten und Unterschiede in den jeweiligen Kulturen auf humorvolle Weise herausfinden und für Vorteile der Unterschiedlichkeit sensibilisieren

Anwendung und Wirkung

Kommt ein interkulturell zusammengesetztes Team erstmals zusammen, geht es auch darum, ein Bewusstsein für das Fremdbild der eigenen Kultur zu schaffen und die Teammitglieder für Vorurteile, Stereotype und Erfahrungen zu sensibilisieren. Diese Übung ist eine gute Möglichkeit, die Unterschiede in den Kulturen auf humorvolle Weise offenzulegen und im Folgenden an den Vorteilen der Unterschiedlichkeit der Kulturen zu arbeiten.

Vorgehen

Vorbereitung

Bereiten Sie für jede anwesende Kultur eine Pinnwand (oder Flipchart) vor (Abb.).

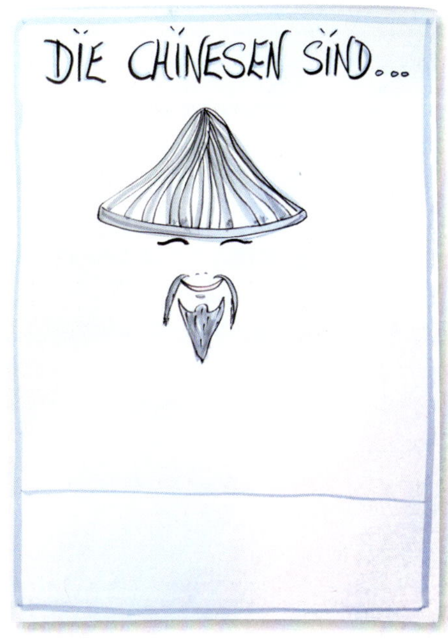

In die Überschrift schreiben Sie die jeweilige Kultur, also beispielsweise:

„Die Chinesen sind ..."

Ziehen Sie einen Strich bei ca. 2/3 des Blattes; der untere Bereich bleibt erst einmal frei. Oder Sie falten die Blätter so, dass der untere Teil verdeckt ist. Er wird später gebraucht.

Ablauf

1. Fragen beantworten, Gedanken sammeln

Die Teammitglieder (alle anderen, in diesem Fall alle außer den chinesischen Kollegen) werden gebeten, die Frage zu beantworten und alle Gedanken dazu ungefiltert in den oberen Teil des Blattes zu schreiben.

Es entstehen so z.B. bei fünf anwesenden Nationalitäten fünf Blätter/ Pinnwände mit Assoziationen, Fantasien, Stereotypen, Vorurteilen etc., jeweils aus der Sicht der anderen. (Beispiele siehe unten)

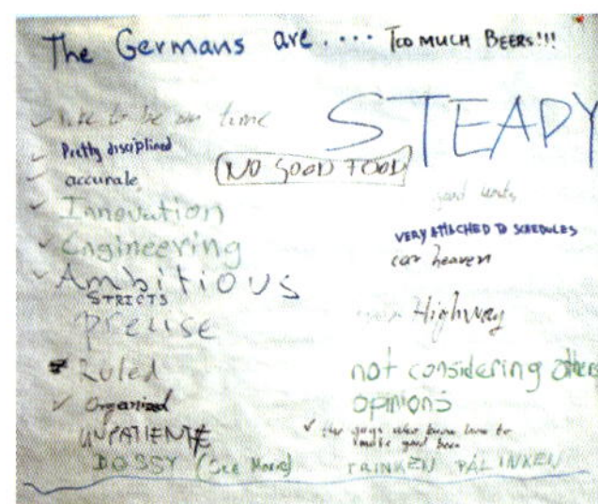

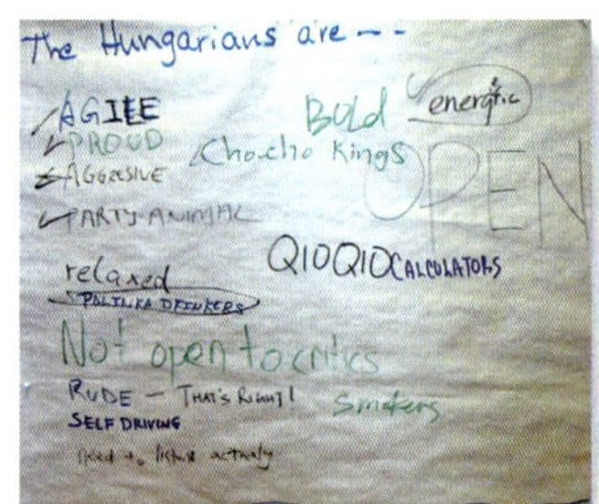

2. Ergebnisse sichten und reflektieren
Leiten Sie anschließend eine „Vernissage" ein. Die Teammitglieder der jeweiligen Kultur lesen sich die auf ihrer Wand zusammengetragenen Kommentare durch.

Regen Sie durch Fragen eine Diskussion mit den Teammitgliedern an.

Beispiel: *„Wie kommt es zu der Aussage, dass die Deutschen ... sind?"* Und so weiter. Das bringt Spass und wird, wenn die Auswertung etwas andauert, zunehmend spannend.

3. Ideen sammeln
Schreiben Sie als Nächstes auf den unteren noch freien Bereich der Pinnwände: „Was können wir von den Chinesen (Ungarn, Deutschen ...) lernen?" (Abb.)

Und nun schreiben alle noch mal ihre Ideen dazu auf die Pinnwände der jeweils anderen Kulturen (nicht der eigenen).

Alternativ sammeln Sie als Moderatorin die Beiträge der Gruppen auf Flipchart.

So entsteht für jede Kultur eine Darstellung darüber, welche Vorurteile, Erfahrungen etc. existieren und welche Stärken, hilfreichen Eigenschaften etc. von der Kultur „gelernt" werden und für den Teamauftrag genutzt werden können.

4. Auswertung und nächste Schritte
Als Zusammenfassung können Sie nun weitere Diskussionen oder eine Gruppenarbeit anregen, je nach Zielsetzung des Teamworkshops.

Beispiele für Fragen dazu:
- Welches sind die Unterschiede in unserem gesamten Team?
- Wo sehen wir die Stärken des Teams, auf die wir bauen können?
- Was bedeutet dies für unsere weitere Zusammenarbeit?
- Wie können wir die Stärken nutzen und Unterschiede ausgleichen bzw. zu Stärken machen?

Ganz nach dem Prinzip: Kenne die Unterschiede und nutze die Potenziale aus der Unterschiedlichkeit.

Praxistipps

- Diese Intervention wirkt am nachhaltigsten, wenn sich das Team vorher durch Live-Übungen spielerisch kennenlernen konnte (z.B. „Seilerei", „Zahlen tippen", s. Seiten 68 und 64).
- Die Übung kann auch mit unterschiedlichen Abteilungskulturen durchgeführt werden (Buchhaltung, Marketing, Controlling, Vertrieb etc.).

Vertiefendes/ Hintergrund

- *Phase:* Zu Beginn einer interkulturellen Teamentwicklung nach ersten Übungen zum Anwärmen und Kennenlernen
- *Situation:* Um interkulturelle Stereotype, Vorurteile im Team offenzulegen, die Gemeinsamkeiten und Unterschiede im Team sowie die Potenziale für den Teamauftrag sichtbar zu machen

---

Technische Hinweise

- *Gruppierung*: 6-30 Personen
- *Setting*: Stuhlkeis ohne Tische
- *Medien/Material*: Flipcharts oder Pinnwände (eine pro Kultur/Nationalität)
- *Dauer*: 60 Minuten, je nach Diskussionsbedarf/-freude auch länger
- *Vorbereitung:* Anzahl Pinnwände je nach anwesenden Kulturen mit Überschriften

---

Variationen

Zirkulär nachgefragt
Es kann auch spannend sein, wenn alle Teammitglieder innerhalb ihres Kulturkreises zunächst über die Frage diskutieren: „Was glauben wir, was die anderen über uns denken?" Die Gedanken werden auf Flipchart notiert

und dann verdeckt. Erst anschließend schreiben sie ihre Assoziationen zu den anderen anwesenden Kulturen auf. Später wird die Selbstannahme mit den Kommentaren der anderen verglichen.

Mit Persönlichkeitsprofil kombinieren

Ergänzend können Sie anbieten, dass die Teammitglieder vor der Übung für sich ein individuelles Persönlichkeitsprofil erstellen (z.B. Persolog Persönlichkeitsprofil (D, I, S, G), sofern Sie zertifiziert sind, oder Riemann-Thomann, s. Seite 201), dessen Ergebnisse (Stärken, Schwächen, Motivation etc.) dann in einem Teamprofil zusammengefasst werden.

Die Zusammenfassung kann z.B. grafisch erfolgen, durch ein Flächendiagramm, oder auch über eine Aufstellung. In diesem Fall stellen sich auf einem auf dem Boden abgebildeten Fadenkreuz alle Teammitglieder mit gleicher Präferenz zusammen und tauschen sich mit den anderen darüber aus, welche Stärken sie gegenseitig wahrgenommen haben und was sie voneinander brauchen.

Die Überleitung in die Intervention „Die Chinesen sind ..." erfolgt dann über die Frage: *„Welche Rolle spielen die unterschiedlichen Kulturen in dieser Gruppe? Und was brauchen wir für eine gelingende Zusammenarbeit?"*

Quelle Erstmals eingesetzt mit und auf Anregung von meinem geschätzten Kollegen Ron Kallan.

5.5

Probleme bearbeiten

Das Bearbeiten von für das Team wichtigen Problemstellungen ist ein Kernpunkt im Teamworkshop. Hinter den Fragestellungen verbergen sich ja gerade die Schwierigkeiten und damit nicht selten Herausforderungen für die Zukunft, die über Erfolg und Misserfolg des Teams oder sogar des Unternehmens mitentscheiden.

Je nach Problem und Zielsetzung können die Anforderungen an die zu leistende Arbeit unterschiedlich sein.

Beispiele:

- Ein Thema oder eine Situation muss gründlich untersucht werden.
- Es werden in einer schwierigen Lage praktische und zielführende Handlungs- oder Verhaltensoptionen gesucht.
- Zu einer Problemstellung werden innovative Lösungen, die über den Tellerrand hinausführen, gebraucht.
- Eine (schwierige) Entscheidung steht an.

Zu diesem Schwerpunkt finden Sie diese Methoden

Lösungen finden mit System

Dieses Format geht immer. Über strukturgebende Fragen werden Probleme, gerne in Kleingruppen, bearbeitet. Die Kunst liegt in der zielführenden Auswahl und Zusammenstellung des Frageszenarios.

Systemisch konsensieren

Eine interessante und transparente Form, um zu Gruppenentscheidungen zu kommen – oder diese vorzubereiten. Bauchschmerzen und Steckenpferde werden auf einen Blick sichtbar.

Symbolisches Theater

Hier wird aktiv mit einer Analogie gearbeitet. Auf unterhaltsame Weise untersucht man eine ähnliche Situation aus einem anderen Bereich, die Lösungen bereithält. Die Idee dahinter: Man gewinnt Abstand vom Problem und das macht freier im Kopf.

Osborn-Checkliste

Stellvertretend für die „Gattung" der kreativen (Denk-)Techniken haben wir hier die Osborn-Checkliste ausgewählt. Sie eignet sich besonders zur Veränderung bzw. Optimierung von Vorgehensweisen, Situationen, Produkten. Weitere Kreativitätstechniken finden Sie in weiterführender Literatur.

Forumtheater

Diese Methode eignet sich besonders für die Bearbeitung schwieriger (Kommunikations-)Situationen. Diese werden zunächst „auf die Bühne" gebracht. Dann werden verschiedene Ideen und Verhaltensoptionen erhoben und direkt auf Wirkung und Machbarkeit erprobt.

Kollegiale Fallberatung

Mithilfe dieser Vorgehens-Struktur kann das Team mit seiner ganzen Weisheit einzelne Kollegen professionell unterstützen. Gemeinsam und Schritt für Schritt werden zu einer persönlichen oder strategischen Fragestellung Lösungsideen erarbeitet.

Lösungen finden mit System

Ein Thema strukturiert bearbeiten

Anwendung und Wirkung

Die Knackpunkte, die das Team bewegen, sind gefunden. Jetzt geht es an die Bearbeitung. Diese Art der Lösungsfindung in Form von aufeinander aufbauenden Fragen eignet sich in Workshops genauso wie in Teammeetings und Besprechungen, wenn die Zeit knapp ist.

Der Clou: Die Fragen sind je nach Thema und Gruppe variabel und lassen sich am besten während des Workshops entwickeln.

Vorgehen

Die vom Team bereits herausgearbeiteten Schwerpunktthemen werden nach Freiwilligkeit, Interesse und/oder Expertise zur weiteren Bearbeitung vergeben.

Jede Gruppe vertieft ihr Thema nun anhand von vier Fragen, die Sie am Flipchart aufschreiben und erläutern (Abb.). Die Fragen lassen sich je nach Workshop-Anlass, Problem und Kleingruppe variieren und werden in der Reihenfolge eines „Z" bearbeitet.

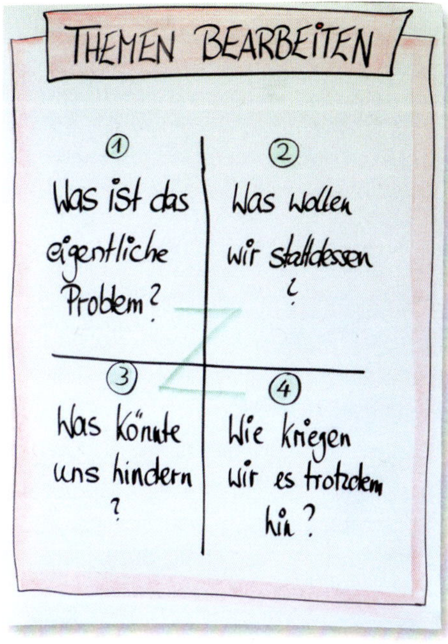

Hier einige Beispiele:

- Was ist das eigentliche Problem?
- Was wollen wir stattdessen?
- Was könnte den Weg dahin erschweren?
- Wie kriegen wir das trotzdem hin?

Oder:

- Wo sehen wir die Hintergründe für die Problematik?
- Was sagen andere?

- Was wollen wir erreichen?
- Was können wir tun, und wen brauchen wir noch dazu?

Praxistipps

- Auch wenn sich die passenden Fragen oft erst während des Workshops ergeben, kann es Ihnen helfen, sich bei der Vorbereitung der Veranstaltung schon welche zu überlegen.
- Es hat sich auch bewährt, die Fragen kurz zu erläutern mit dem Hinweis, bei der Bearbeitung sowohl auf einfache als auch auf aktive Formulierungen („Tu-Wörter") zu achten. Beispiel: Statt „Handlungsoptionen" lieber „Was können wir tun?".
- Achten Sie darauf, dass die Teilnehmer sich auf das konzentrieren, was sie selbst beeinflussen können.

Vertiefendes/ Hintergrund

- ***Phase:*** Themen bearbeiten
- ***Situation:*** Wenn eine knackige, systematische Themenbearbeitung angemessen und sinnvoll erscheint

Technische Hinweise

- ***Gruppierung***: 6-50 (und darüber hinaus) Personen
- ***Setting***: Stuhlkreis, dann Themenbearbeitung in getrennten Räumen bzw. Raumecken
- ***Medien/Material***: Flipchart mit Fragen (wenn für alle Teilgruppen gleich), 1 Pinnwand pro Thema mit Überschrift und entsprechenden Fragen
- ***Dauer***: 60-90 Minuten
- ***Vorbereitung:*** Fragen überlegen, auf Flipchart schreiben, Pinnwände vorbereiten

Variation

Mit dieser Methode können Sie auch das Team dabei unterstützen, zu Entscheidungen zu kommen („*Was spricht dafür? Was spricht dagegen? Was muss geklärt werden?*") oder Situationen zu analysieren („*Wie äußert sich das Problem? Wann hat das angefangen? Wann war es anders?*").

Quellen

- In ähnlicher Form bereits veröffentlicht in: Funcke, A. & Havenith, E.: Moderations-Tools. 5. Aufl. 2017, managerSeminare.
- Sowie in: Funcke, A. & Rachow, A.: Die Fragen-Kollektion. 4. Aufl. 2018, managerSeminare.

Systemisch konsensieren

Durch Erheben und Betrachten der Intensität von Widerständen zu höchstmöglich tragfähigen Gruppenentscheidungen kommen

Anwendung und Wirkung

Wenn eine wichtige Entscheidung gefällt werden muss und die Gruppe nicht einig ist, besteht die Gefahr, in einen Schlagabtausch zu geraten, aus dem der Einzelne dann als Sieger oder als Verlierer herausgeht. Das systemische Konsensieren versucht eine etwas andere Herangehensweise. Schnell und ohne lange Diskussionen wird die Intensität der Widerstände zu den einzelnen Optionen visualisiert und für alle sichtbar auf den Punkt gebracht. Es steht nun eine transparente Grundlage zur Verfügung, die zur Klärung und zum Herbeiführen einer möglichst tragfähigen Entscheidung mit der größtmöglichen Gruppenakzeptanz genutzt werden kann.

Vorgehen

Auf einem Flipchart oder einer Pinnwand wird eine Tabelle gezeichnet. Auf der Horizontale tragen Sie die zur Verfügung stehenden Optionen ein, auf der Vertikale die Namen der Teammitglieder, die die Entscheidung zu treffen haben.

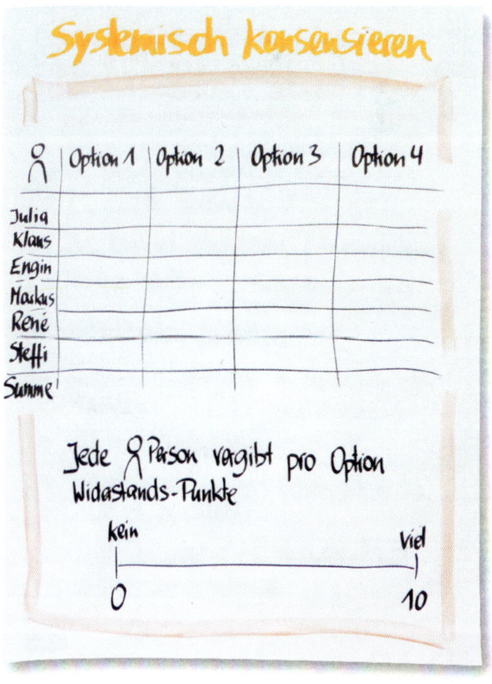

Aufgabe ist es nun für jede Person, den eigenen Kopf und Bauch zu befragen und auf einer Skala von 0-10 einzuschätzen, wie hoch der jeweilige Widerstand zu den einzelnen Optionen ist.

Dabei gilt:
0 = kein Widerstand, ich kann mit der Lösung gut leben
10 = höchstmöglicher Widerstand

Jeder Einzelne kommt nun nach vorne und trägt seine Widerstandspunkte auf der Tabelle ein, anschließend wird summiert.

Je nachdem, wie das Ergebnis zusammengesetzt ist, kann das schon eine Entscheidung sein – oder aber zunächst die Grundlage für das weitere Gespräch.

Im Beispiel auf der Abbildung ging es um eine Veranstaltungsplanung in einer Musikschule. Man sieht sofort, dass das Musical vom Tisch ist, ebenso die Kombination aus allem.

	Lieder	Musical x	Der kl. Prinz	Kombi
Anne	0	0	7	10
Klaus	0	5	5	7
Petra	0	10	0	0
Tina	0	0	0	10
Frauke	4	10	0	0
Daniela	0	10	10	7
Regina	0	10	5	3
Phillipp	0	10	~~1~~0	10
Heidi	0	10	10	~~8~~10
Isabell	10	10	0	5
Amelie	8	9	0	0
	22	84	37	62

Von der Summe her scheint die Entscheidung eigentlich klar (Lieder), dennoch wäre es nicht klug, den sehr starken Widerstand von Isabell (10) und die großen Bedenken von Amelie (8) einfach zu übergehen. Auch für Frauke ist es nicht die Lieblingslösung.

Es ist wichtig, sich dem zuzuwenden und nachzufragen: *„Was genau sind deine Bauchschmerzen? Welches Anliegen kommt evtl. zu kurz? Unter welchen Umständen könntest du die Widerstandspunkte verringern und die Entscheidung mittragen? Was kann konkret dafür getan werden?"*

Praxistipps

- Nicht immer ist es klug, sofort zu entscheiden. Das Ergebnis kann auch als Meinungsbild und Gesprächsgrundlage erst mal stehen bleiben und Zeit bekommen, sich zu setzen.
- Nichts glattbügeln. Manchmal können Menschen Dinge besser mittragen, wenn die anderen sehen, anerkennen und würdigen, dass es ihnen nicht leichtfällt.

Vertiefendes/ Hintergrund

- *Phase:* Themenbearbeitung
- *Situation:* Wenn zwischen mehreren Optionen eine Entscheidung gefällt werden muss

Technische Hinweise

- *Gruppierung*: Alle im Raum
- *Setting*: Beliebig
- *Medien/Material*: Flipchart oder Pinnwand, Stifte
- *Dauer*: 10-60 Minuten, je nach Erfordernis und Intensität des Nachgesprächs
- *Vorbereitung:* Tabelle zeichnen

Variation

Auch wenn das Ziel nicht eine Entscheidung, sondern eine Priorisierung ist, kann die Methode zum Einsatz kommen. Statt nach den Lieblingsoptionen können Sie etwas abgewandelt fragen: *„Worauf könnt ihr am ehesten verzichten?“*

Symbolisches Theater

Im Leben der anderen überraschende Lösungen entdecken

Anwendung und Wirkung

Stellvertretend für ein vorhandenes zu bewältigendes Thema wird eine Handlung aus einem anderen Bereich gesucht, die Ähnlichkeiten aufweist. Auf der Basis dieser „Analogie" entwickeln die Teilnehmer eine Spielsequenz und bringen sie auf die Bühne. Beobachtungen und Erfahrungen werden ausgewertet und gemeinsam leiten alle anschließend Lösungs-ideen ab.

Die über die Verfremdung entstehende Distanzierung befreit, klärt den Blick auf das Problem und öffnet den Geist für überraschende, kreative Lösungen. Die Methode fordert heraus, die Teilnehmer sind aktiv, es entstehen vielfältige, gerne auch überraschende Ideen ...

Beispiel: Ein Team ist mit einem Prozessablauf XY unzufrieden, z.B. stockt bei der Einarbeitung neuer Kollegen immer wieder der Prozess. Er läuft nicht reibungslos, Zeit wird vertan, Energie vergeudet. Die Problemstellung lautet also: „Wie können wir unsere Abläufe (hier: bei Einarbeitungen) fließender und reibungsloser gestalten?"

In diesem Fall passt als Analogie die Verstopfung eines Abflussrohrs.

Vorgehen

Die Teilnehmer werden in Kleingruppen (2-5 Personen) aufgeteilt. Sie bekommen die Aufgabe, auf der Basis der Analogie Ideen für eine Spielszene zu entwickeln. Dazu haben sie ca. 5-10 Minuten Zeit.

Die Szenen werden nacheinander präsentiert, dabei darf gerne improvisiert und übertrieben werden.

Während jeder Präsentation bekommen zwei Personen spezielle Aufträge. Auf je einem Flipchart notieren sie verdeckt alle wichtigen Wahrnehmungen und Beobachtungen.

- Beobachter A: Lösungsansätze und Stolpersteine (Was war förderlich? Was war hinderlich?).
- Beobachter B: Faszinierende Ideen und tolle Formulierungen (Welche außergewöhnlichen Ideen und welche genialen Formulierungen gab es?).

Nach der Spielszene und dem gebührenden Applaus werden zunächst die „Schauspieler" aus ihren Rollen befragt (Wie ist es Ihnen ergangen? Was haben Sie in Ihrer Rolle als förderlich/hinderlich erlebt?). Neue Aspekte werden von den Beobachtern nachgetragen. Anschließend präsentieren sie ihre Notizen, die Gruppe ergänzt.

Gemeinsam im Plenum oder arbeitsteilig in Kleingruppen werden nun Lösungsansätze und faszinierende Ideen auf das Ursprungsthema übertragen und ggf. weiter bearbeitet.

Praxistipps

- Um symbolische Handlungen zu finden, ist es hilfreich, zu fragen, welches die dem Thema innewohnende Grundfrage ist. Worum genau geht es im Kern – und wo in einem anderen Bereich/an einem anderen Ort ... geht es um ähnliche Fragestellungen?

- Die Nutzung des Mittels der Verfremdung und die damit verbundene Entfernung vom Problem bergen gute Chancen auf neue Erkenntnisse, z.B. ein tieferes Verständnis der Problemlage sowie überraschende und kreative Handlungs- und Verhaltensoptionen.
- Und: Weil über die Verfremdung Distanz geschaffen wird, tut sich so mancher Teilnehmer leichter mit dieser Methode als mit einem „normalen" Rollenspiel.
- Daneben erreichen Sie, dass mit Spaß wirklich an Lösungen gearbeitet wird und nicht ständig Probleme diskutiert werden.

Einige weitere Praxisbeispiele

- Problemstellung: Wie können wir unsere Kunden für Veränderungen gewinnen?
  Symbolische Handlung: Szene beim Frisör – die Kundin davon überzeugen einmal eine andere Frisur zu wagen …
- Problemstellung (zu Zeiten der Finanzkrise): Wie können wir unseren Beratern die Angst davor nehmen, Kunden Aktienfonds anzubieten?
  Analogie: jemanden dazu bringen, ins kalte Wasser zu springen …

Vertiefendes/ Hintergrund

- *Phase:* Themenbearbeitung – Lösungen finden
- *Situation:* Wenn Sie bei der Problembearbeitung und Lösungssuche nicht nur kognitiv-rational vorgehen, sondern auch intuitiven, emotionalen, kreativen Impulsen Raum geben wollen

---

Technische Hinweise

- *Gruppierung*: 6-30 Personen
- *Setting*: Alle im Raum
- *Medien/Material*: Flipcharts, Stifte, ggf. einfache Requisiten
- *Dauer*: 60-90 Minuten
- *Vorbereitung:* Ggf. Anleitungs-Charts

Variationen

- Statt die symbolische Handlung vorzugeben, können Sie sie auch mit der Gruppe gemeinsam finden.
- Die Methode funktioniert – als Analogietechnik – auch rein kognitiv. Auf eine Spielszene wird dann verzichtet. Gerade die darstellende Form mit Beobachtung wirkt aber oft enorm bereichernd, weil die Teilnehmer eben nicht so viel denken, sondern (auch intuitiv) ins Handeln kommen.

Osborn-Checkliste

Ein Problem wird systematisch aus verschiedenen Perspektiven befragt, um kreative Ideen zu generieren

Anwendung und Wirkung

Die Osborn-Checkliste gehört zu den Kreativitätstechniken. Aus verschiedenen Blickwinkeln bzw. auf der Basis sogenannter „manipulativer Verben" werden Ideen zusammengetragen. Geeignet ist die Methode dann, wenn es um die Veränderung, Weiterentwicklung oder Modifizierung von Situationen, Vorgehensweisen oder Produkten geht. Beispiele: Die Zusammenarbeit zwischen Abteilungen optimieren, die Servicequalität verbessern, einen Katalog neu gestalten usw.

Die Technik kann leicht und schnell eingesetzt werden. Sie wirkt durch den vorgegebenen Fragenkatalog systematisch und strukturierend. Wenn die Teammitglieder wirklich erst mal sammeln, statt jede Idee sofort bewertend zu diskutieren, sind die Chancen gut, recht schnell auf interessante Lösungsansätze zu kommen. Unterstützend wirken hier Brainstorming-Regeln (s.u.).

Vorgehen

Eine Problemstellung wird definiert und in Frageform gebracht. Hier ein populäres Beispiel aus dem Alltagsleben: „Wie können wir unser Kind überzeugen, sein Zimmer aufzuräumen?"

Der Reihe nach werden nun die Fragen der Checkliste (s.u.) auf das Problem bezogen, daraus Lösungen entwickelt und für alle sichtbar auf einem Flipchart oder auf Moderationskarten notiert.

Nicht alle Fragen müssen beantwortet werden. Wenn keine neuen Einfälle kommen, geht es weiter mit der nächsten Frage.

Liste der manipulativen Verben nach Osborn

- *Anders verwenden* – Was kann alles anders verwendet werden?
- *Anpassen* – Was kann alles angepasst werden? Wie kann man es anpassen?
- *Ändern* – Was kann alles verändert werden? Kann z.B. die Form, der Ablauf, Präsentation, Kommunikation, Bedeutung, Farbe, ... geändert werden?
- *Vergrößern* – Was kann vergrößert, erweitert, vervielfältigt, erhöht, verstärkt, aufgeblasen, ... werden?
- *Verkleinern* – Was kann kleiner, kürzer, weniger, leichter, dünner, unbedeutender, ... werden?

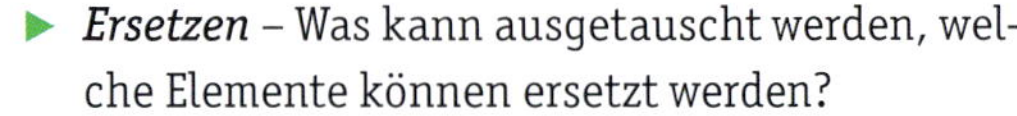

- *Ersetzen* – Was kann ausgetauscht werden, welche Elemente können ersetzt werden?
- *Umstellen* – Was kann umgestellt werden? Kann die Reihenfolge geändert werden?
- *Umkehren* – Kann das Gegenteil bewirkt werden? Was können wir alles umdrehen? Auf den Kopf stellen?
- *Kombinieren* – Womit kann es verbunden, kombiniert werden? Wie kann das geschehen? Wie lässt es sich einfügen?
- *Transformieren* – Was kann zusammengeballt, ausgedehnt, verflüssigt, verhärtet, transparent gemacht werden?

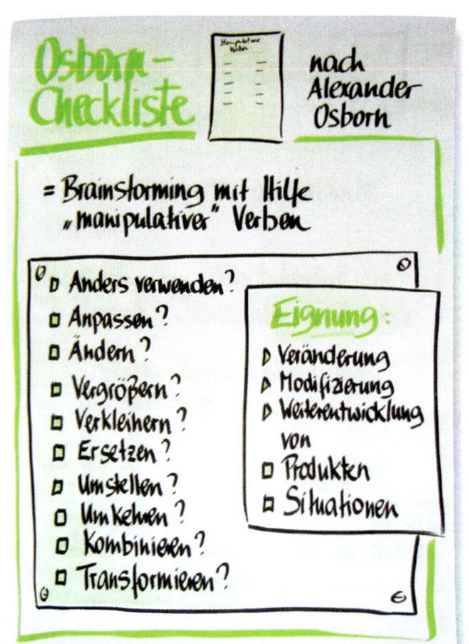

Im Anschluss an die Ideensammlung (künstlerische Phase) werden die Ergebnisse gemeinsam betrachtet. Es folgt die Auswahl und ggf. Weiterentwicklung der besten Einfälle.

Praxistipps

- Nicht alle Fragen passen auf jede Problemstellung. Entscheidend für den Erfolg sind deshalb schon hier eine entspannte, experimentierfreudige Herangehensweise und eine gewisse „Übersetzungskreativität".
- Wir empfehlen außerdem:
  - manipulative Verben selektiv auszuwählen bzw. von der Gruppe auswählen zu lassen (5-7 unterschiedliche Perspektiven reichen aus unserer Sicht aus),

  - die Fragestellungen in der Formulierung etwas anzupassen.
- Wichtig ist darüber hinaus, darauf hinzuwirken, dass es während der kreativen („künstlerischen“) Sammlungsphase überhaupt nicht um gut und schlecht oder gar richtig und falsch geht. Sobald Einzelne anfangen, darüber zu diskutieren, ob die Idee z.B. unter das manipulative Verb „Ändern“ oder doch eher unter „Anpassen“ gehört, ist der Ideenfluss schon unterbrochen. Es ist nicht wichtig, wo die Idee steht, sondern dass sie irgendwo notiert ist. Die Brainstorming-Regeln (s. Abb.), vorher kurz vorgestellt und dann für alle sichtbar im Raum platziert, helfen, das zu beherzigen.

Vertiefendes/Hintergrund

- ***Phase:*** Themen bearbeiten – Lösungen finden
- ***Situation:*** Wenn verschiedene Denkperspektiven und eine kreative Herangehensweise zielführend erscheinen

Technische Hinweise

- ***Gruppierung:*** 4-30 Personen
- ***Setting***: Alle im Raum
- ***Medien/Material:*** Flipcharts, Pinnwände, Moderationsmaterialien
- ***Dauer***: 30-45 Minuten
- ***Vorbereitung:*** Visualisierungen vorbereiten (Brainstorming-Regeln, manipulative Verben bzw. Fragestellungen)

Variation

Manipulative Verben auswählen, Fragestellungen anpassen.

Quellen

- Die Methode ist nach ihrem Begründer, Alexander Osborn, benannt. Dieser untersuchte die Lösungen von (bereits gelösten) Problemstellungen und fragte sich: Was hätte ich, als ich die Lösung noch nicht hatte, fragen/tun/umstrukturieren müssen, um auf genau diese Lösung zu kommen? Auf diese Weise entstand seine Liste mit den „manipulativen Verben“.
- Nach: Wack, O., Dietrich, G. & Grothoff, H.: Kreativ sein kann jeder. 1998, Windmühle.

Forumtheater

Tabuisierte, ausweglose und knifflige Situationen aus der Gruppe gemeinschaftlich bearbeiten und über kreative Umwege neue Alternativen finden

Anwendung und Wirkung

Mit dem Forumtheater lassen sich schwierige kommunikative Situationen des Teams bzw. Einzelner, für die es nicht nur eine Lösung gibt, bearbeiten. Sie werden von einem Betroffenen eingebracht, mit ausgewählten Kollegen aus der Gruppe in Szene gesetzt und mithilfe des Publikums laufend verändert, bis sich eine zufriedenstellende Lösung abzeichnet.

Ziel ist es, Handlungsoptionen für das eigene Verhalten in schwierigen Situationen zu finden, diese gleich auszuprobieren und auf die Wirkung zu überprüfen. Die Teilnehmer merken auch, dass es einfach ist, aus der Distanz großartige Heldentaten vorzuschlagen und ungleich schwieriger, diese auch umzusetzen. Das macht bescheiden!

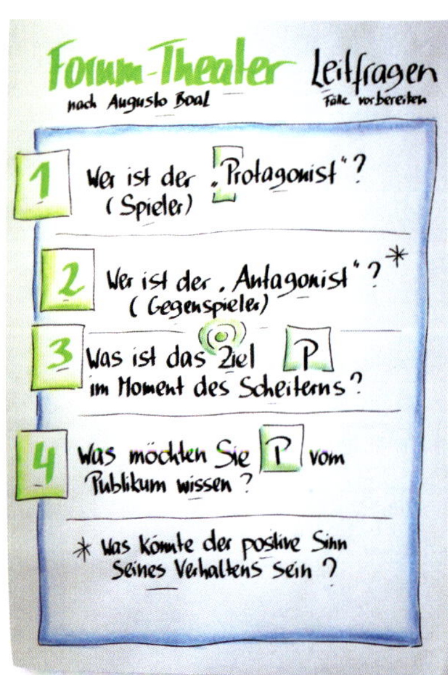

Vorgehen

A. Kernthemen erarbeiten (10 Minuten)

In Kleingruppen tauschen sich die Teilnehmer über Situationen aus, in denen sie gescheitert sind oder nicht weiterkommen und für die sie sich eine Lösung wünschen. Sie wählen einen Fall aus, den sie anhand der folgenden vier Fragen vorbereiten (Abb.):

1. Wer ist der Protagonist? (Spieler = der Falleinbringer)
2. Wer ist der Antagonist (der Gegenspieler, z.B. Mitarbeiter, Kollege, Kunde)? Was könnte der positive Sinn seines Verhaltens sein?
3. Was ist mein Ziel als Protagonist (im Moment des Scheiterns)?
4. Meine Frage an die Gruppe: Was möchte ich von euch wissen?

B. Der Ablauf

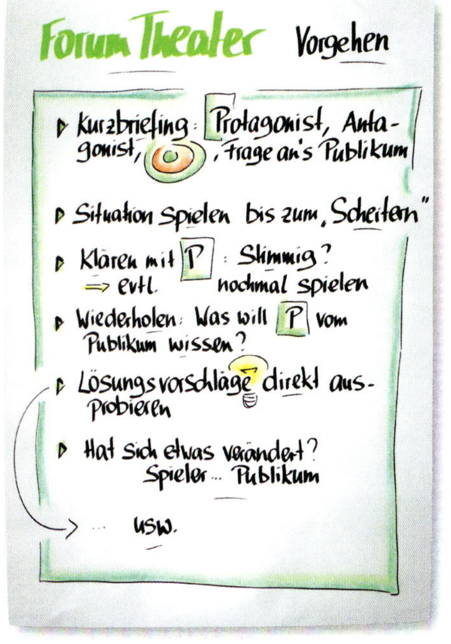

Präsentation der Szenen

Der Falleinbringer der ersten Kleingruppe beginnt und sucht sich aus dem Kollegenkreis seine Mitspieler aus. Es folgt ein kurzes Briefing zur Situation sowie zu typischen Gesten und Aussprüchen des Antagonisten, die dieser im folgenden Spiel übernimmt. Dann wird die vorbereitete Situation spontan, ggf. in mehreren Durchläufen (meistens zwei) im Plenum vorgespielt, bis der Betroffene sagt: „Genau so war's!"

Forumphase

Die übrigen Teammitglieder (Publikum) werden nun aufgefordert, Lösungs- und Handlungsvorschläge für den betroffenen Teamkollegen in der dargestellten Situation zu entwickeln und sie auf der Bühne ausprobieren zu lassen. Dazu rufen die Zuschauer „Stopp!", die Spieler halten in ihren Bewegungen inne, und der Ideengeber nimmt den Platz des Betroffenen (Protagonisten) ein.

Das Publikum kann mit seinen Vorschlägen auch an einem Zeitpunkt ansetzen, der der vorgestellten Situation vorangegangen ist. Dazu ein Beispiel: Kollege K. lehnt die Vorschläge zur Urlaubsplanung von Kollege A vehement ab. Gezeigt wird die Szene zuvor, in der er Krach mit seiner Frau über die Mitwirkung im Haushalt hatte.

Gespielt wird, bis der Protagonist eine für ihn passende Handlungsoption oder Idee gefunden hat.

Reflexion

Im Anschluss an die einzelnen umgesetzten Lösungsvorschläge geben die Spieler Rückmeldung über ihre (ggfs. geänderten) Gefühle und Gedanken. Befragen Sie auch die Zuschauer nach der Außenwirkung.

Praxistipps

- Durch den Wechsel zwischen Experimentieren und Reflektieren erfahren die Teammitglieder die Auswirkungen der jeweils vorgestellten Anregung. Neue Ideen werden geboren oder veränderte Sichtweisen tun sich auf.
- Achten Sie darauf, dass es sich bei den zu bearbeitenden Fällen um Situationen oder Fragen handelt, für die verschiedene Handlungsoptionen oder Lösungen denkbar sind.

Vertiefendes/ Hintergrund

- ***Phase:*** Themenbearbeitung – Lösungen für Problemstellungen des Teams oder einzelner Teammitglieder
- ***Situation:*** Wenn es darum geht, Handlungsoptionen oder neue Sichtweisen für Situationen zu finden, für die es nicht nur eine Lösung gibt

Technische Hinweise

- ***Gruppierung***: 4-12 Personen; bei größeren Gruppen in zwei (oder mehreren) Teilgruppen
- ***Setting***: Offener Stuhlhalbkreis mit „Bühne"
- ***Medien/Material***: Keine
- ***Dauer***: 60 Minuten pro Fall
- ***Vorbereitung:*** 4 Fragen zur Vorbereitung auf Flipchart festhalten

Variationen

Interventionen („Probentechniken"): Um Forumtheater-Szenen zu verdichten und vertiefend zu bearbeiten, können Sie verschiedene Interventionen nutzen:

1. Stummes Spiel (Play to the Deaf)

- Ziel ist es, den körperlichen Ausdruck deutlicher zu machen. Dazu lassen Sie die Szene einmal ohne Stimme spielen, aber so, dass auch ein Tauber den Inhalt verstehen würde.

2. Aus der Tierwelt (Like Animals)

- Hier ist es das Ziel, ein mögliches Ungleichgewicht zwischen den beiden Akteuren zu verdeutlichen. Protagonist und Antagonist bekommen klare körperliche „Anker" für ihre Rollenfigur. Befragen Sie dazu Spieler und Publikum, welchen Tieren ihre Rollen in der Szene am meisten ähneln.
- Lassen Sie die Szene erneut aus der Rolle der Tiere spielen. Dabei geht es nicht um eine naturgetreue Darstellung der Tiere, sondern darum, einige Attribute davon zu übernehmen und in die Darstellung einfließen zu lassen, z.B.: Der Protagonist atmete in der Szene gehetzt wie

ein Häschen, sein Gegenspieler dagegen hatte die Pranke eines Löwen auf dem Tisch liegen.

3. Wahre Gedanken („Think Loud")

- Ziel ist es, zum einen Einstellungen zu verdeutlichen, mit denen die Akteure ins Gespräch gehen. Zum anderen, sich als Spieler in seine Rolle einzufühlen.
- Bitten Sie beide Spieler aufzustehen und sich hinter ihre Stühle zu stellen. Die Spieler schließen nun zu Beginn der Szene die Augen, fühlen sich in ihre Rolle ein.
- Auf Ihr Zeichen äußern die Spieler gleichzeitig und laut ihre Gedanken. Brechen Sie nach 20-30 Sekunden ab und lassen Sie die Szene beginnen.

Quellen

- Forumtheater ist eine interaktive (Volks-)Theatermethode, die vom brasilianischen Schauspieler und Intendanten Augusto Boal 1973 entwickelt wurde. Sein Ziel war es, über diese Methode die Zuschauer aus ihrer passiven Haltung zu befreien, sie zu Handelnden zu machen und damit die politische Mündigkeit in seinem Land zu fördern.
- Mehr Methoden aus der Theaterwelt in: Funcke, A.: Training mit Theater. 2015, managerSeminare. Und in: Funcke, A: Vorstellbar. 3. Aufl. 2017, managerSeminare.

Kollegiale Fallberatung

Im Team Lösungen und Ideen für strategische und persönliche Fragestellungen finden

Anwendung und Wirkung

Kommen während des Workshops Situationen auf den Tisch, die die Teammitglieder stark umtreiben und eine weitere Erarbeitung der Workshop-Themen blockieren oder gar gefährden, bietet Kollegiale Beratung im Team die Chance auf Optionen. Sie kann bei kleineren und auch größeren Teams eingesetzt werden – egal, ob es sich dabei um ein Callcenter, eine Geschäftsstelle einer Bank oder ein Projektmanagement-Team handelt.

Der Charme dieser Intervention liegt darin, dass die „Weisheit der Gruppe" angezapft wird, individuelle, unbeantwortete Fragen aus unterschiedlichen Blickwinkeln beleuchtet und gemeinschaftlich an Handlungsalternativen mitgewirkt werden kann. Denn Gruppen, besonders wenn sie vielfältig zusammengesetzt sind, erarbeiten in der Regel intelligentere Lösungen als einzelne Experten es können. Und rücken zusammen.

Darüber hinaus ist die Wirkung dieser Methode meist erhellend und entlastend. Die Teammitglieder erkennen, dass sie mit ihren Problemen nicht allein stehen und wie viel Power in ihren Reihen schlummert. Das Vertrauen zueinander ist zugleich eine wichtige Basis und wird durch diesen offenen Austausch gestärkt.

Vorgehen

Vorbereitung

Erläutern Sie zu Beginn das Prinzip der Kollegialen Beratung.

- Stellen Sie dazu die verschiedenen Rollen und ihre Aufgaben vor (Abb. 1 auf der Folgeseite).
- Erklären Sie die Struktur und den Ablauf (Abb. 2 auf der Folgeseite) und beschreiben Sie das Setting.

Abb. 1: Die Rollen und ihre Aufgaben

Abb. 2: Struktur und Ablauf

Ablauf

Die Rollen des Themengebers, Moderators sowie der Berater werden besetzt. Bei größeren Gruppen können weitere Rollen hinzugefügt werden (z.B. Prozessbeobachter, Schreiber etc.).

Abb. 3: Struktur für die Vorbereitung

Steuern Sie als „Role Model" die ersten Beratungen als Moderatorin selbst. Ist die Gruppe geübter, können Sie diese Rolle auch jemandem aus dem Team überlassen. Bei Bedarf unterstützen Sie den Moderator als Prozessberaterin.

Für die Vorbereitung einer Situation bietet sich z.B. folgende Struktur (nach Schulz von Thun) an (Abb. rechts):

1. ***Kontext:*** Struktur und meine Funktion in diesem Zusammenhang
2. ***Schlüsselsituation:*** Wo mir die Brisanz besonders aufgefallen ist
3. Meine ***Gedanken, Gefühle*** in dem Moment
4. Meine ***Frage*** an euch ...
5. ***Überschrift*** für meine Situation (Wie würde die „Bild" diese Situation titulieren?)

Die Teammitglieder starten mit der Bearbeitung des für sie relevantesten Anliegens (siehe dazu Variante 1).

Schritt 1: Situation schildern und Frage ans Team (10 Minuten)

Der Fallgeber sitzt vor dem Team und schildert sein Anliegen anhand seines Charts: Die Situation, seine bisherigen Handlungsversuche sowie deren Ergebnisse. Abschließend nennt er sein Ziel und stellt er seine Frage an das Team. Beispiel: „Wie kann ich zukünftig ...?"

Schritt 2: Verständnisfragen stellen (5 Minuten)

Die Berater klären nun die für sie offenen Fragen zur Situation, um sich ein klares Bild über das Anliegen des Teamkollegen zu verschaffen. Sind die wesentlichen Fragen geklärt, setzt sich der Fallgeber hinter einen Sichtschutz und verfolgt die weitere Beratung schweigend.

Schritt 3: Reflexion und Hypothesen bilden (20 Minuten)

Die übrigen Teammitglieder tauschen sich nun über Hypothesen, eigene Gefühle und Gedanken, Assoziationen und Annahmen zum Gehörten aus. Darüber hinaus überlegen sie, welche möglichen Gründe es gibt, dass der Themengeber in seinem Anliegen bisher nicht weitergekommen ist.

Schritt 4: Lösungsideen entwickeln (10 Minuten)

Zur Lösungsfindung leitet der Moderator ein kurzes knackiges Brainstorming ein – frei nach dem Motto „Quantität vor Qualität". Wichtig dabei: keine Bewertung der einzelnen Ideen, keine Diskussion der einzelnen Vorschläge.

Schritt 5: Feedback geben (2-5 Minuten)

Der Themengeber setzt sich wieder vor die Gruppe und gibt eine kurze Rückmeldung darüber, was die Beratung ihm gezeigt hat und was er jetzt tun wird. Mit einem Dankeschön an die Gruppe ist die Beratung beendet.

Praxistipps

- Eine straffe Steuerung als Moderator der Fallberatung ist wichtig. Gerade bei noch ungeübten Gruppen ist der Moderator oft gefordert, Diskussionen zwischen Themengeber und Gruppe oder zwischen den Beratern zu Lösungsideen zu unterbinden.
- Auch ein Hinweis an mitteilungsfreudige oder detailverliebte Themengeber, sich bei der Beschreibung des Anliegens kurzzufassen, ist sehr hilfreich. Etwa mit der Frage: *„Angenommen, Sie hätten uns jetzt alle Fakten zu Ihrer Situation geschildert, was wären die drei relevanten Informationen, die wir brauchen, damit wir Sie weiter unterstützen können?"*

- Manchmal neigen weniger geübte Beratergruppen auch dazu, ihre bevorzugten Lösungen schon während der Verständnisfragen-Runde „reinzumogeln" und in Fragen zu verpacken („Hast du schon mal darüber nachgedacht, XY zu tun?"). Hier sollten Sie als Moderator intervenieren. Es geht ja darum, sich als Berater in die Welt des Themengebers einzufühlen, sie zu verstehen, um erst dann Lösungen zu finden, die zu seiner Situation passen (und nicht zu der des Beraters).
- Sollte das Team diese Form der Teamberatung zum ersten Mal durchführen, kann die Einführung von Prozessbeobachtern nützlich sein. Diese spiegeln der Beratergruppe abschließend ihre Beobachtungen z.B. zu Ablauf, Kommunikationsverhalten der Berater untereinander sowie zur Wechselwirkung zwischen Beratern und Themengeber.

Vertiefendes/ Hintergrund

- *Phase:* In der Bearbeitung von aufkommenden Anliegen
- *Situation:* Wenn das Team oder einzelne Teammitglieder bei Fragen feststecken und/oder nach neuen Perspektiven suchen

Technische Hinweise

- *Gruppierung*: 6-15 Personen. Variationen bei größeren Gruppen möglich (Variationen)
- *Setting*: Stuhlkreis
- *Medien/Material*: Flipcharts mit Ablauf, Karten mit Rollenbeschreibung,1-2 Pinnwände als Sichtschutz
- *Dauer*: 20-60 Minuten pro Beratung
- *Vorbereitung:* Flipchart mit Situationsbeschreibung, Flipchart mit Ablauf, Karten oder Flipchart mit Rollenbeschreibung

Variationen

Variante 1: Reihenfolge der Bearbeitung nach Dringlichkeit

Um die Reihenfolge der Beratungen festzulegen, können Sie auch zunächst die Überschriften der einzelnen Situationen auf Flipchart sammeln. Anschließend schätzt jedes Teammitglied die Dringlichkeit seiner Situation auf einer Skala von 1 (so gut wie kein Leidensdruck) bis 100 (kann nicht länger warten) ein. Das Anliegen mit der höchsten Prozentzahl wird als erstes bearbeitet, anschließend absteigend die übrigen.

Variante 2: Hypothesen und Lösungen in Kleingruppen

Bei größeren Gruppen (20 Personen und mehr) kann der Austausch über Hypothesen und Lösungen auch in mehreren Kleingruppen erfolgen. In dem Fall bleiben alle im Raum und tragen zunächst ihre Gedanken und

Vermutungen auf Flipcharts zusammen. Der Themengeber kann zwischen den Gruppen hin- und herwandern und zuhören, verzichtet aber auf Kommentare.

Anschließend präsentieren die Kleingruppen ihre Assoziationen. Die Frage an den Themengeber ist dann, zu entscheiden, woran die Gruppen weiterarbeiten sollen. Ist die Entscheidung gefallen, sammeln die Teilgruppen Lösungsansätze im Brainstorming-Verfahren.

Variante 3: Lösungen kreativ finden

Die Lösungsfindung lässt sich in den Teilgruppen auch unterschiedlich und kreativ gestalten, um eine größere Bandbreite an Ideen anzubieten, beispielsweise so:

- *Gruppe A:* Klassisch, auf Flipchart gesammelt.
- *Gruppe B:* Bewegt, entwirft eine Szene, in der der Fallgeber (nach Meinung der Kleingruppe) adäquat handelt und sich verhält.
- *Gruppe C:* Aus anderer Perspektive, entwickelt Lösungsideen aus Sicht anderer: Wie würde Charly Chaplin hier vorgehen? Der Kunde? Meine Oma? Die Putzfrau? Dieter Bohlen? Die Bild-Zeitung? Die Ideen können visualisiert, vorgespielt oder durch Symbole gekennzeichnet werden.

Quellen/Infos

Das Format der Kollegialen Beratung wird mittlerweile unter verschiedenen Namen (Fall-Supervision, Teamcoaching ...) und in unterschiedlichen Varianten eingesetzt.

6.

Transfer anstoßen

Es ist ein berechtigter Kundenanspruch, dass das, was im Teamworkshop erarbeitet worden ist, nicht sofort im Alltag wieder verpufft und alten Gewohnheiten zum Opfer fällt. Ziel einer Teamentwicklung ist immer, dass die vereinbarten Dinge nachwirken, also umgesetzt und beherzigt werden.

Weil wir Moderatoren meist nach dem Workshop raus sind aus dem weiteren Geschehen, entzieht sich das, was das Team weiter daraus macht, in vielen Fällen unserem Einfluss. Manchmal bekommen wir vielleicht mit einem Follow-up oder einer zeitlich begrenzten Teambegleitung noch einen Fuß in die Tür – aber dafür gibt es, weil oft kein Geld, keine Garantien.

Das ist ein Grund, gut zu überlegen, was wir noch im Workshop dafür tun können, um den für die Nachwirkung notwendigen Transfer ins Bewusstsein zu rücken und auf den Weg zu bringen. Mehr noch: Durch die Art der Transferaufgabe können wir einen Beitrag dazu leisten, dass eine weitere Begleitung durch uns überflüssig wird.

Zu diesem Schwerpunkt finden Sie diese Methoden

Ich rette dich

Die Schwierigkeiten, die bei der Umsetzung der erarbeiteten Vorhaben vermutlich entstehen, werden vorweggedacht – und symbolisch durch einen „Helden" bewältigt.

Training für danach

Eine Anstiftung zum Experimentieren mit selbst gewählten, variablen Verhaltensübungen. Dabei ist weniger mehr ...

10 Erbsen

Durch ein einfaches Hilfsmittel die Selbstwahrnehmung und das Gefühl für die gute Gelegenheit unterstützen. Hilft z.B., ein Vorhaben zu stärken oder auch neues Verhalten einzuüben.

With a little Help from a Friend

Jeder Teilnehmer wird Mentor für einen anderen Teilnehmer und nimmt diesen für einen vereinbarten Zeitraum positiv in den Blick.

Danach gefragt

Es werden gegenseitige Kurzinterviews initiiert, die – zurück im Alltag – untereinander geführt und zu vereinbarter Zeit im Teammeeting ausgewertet werden. So bleiben zentrale Themen länger „warm".

Ich rette dich

Mithilfe eines „Helden“ die Energie des Teams für die Umsetzung aktivieren

Anwendung und Wirkung

Wenn es gegen Ende des Workshops darum geht, darüber zu entscheiden, wie sich die gewonnenen Einsichten, Lösungen und Maßnahmen am zuverlässigsten umsetzen bzw. vorantreiben lassen, bietet sich diese Übung an. Durch gezielte Fragen und den „Umweg“ über einen Heldensketch entwickeln und erhalten die Teammitglieder Ideen, wie sie mit anstehenden Schwierigkeiten fertigwerden und an ihrem Umsetzungsvorhaben festhalten können.

Vorgehen

Das Team teilt sich in Arbeitsgruppen à 3-5 Personen auf. Jede Arbeitsgruppe beantwortet sich folgende Fragen auf dem Flipchart (Abb.):

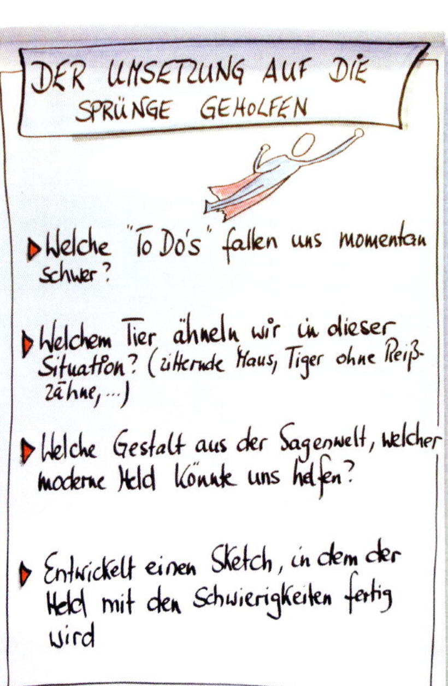

- Welche Aufgaben aus dem entwickelten Maßnahmenkatalog fallen uns momentan schwer?
- Welchem Tier ähneln wir in dieser Situation (einer zitternden Maus, einem auf- und abgehenden Tiger ...)?
- Welche Gestalt aus der Sagenwelt, welcher moderne Held könnte uns helfen? Ein bekannter Sportler, ein Actionheld aus dem Kino, der Dalai Lama, Siegfried im Kampf gegen den Drachen, Sheldon aus der Bing Bang Theory ...?

Innerhalb von max. 10 Minuten entwickeln die Gruppen jeweils einen Sketch, in dem die Figur mit den Schwierigkeiten fertig wird. Die Geschichte muss nicht realistisch sein. Es darf nach Herzenslust übertrieben werden.

Anschließend werden die Szenen reihum präsentiert. Die übrigen Teammitglieder fungieren als Publikum und Beobachter. Jeder Sketch wird mit tosendem Applaus belohnt und anschließend mit folgenden Fragen ausgewertet: „Welche Strategien und Möglichkeiten, mit den Schwierigkeiten umzugehen, haben wir gesehen?“

Sammeln Sie die Ideen und Beobachtungen auf Flipchart oder Pinnwand.

Danach erfolgt im Plenum eine Abschlussrunde: „Welche Methoden davon können wir übernehmen und auf die Praxis übertragen? Welche Haltung brauchen wir dafür? Wie machen wir jetzt weiter?“

Praxistipp

Es hat sich bewährt, die Vorbereitungszeit für den Sketch knapp zu halten, da die spontan geäußerten Ideen meist den Kern treffen und die ehrliche Meinung der Gruppe widerspiegeln.

Vertiefendes/ Hintergrund

- ***Phase:*** In der Maßnahmenplanung zum Ende des Workshops oder in einem Follw-up-Meeting
- ***Situation:*** Wenn es um die Umsetzung der gesammelten Lösungen und Maßnahmen geht oder wenn es sinnvoll erscheint, das Team beim Überwinden von „Umsetzungsblockaden“ zu unterstützen und sie an ihre Stärken zu erinnern

Technische Hinweise

- ***Gruppierung***: 6-25 Personen; 2-5 Arbeitsgruppen
- ***Setting***: Für die Vorbereitung getrennte Arbeitsräume oder -ecken, für die Präsentationen Stuhlhalbkreis mit „Bühne“
- ***Medien/Material***: Flipchart und ggf. Requisiten
- ***Dauer***: 30-60 Minuten
- ***Vorbereitung:*** Arbeitsauftrag und Fragen auf Flipchart

Variation

Sie können auch je nach Gruppengröße 1-2 Beobachter einsetzen, die die Ideen und Lösungen aus den gespielten Szenen auf Flipchart festhalten und anschließend der gesamten Gruppe zurückmelden.

Quelle

In Anlehnung an: Wallenstein, G.: Spiele: Der Punkt auf dem I. 2011, Beltz Verlag.

Training für danach

Die Teilnehmer nehmen sich selbst individuell Übungen vor, durch die sie Workshop-Ergebnisse vertiefen

Anwendung und Wirkung

Ein einfaches Format, das jede einzelne Person herausfordert, mit dem eigenen Verhalten zu experimentieren, es zu überprüfen, daran zu arbeiten und sich für die persönliche Weiterentwicklung starkzumachen. Die Auswahl aus einem vorgegebenen Übungskanon erfolgt noch im Workshop, am besten unterstützt durch die (gegenseitige) Beratung von einem Kollegen. Nebenbei wird so eine sanfte „Kontrolle" ermöglicht und weitgehend sichergestellt, dass es nicht nur beim guten Vorsatz bleibt.

Vorgehen

In der Schlussphase des Workshops bekommt jeder Teilnehmer eine Liste mit Übungen. Diese wurde von der Moderatorin auf die Themen im Workshop zugeschnitten. Zu zweit tut man sich zusammen und verschafft sich einen Überblick.

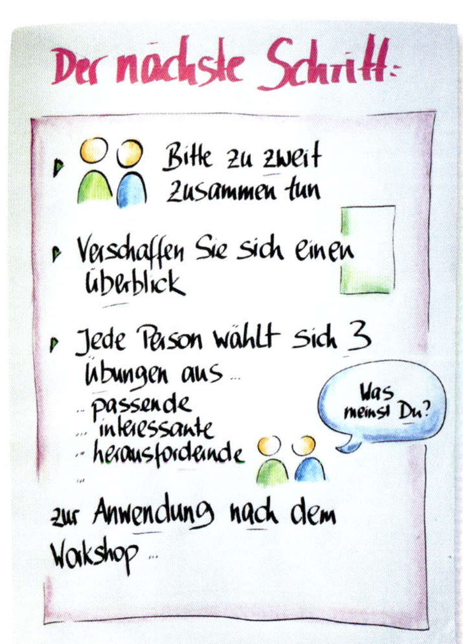

Jeder Teilnehmer wählt dann 3-5 Übungen aus, die er (oder sein Gegenüber) für sich passend, interessant oder herausfordernd findet.

Zurück im Plenum teilt anschließend jede Person reihum mit, welche Übungen sie für sich ausgewählt hat.

Praxistipps

- Durch diese Abschlussrunde kann zum Workshop-Ende hin noch einmal eine sehr dichte Atmosphäre entstehen. Das öffentliche Mitteilen der eigenen Auswahl befördert die Umsetzung. Den Kollegen bringt es Hinweise, an welche Themen die Person heranmöchte bzw. wo sie für sich Handlungsbedarf sieht.
- *Wichtig:* Diese Methode benötigt ein tragfähiges Teamklima, das von gegenseitigem Respekt und Unterstützung geprägt ist.
- Ggf. empfiehlt es sich, die Runde zu nutzen, um eine Art „Experimentierkultur" zu vereinbaren, damit die Teilnehmer auch etwas wagen und sich nicht gegenseitig entmutigen. Es wäre schade, wenn die Bemühungen einer Person zwar wahrgenommen und registriert, aber z.B. wegen ihrer Unbeholfenheit belächelt würden.

Vertiefendes/ Hintergrund

- *Phase:* Schlussphase eines Workshops und die Zeit danach
- *Situation:* Wenn Sie die Einzelnen dabei unterstützen möchten, auch nach dem Teamworkshop an ihren Themen dranzubleiben

Technische Hinweise

- *Gruppierung*: 4-20 Personen
- *Setting*: Alle im Raum, zunächst Paare, dann Plenum
- *Medien/Material*: Für jeden Teilnehmer einen Übungskanon
- *Dauer*: 20-30 Minuten
- *Vorbereitung:* Übungskanon ausdenken bzw. anpassen

Variationen

Das Format lässt sich wunderbar kombinieren mit der Methode „10 Erbsen", Seite 287.

Übungsbeispiele

- Jemandem eine positive Rückmeldung geben, die Wirkung beobachten.
- In einer Gesprächssituation bewusst „Rapport" herstellen (= mit Körper, Stimmlage, Atmung, Haltung an die Körpersprache des Gegenübers anpassen).
- In einem Gespräch bewusst mehr nachfragen als sonst.
- Im Gespräch bewusst aktiv zuhören und das Verstandene in eigenen Worten wiederholen (paraphrasieren).
- Eine Begegnung durch bewusste Wahrnehmung der Person und eine wertschätzende Haltung aufwerten und vertiefen.
- An einem Menschen, der Ihnen täglich begegnet, etwas (neues) Nettes entdecken.

- An einem Beispiel reflektieren: Was hat meine Sympathie/Antipathie für Person X mit mir selbst zu tun?
- In einem Moment, in dem Sie sich ärgern, innehalten und darüber nachdenken, ob ein wichtiger Wert verletzt wurde.
- Einen Tag lang bewusst auf die Wirkungsmittel bei anderen achten: Was schwingt außer dem gesprochenen Wort mit? Was teilt mir der andere durch seine Wirkungsmittel mit?
- An einem Tag bewusst mit einem von mir selbst als schwierig erlebten Kollegen/Kunden/Mitarbeiter/Vorgesetzten Small Talk machen, dabei „Rapport" herstellen.
- Auf Präsenz und Konzentration im Gespräch achten.
- Einen eigenen negativen Gedanken oder Ausspruch wahrnehmen, aufschreiben und positiv umformulieren.
- Die eigene schlechte Laune/Unzufriedenheit/Hektik/Druck, ... wahrnehmen, wenn möglich wenden, und NICHT in die Kommunikation tragen.
- Bewusst darauf achten, mit Ich-Botschaften zu kommunizieren.
- Darauf achten, wo und neben wen/wem ich mich in den informellen Zeiten hinsetze/aufhalte. Es extra mal anders machen.

Weitere Ideen: Wochenvorhaben

- Konsequent an Zeitvorgaben halten (Deadline, Meeting, Pünktlichkeit).
- Zusagen zuverlässig einhalten.
- Unangenehme Gespräche zeitnah anpacken.
- Einen Menschen, dem ich sonst Mails schicke, persönlich aufsuchen.
- Über Fehler offen sprechen.
- ...

10 Erbsen

Durch ein einfaches Hilfsmittel ein Vorhaben unterstützen

Anwendung und Wirkung

„Erbsen zählen" einmal anders: Zurück im Berufsalltag fördert die Methode die (Selbst-)Beobachtung. Sie schärft die Wahrnehmung für Situationen und gute Gelegenheiten, ein Vorhaben zu stärken oder umzusetzen, neues Verhalten einzuüben oder damit zu experimentieren oder einfach am Workshop-Thema dranzubleiben. Die Methode hat Witz, sie packt beim Ehrgeiz und macht Spaß. Das abschließende „Revue passieren lassen" (s.u.) trägt zur Verankerung und Festigung bei.

Vorgehen

Voraussetzung ist, dass in einem Teamworkshop Inhalte erarbeitet und Vorhaben formuliert worden sind. Den Teilnehmenden wurde eine Aufgabe, z.B. ein spezielles Wahrnehmungs- oder Verhaltensexperiment, mitgegeben oder jeder hat sich individuell etwas zur Umsetzung vorgenommen.

Der Moderator verteilt an jeden Teilnehmer zehn Erbsen, die in der Berufspraxis wie folgt eingesetzt werden sollen:

- Morgens, vor Arbeitsbeginn, füllt jede Person ihre Erbsen in die rechte Hosentasche.
- Ziel ist es, dass am Abend möglichst viele oder alle Erbsen in die linke Hosentasche gewandert sind.
- Die Person nimmt sich für den Tag etwas Spezifisches vor, z.B. in einem Gespräch bewusst mehr nachzufragen als sonst.
- Eine Erbse wandert immer dann von rechts nach links, wenn einmal das vorgenommene Verhalten praktisch umgesetzt worden ist.

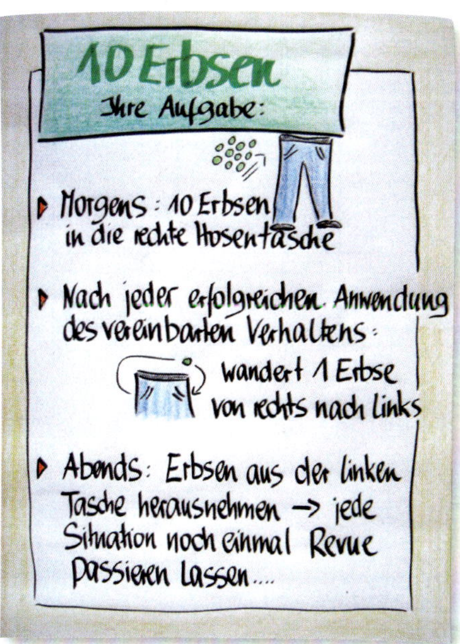

- Abends werden die Erbsen aus der linken Tasche herausgeholt und gezählt. Anhand jeder einzelnen Erbse lassen die Teilnehmer noch mal alle Situationen Revue passieren.

Praxistipp

Statt der Erbsen können natürlich auch andere Materialien verwendet werden: Haselnüsse, Perlen, rote Bohnen, ...

Vertiefendes/ Hintergrund

- ***Phase:*** Schlussphase eines Workshops und die Zeit danach
- ***Situation:*** Wenn Sie die Einzelnen dabei unterstützen möchten, auch nach dem Teamworkshop an ihren Themen dranzubleiben

Technische Hinweise

- ***Gruppierung***: Beliebig viele Personen
- ***Setting***: Alle im Raum
- ***Medien/Material***: Für jeden Teilnehmer 10 Erbsen, Anleitungs-Chart
- ***Dauer***: 10 Minuten (Erläuterung)
- ***Vorbereitung:*** Chart vorbereiten

Variationen

- Die Übung kann kombiniert werden mit der Methode „Training für danach", Seite 284.
- Gestaffeltes Vorgehen: Am ersten Tag wird eine, am zweiten Tag zwei, am dritten Tag drei Erbsen eingesetzt usw.
  Vorteile:
  - Die Teilnehmer verlangen sich nicht von Beginn an zu viel ab, der Erfolg – und damit das Erfolgserlebnis – ist realistisch.
  - Durch die Steigerung fällt es evtl. leichter, dranzubleiben.

Quellen

- Uns mündlich überliefert (Danke, Gisa!).
- Nachträglich aber auch entdeckt in: Friebe, J.: Reflektierbar. 2016, managerSeminare.
- Oder in eine Seminargeschichte gepackt in: Heß, H. (Hrsg.): Erzählbar. 3. Aufl. 2015, managerSeminare.

With a little Help from a Friend

Durch Beobachtung und Austausch die Umsetzung von Vorhaben unterstützen

Anwendung und Wirkung

Wer als Moderatorin über einen längeren Zeitraum mit einem Team arbeitet, möchte, dass Fortschritt und Veränderungen in der Zusammenarbeit für alle sichtbar werden. Diese spannende Intervention unterstützt das Team dabei, die vereinbarten Vorhaben auch umzusetzen und die zwischen den einzelnen Teammeetings oder Workshops erlebten Veränderungen in den Fokus zu rücken.

Vorgehen

Sorgen Sie zum Ende des Workshops dafür, dass jedes Teammitglied einen „heimlichen Mentor" erhält.

Stellen Sie dazu einen Hut in die Mitte des Raumes und bitten Sie die Teilnehmenden, ihren Namen auf ein Blatt Papier zu schreiben, es zu falten und in den Hut zu werfen.

Jedes Teammitglied zieht nun einen neuen Zettel aus dem Hut, schaut nach, wen er als Mentor „gezogen" hat, verrät den Namen aber nicht. Zieht jemand sich selbst, nimmt er einen neuen Zettel.

Alle erhalten den Auftrag, ihren Mentor bis zum nächsten Treffen zu beobachten:

- Was kann diese Person besonders gut?
- Was fällt ihr leicht?
- Was trägt sie zum Erfolg der Gruppe bei?
- Was kann ich von der Person lernen?

Über das Beobachtete sollten sich die Teilnehmenden Notizen machen, die sie zum nächsten Teammeeting oder Follow-up-Workshop mitbringen.

Beim nächsten Treffen erzählt jeder, wen er beobachtet hat und was ihm aufgefallen ist. Auf diese Weise werden Vorurteile abgebaut, neue Verbindungen untereinander geschaffen und vor allem Wertschätzung ausgesprochen und vermittelt.

Praxistipp

Wenn die Gruppe größer als 20 Personen ist, dann sollte sie aus Zeitgründen in zwei kleinere Gruppen aufgeteilt werden.

Vertiefendes/ Hintergrund

- ***Phase:*** Transfervorbereitung zum Ende eines Workshops
- ***Situation:*** Bei längerer Begleitung eines Teams; wenn es sinnvoll und hilfreich ist, dass die Teammitglieder zwischen den Workshops von einem Role Model lernen

---

Technische Hinweise

- ***Gruppierung***: Ab 5 Personen, bei mehr als 20 Personen Aufteilung in zwei Gruppen
- ***Setting***: Alle stehen
- ***Medien/Material***: Blanko-DIN-A4-Bögen oder Flipcharts und Stifte
- ***Dauer***: 15 Minuten inkl. Vorbereitung; Austausch: 5 Minuten/Person
- ***Vorbereitung:*** Hut oder anderer Behälter, Papier, Stifte, Arbeitsauftrag auf Flipchart

---

Variationen

- Alternativ können die Namenszettel auch zu Kugeln zusammengeknüllt werden. In dem Fall werden sie so lange hin- und hergeworfen, bis Sie als Moderatorin „Stopp" sagen.
- Im Falle, dass kein weiterer Workshop geplant ist, kann der letzte Schritt auch ein Arbeitsauftrag an den Leiter des Teams sein. Zum Beispiel, dass er die ersten 10 Minuten in seinen Teammeetings für den Austausch über die Beobachtungen und Eindrücke reserviert, bevor das Team in die fachlichen Themen auf der Agenda einsteigt.

Quelle

Diese Methode finden Sie in ähnlicher Weise auch bei Jane Adams aus: Röhrig, P. (Hrsg.): Solution Tools. 6. Aufl. 2016, managerSeminare.

Danach gefragt

Einige Zeit nach dem Workshop befragen sich die Teammitglieder gegenseitig zu Stand und Weiterentwicklung von wichtigen Ergebnissen

Anwendung und Wirkung

Eine spannende und intensive „Folge-Aufgabe für danach" mit der Wirkung, dass das Team – zurück im Alltag – noch eine Weile an den Themen des Workshops „dranbleibt". Was uns daran besonders gefällt:

- Alle Teammitglieder werden beteiligt und in die Verantwortung genommen, alle bekommen einen Auftrag.
- Die Aufträge werden an die spezifische Teamsituation angepasst.
- Die Ergebnisse fließen in mehrere anschließende Meetings ein und begleiten damit eine Zeit lang die weitere Entwicklung des Teams.
- Das Prinzip kann vom Team aufgegriffen und selbstständig weitergeführt werden.

Vorgehen

Zum Ende des Teamworkshops bereiten Sie für jede Person einen Auftrag vor.

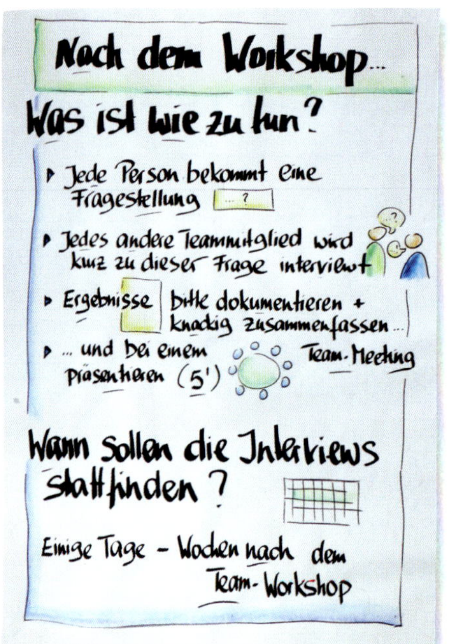

Grundlage dafür sind die Workshop-Themen und alle dazu erarbeiteten Ergebnisse und Vereinbarungen: Ziele, Vorgehensweisen, Maßnahmen, Verantwortlichkeiten etc. Vielleicht bieten auch Ihre Beobachtungen und Wahrnehmungen, z.B. zum Umgang miteinander, Anregungen für eine Aufgabe.

Die einzelnen Aufträge unterscheiden sich nur in der Fragestellung. Immer sollen die Teilnehmer dazu Kurzinterviews mit den Kolleginnen und Kollegen führen, die Ergebnisse dann unaufwendig dokumentieren (5 Minuten Präsentation) und in einer Teamsitzung vortragen.

Planen Sie in der Schlussphase des Workshops etwas Zeit ein, um die Idee zu erläutern und die Aufgaben zu verteilen.

Sorgen Sie dafür, dass eine Vereinbarung getroffen wird, wann die ersten Ergebnisse besprochen werden (mindestens das erste Meeting danach sollte terminiert werden).

Praxistipps

- Es ist wichtig, dass die Aufträge nicht als „Zeitfresser" angelegt sind (und auch nicht so empfunden werden) – und das sollten Sie bei Ihrer Erläuterung auch betonen. Die Kurzinterviews sind „zwischendurch" machbar – die Ergebnisdokumentationen (Kurzpräsentationen) müssen nicht auf PowerPoint vorbereitet werden und auch keinen ästhetischen Kriterien genügen.
- Besonders wirksam ist das Format, wenn es das Team eine Weile begleitet. Dazu sollte es, z.B. über den Zeitraum von einem halben Jahr, in jeder Teamsitzung einen sicheren Platz bekommen (z.B. 15 Minuten) – und zwar in Form eines kurzen Ergebnisvortrags mit anschließender Aussprache.
- Wenn die Teammitglieder ihre Aufträge auf den vereinbarten Zeitraum verteilt zeitversetzt durchführen, sind die Ergebnisse immer aktuell.
- Es ist empfehlenswert, eine Person zu bestimmen, die die Sache koordiniert.
- Ggf. können Sie einzelne Aufträge auch bewusst bestimmten Personen zuordnen.

Vertiefendes/ Hintergrund

- ***Phase:*** Schlussphase eines Workshops und die Zeit danach
- ***Situation:*** Wenn Sie unterstützen möchten, dass das Team auch nach dem Teamworkshop an seinen Themen dranbleibt

Technische Hinweise

- ***Gruppierung***: 4-20 Personen
- ***Setting***: Alle im Raum
- ***Medien/Material***: Blankokarten für die Aufträge, evtl. Chart zur Erläuterung
- ***Dauer***: 10-15 Minuten (Erläuterung)
- ***Vorbereitung:*** Individuelle Aufträge ausdenken und auf Karten notieren

Variation

Bei größeren Gruppen – oder wenn Ihnen nicht genügend unterschiedliche Aufträge einfallen – können auch Paare einen Auftrag übernehmen.

Quelle

Die Idee zu diesem Format und einige der Fragen haben wir von Ralf Besser übernommen. Bei ihm heißt die Methode „Teaminterview“ und er beschreibt sie in seinem Buch: Besser, R.: Interventionen, die etwas bewegen. 2010, Beltz.

7.

Bestärkend abschließen

Irgendwann naht das Ende Ihrer Veranstaltung – und nun geht es darum, den Sack möglichst stimmig zuzubinden. Wünschenswert ist es auf jeden Fall, dass dies positiv, ermutigend und nach vorne schauend geschieht, damit die Teilnehmer gestärkt aus der Veranstaltung herausgehen und Energien verspüren, das Erarbeitete und Vereinbarte in Praxis und Tat umzusetzen.

Oft ist nicht mehr viel Zeit – man ist müde und freut sich auf den Schlusspunkt und auf zu Hause. Die Methoden müssen also „sitzen", das heißt, so angelegt sein, dass sie „einen Nerv treffen" – oder Neugierde wecken, Spaß machen, die Herzen berühren – sodass sich alle noch einmal miteinander aufraffen und engagiert mitwirken.

Zu diesem Schwerpunkt finden Sie diese Methoden

Komplimente-Quickie

Ein schnelles Spiel, das glücklich macht. Würfelnd und ohne lange zu überlegen verteilen die Teammitglieder Karten mit Freundlichkeiten an spontan ausgewählte Personen aus der Runde.

Kopfstand

Der Kopfstand zum Abschluss animiert die Gruppe zu lustvollen Worst-Case-Szenarien, die in gute Stimmung bringen. Zum Schluss wissen alle, was sie (nicht) zu tun haben ...

Freewriting

Fazit und Ergebnissicherung, mal ganz assoziativ und ungefiltert: Eindrücke und wichtige Erkenntnisse werden durch intuitives Schreiben ans Licht gebracht, gebündelt und untereinander ausgetauscht.

Ein Herz fürs Team

Ein schöner Abschluss: Gegenseitiges positives Feedback – oder auch eine Form des „Rückenstärkens" – mit Strahlkraft über den Workshop hinaus in den Berufsalltag hinein ...

Komplimente-Quickie

Schnell Komplimente verteilen

Anwendung und Wirkung

Obgleich von der Autorin auch schon woanders beschrieben, darf dieses wunderbare Spiel hier nicht fehlen, Komplimente, positive Rückmeldungen tun einfach gut! Und so wirkt die Übung, zum Ende des Workshops eingesetzt, aufbauend und bereichernd. Sie hebt die Stimmung, stärkt den Rücken, schafft neue Energie und macht glücklich. Teilnehmer gehen aufgerichtet und gefestigt aus dem Workshop heraus.

Vorgehen

Jeweils bis zu 10 Personen sitzen im Kreis an einem Tisch. In der Mitte liegt umgedreht, mit der Schrift nach unten, ein Stapel mit Komplimente-Karten. Jede Gruppe bekommt zwei Würfel, zwei gegenüberliegende Personen nehmen sich jeweils einen und beginnen. Es wird reihum im Uhrzeigersinn sehr schnell gewürfelt.

Immer dann, wenn jemand eine 1 oder eine 6 erzielt hat, nimmt sich diese Person eine Karte vom Stapel, liest und legt es spontan zu einer Person aus der Runde, zu der das Kompliment passt – und zwar wieder umgedreht, damit das Kompliment nicht gelesen werden kann. Das schnelle Würfeln bewirkt, dass der Stapel rasch abgearbeitet ist. Sobald keine Karten mehr da sind, dürfen die Teilnehmer die ihnen zugeteilten Komplimente aufnehmen und lesen.

Praxistipps

- Solange gewürfelt wird, weiß niemand, welche Komplimente ihm zugeordnet wurden. Das macht das Spiel sehr spannend.
- Die Befürchtung, dass einzelne Personen leer ausgehen könnten, hat sich in der Praxis als unbegründet erwiesen. Erfahrungsgemäß regeln

die Teilnehmer das selbst ganz gut – nehmen wahr, wer noch nichts oder wenig hat, und sobald irgendetwas passt, bekommt es dann diese Person.

- Dennoch: Lieber nicht in Gruppen mit Konflikten spielen – und nicht, wenn ein „Sündenbock“ anwesend ist.
- Wir empfehlen, die Komplimente bei der Vorbereitung zu sichten und je nachdem, mit welcher Gruppe Sie zu tun haben, auszuwählen, ggf. umzuformulieren, anzupassen, zu ergänzen oder zu reduzieren.

Vertiefendes/ Hintergrund

- ***Phase:*** Abschließen
- ***Situation:*** Wenn positives Feedback den Einzelnen und die Gruppe stärken kann

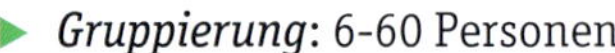

Technische Hinweise

- ***Gruppierung***: 6-60 Personen
- ***Setting***: Runden an Tischen mit bis zu 10 Personen
- ***Medien/Material***: Würfel, Komplimente-Karten
- ***Dauer***: 5-15 Minuten
- ***Vorbereitung:*** Komplimente-Karten (Liste ist online) erstellen oder auswählen, drucken und schneiden

Variationen

- Ohne Würfel spielen. Die Komplimente-Karten werden dann einfach reihum gezogen und verteilt.
- Die Komplimente-Karten werden offen, für alle sichtbar ausgebreitet. Gemeinsam wird ein passendes Kompliment für Person A ausgesucht, danach für Person B, weiter reihum, bis alle eine erste Rückmeldung bekommen haben. Je nach Größe der Gruppe und Anzahl der Komplimente werden 3-5 Runden gespielt.
- Dito, jedoch sucht jeder Teilnehmer für Person A ein eigenes Kompliment aus, die Komplimente werden feierlich überreicht. Reihum geht es weiter, bis alle von allen eine Rückmeldung bekommen haben.

Quelle

Die Methode wurde in ähnlicher Form auch schon veröffentlicht in: Funcke, A. & Havenith, E.: Moderations-Tools. 5. Aufl. 2017, managerSeminare.

Kopfstand

„Kopfüber“ gemeinsam Regeln und Normen für die zukünftige Zusammenarbeit entwickeln

Anwendung und Wirkung

Workshoperfahrene Teams kennen schon den letzten Schritt: Am Ende geht es darum, sich auf zukünftige Ziele, konkrete Schritte und Verhaltensregeln zu einigen. Diese überraschende Intervention geht den entgegengesetzten Weg. Der „Kopfstand“ bringt Spaß, sorgt in der Regel für gute Stimmung – und kreiert Bilder und lustvolle Worst-Case-Szenarien in den Köpfen, die keiner so schnell vergisst.

Nach dieser Übung sind die Einflussmöglichkeiten im Team klar. Es wird deutlich, dass jeder dazu beitragen kann, die Zusammenarbeit zu boykottieren, aber auch, sie zu ermöglichen und mitzugestalten.

Vorgehen

Vorbereitung (10-15 Minuten)

Das Team teilt sich in drei Teilgruppen auf. Jede Teilgruppe beschäftigt sich mit einer der folgenden Fragen aus dem „Boykott-Plan“ (Abb.):

1. Was kann Ihr Teamleiter (Gruppenleiter, Vorsitzender o.Ä.) tun, damit Sie überhaupt keine Lust mehr haben, sich zu engagieren und Ihre Aufgaben zu erfüllen?

2. Was können Sie tun, damit Ihr Teamleiter keine Lust mehr hat, sich zu engagieren, mit Ihnen zusammenzuarbeiten und seine Aufgaben zu erfüllen?

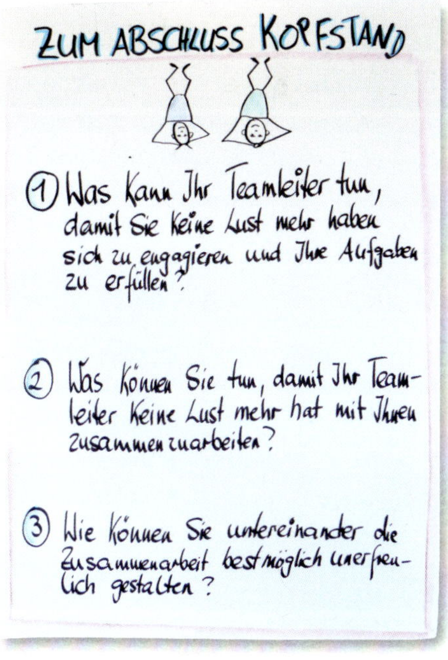

3. Was können Sie untereinander tun, wie können Sie sich untereinander verhalten, sodass Sie keine Lust mehr haben, miteinander weiterzuarbeiten?

Die einzelnen Gruppen sammeln das, was ihnen dazu einfällt, auf einem Flipchart: alles, was kreativ dazu beiträgt, das Team vollständig zu boykottieren und eine Zusammenarbeit unmöglich zu machen.

Präsentation und Vereinbarung (30-45 Minuten)
Für die Präsentation einigt sich jede Teilgruppe auf die drei wirksamsten Boykott-Maßnahmen und stellt diese im Plenum vor.

Aus den Ideen entwickelt das Team gemeinsam Vereinbarungen für die zukünftige Zusammenarbeit – getreu der Frage: „Welche Gemeinsamkeiten stecken da drin – was wollen wir alle stattdessen?" Die Ergebnisse werden auf einem neuen Flipchart festgehalten und von allen Anwesenden unterschrieben.

Praxistipp

Planen Sie für diese Abschlussübung einen zusätzlichen Zeitpuffer ein. Je nach Gruppenzusammensetzung und -größe brauchen Sie insbesondere Zeit für das Sichten der Gemeinsamkeiten sowie die Erarbeitung der zukünftigen Vereinbarungen.

Vertiefendes/ Hintergrund

- *Phase:* Zum Ende einer Teamentwicklung als Vorbereitung auf den Transfer
- *Situation:* Wenn die bisherigen Vereinbarungen und Ergebnisse gesichert und die Einflussmöglichkeiten jedes Einzelnen betont werden sollen

Technische Hinweise

- *Gruppierung*: 6-15 Personen
- *Setting*: Für die Vorbereitung getrennte Arbeitsräume oder Raumecken, für die Präsentationen Stuhlhalbkreis
- *Medien/Material*: Verschiedenfarbige Stifte, Flipchart-Papier
- *Dauer*: 60 Minuten
- *Vorbereitung:* Stifte und Papier bereitlegen, Flipchart mit Fragen

Variation

Statt die Worst-Case-Szenarien nur aufzuschreiben, können die Gruppen ihre Ideen auch als Skulptur, Sketch oder anders kreativ präsentieren. Dies veranschaulicht das, was man auf keinen Fall möchte, noch stärker und sorgt für gute Stimmung.

Quelle

Vor vielen Jahren inspiriert von: Maaß, E. & Ritschl, K.: Teamgeist. 1997, Junfermann.

Freewriting

Durch intuitives Schreiben anhand gezielter Fragen implizites Wissen, Erkenntnisse und Ideen im Team anzapfen

Anwendung und Wirkung

Diese Form eines Fazits in Teamentwicklungen lässt sich wunderbar einsetzen, um die vielen unterschiedlichen Eindrücke, Erkenntnisse und Ideen aus dem Workshop zu verdauen, sie zu bündeln und miteinander zu teilen. Das Besondere daran ist, dass durch eine knappe Zeitvorgabe die ungefilterten Gedanken und Empfindungen kreativ und unzensiert zutage treten dürfen. Dazu schreiben die Teammitglieder zu eingeworfenen Fragen alles auf, was ihnen in den Sinn kommt, ohne den Stift abzusetzen.

Vorgehen

Schritt 1: Gedankliche Vorbereitung (5 Minuten)

Die Teammitglieder sitzen im Kreis oder verteilen sich im Raum, vor sich ein leeres Blatt Papier. Bitten Sie die Gruppe, es sich so bequem wie möglich zu machen.

Kündigen Sie an, dass Sie ihnen nun einige (max. 8) Fragen stellen werden, für deren schriftliche Beantwortung jeweils eine Minute zur Verfügung steht. Die Fragen werden nicht gezeigt.

Bitten Sie die Teammitglieder, zügig und ehrlich zu antworten und – das ist wichtig! – den Stift erst nach der Beantwortung der letzten Frage abzusetzen.

Rechtschreibung, Schönschrift etc. sind dabei nicht wichtig, da die Zettel bei den Teammitgliedern bleiben. Wem neue Einfälle ausbleiben, wiederholt seine letzten Worte oder er bewegt den Stift wellenartig über das Papier, bis die Minute vorbei ist oder sich ein neuer Einfall einstellt.

Beschränken Sie sich auf maximal acht Fragen und stellen Sie sofort die nächste, wenn die Minute vorbei ist. Wichtig ist, dass der Stift bis zum Ende in Bewegung bleibt.

Beispiele für Fragen (Abb.):

- Was habe ich heute über mich/über uns als Team erfahren, das mir vertraut war?
- Was war neu oder überraschend für mich?
- Welcher eigener Stärken, Kompetenzen bzw. welcher Außenwirkung bin ich mir jetzt deutlich bewusst?
- Welche Kompetenzen möchte ich entwickeln bzw. ausbauen?
- Welche Fähigkeiten sollten wir als Team weiter untermauern/fördern?
- Was ist mir als Teamkollege für unser Team in Zukunft besonders wichtig?

Schritt 2: Und Action (10 Minuten)

Auf Ihr Signal beginnen die Teammitglieder zügig und ohne Unterbrechung zu schreiben. Der Stift bleibt die ganze Zeit in Bewegung. Nachdem die letzte Frage beantwortet worden ist, bitten Sie die Teilnehmenden, noch einmal auf das Geschriebene zu schauen und die für sie relevanten Aussagen einzukreisen (1 Minute). Wichtig: nicht korrigieren, nur einkreisen!

Schritt 3: Austausch und Resonanz (10-15 Minuten)

Im Anschluss daran finden sich alle zu Triaden zusammen.

Jeweils ein Teamkollege erzählt von dem, was er aufgeschrieben hat (und preisgeben möchte), die anderen beiden hören zu und spiegeln anschließend die Wirkung des Gehörten auf sie:

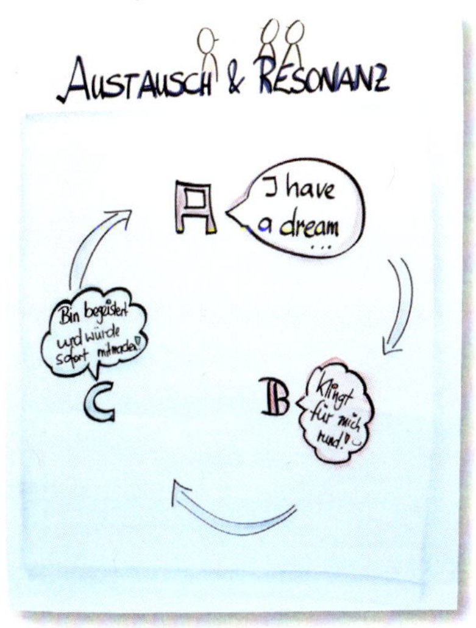

- Welche Ideen habe ich rausgehört?
- Welche finde ich spannend?
- Woran kann ich anknüpfen?

Danach folgt ein Wechsel, sodass alle in der Kleingruppe ihre Gedanken mitteilen konnten und Resonanz erfahren haben (Anleitung: Abb. Seite 303). Abschließend können Sie die gemachten Erfahrungen im Plenum austauschen und ggf. konkrete Schritte festhalten.

Praxistipp

Achten Sie darauf, dass während des Schreibens und später beim Sichten der wichtigsten Aussagen nicht gesprochen wird. Betonen Sie außerdem, dass beim Einkreisen der wichtigsten Aussagen nicht korrigiert werden soll. Halten Sie die Beantwortungszeit von einer Minute pro Frage konsequent ein; Sie fördern dadurch den kreativen Prozess, dass sämtliche Gedanken ungefiltert fließen können.

Vertiefendes/ Hintergrund

- ***Phase:*** Zum Ende des Workshops, als Vorbereitung auf die Abschlussrunde
- ***Situation:*** Um den „Sack zuzumachen", „wahre Gedanken" im Team zu teilen und kreative Ideen für das zukünftige Zusammenwirken zusammenzutragen

---

Technische Hinweise

- ***Gruppierung***: Optimal 6-12 Personen, je nach Zeitrahmen auch möglich in größeren Gruppen
- ***Setting***: Alle im Raum verteilt, anschließend Austausch in Triaden
- ***Medien/Material***: Schreibpapier und Stift für jeden
- ***Dauer***: 30-45 Minuten
- ***Vorbereitung:*** Geeignete Fragen überlegen

Variationen

Geht es um eine Teamentwicklung ausschließlich mit der Teamleiter-Ebene, können Sie die Fragen verstärkt auf Führung beziehen.

Beispiele:
- Was ist mir als Leitung besonders wichtig?
- Was ist mein Motto, mein Selbstverständnis als Führungskraft?
- Was werde ich als Nächstes anstoßen?

Bei dieser Variante übertragen die Führungskräfte nach der Beantwortung aller Fragen auf drei weißen Karten ihre drei wesentlichen Kompetenzen als Führungskraft und auf einer blauen ihr Motto.

Auf einem „Marktplatz" kommen anschließend im Wechsel immer wieder jeweils zwei Personen miteinander ins Gespräch und tauschen – wie auf einem Marktangebot und Nachfrage (und Karten) aus: Was kann ich bieten? Wie habe ich das gelernt? Was würde ich gern stärken, lernen erweitern? Wer hat dazu etwas im Angebot?

Quellen

- Diese Vorgehensweise geht auf das „Freewriting" zurück, einer Methode des Kreativen Schreibens; gern eingesetzt, um Schreibblockaden abzubauen und in den Schreibfluss zu kommen. Freewriting wurde unter dieser Bezeichnung in den 1960er-Jahren von Ken Macrorie eingeführt.
- Kennengelernt während einer gemeinsamen Teamentwicklung bei meiner Beraterkollegin (Danke Katrin!).

Ein Herz fürs Team

Durch positive, ermutigende Rückmeldungen einen schönen Abschluss für einen Teamworkshop gestalten

Anwendung und Wirkung

Die stärkende Wirkung von positivem Feedback ist ja bekannt und seine „Strahlkraft" hinein in den Berufsalltag ist nicht zu unterschätzen. Diese Übung ist einfach und „prickelnd" zugleich.

Als Spannungsmoment kommt nämlich dazu, dass die Teilnehmer sich gegenseitig die Rückmeldungen auf den Rücken schreiben – und daher erst mal bei sich selbst nicht wissen, was da steht ...

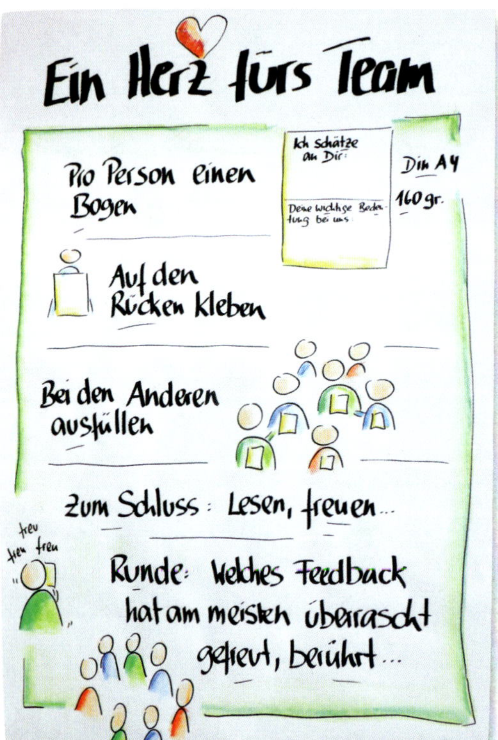

Bewegend ist auch die Abschlussrunde. Wir empfehlen, nicht auf sie zu verzichten!

Vorgehen

Jede Person bekommt einen DIN-A4-Papierbogen (160g-Papier) und teilt diesen in zwei Felder ein.

Feld 1: Was ich an dir besonders schätze: ...
Feld 2: Deine wichtige Funktion und Bedeutung in unserem Team: ...

Die Bögen werden mit einem Klebestreifen jeweils am Rücken befestigt, dann gehen alle umher und machen ihre Eintragungen.

Nach 10-15 Minuten können die Rückmeldungen gelesen werden.

Es folgt eine kurze Runde. Reihum teilen sich die Teammitglieder mit, welches Feedback sie am meisten überrascht, gefreut oder berührt hat.

Praxistipp

Betonen Sie, dass es um positive, ermutigende Rückmeldungen geht. Kritisches Feedback zwischen Teilnehmern zum Abschluss eines Workshops wäre eher kontraproduktiv, weil danach alle nach Hause gehen und nichts mehr aufgefangen werden kann.

Vertiefendes/ Hintergrund

- ***Phase:*** Zum Abschluss eines Workshops
- ***Situation:*** Wenn positive Rückmeldungen den Einzelnen oder die Gruppe stärken können

Technische Hinweise

- ***Gruppierung***: 6-20 Personen
- ***Setting***: Alle bewegt im Raum
- ***Medien/Material***: Papierbögen (160 g), Kugelschreiber, Klebeband
- ***Dauer***: 20-30 Minuten
- ***Vorbereitung:*** Keine

Variationen

- Alle sitzen im Kreis und die Bögen werden von einem zum anderen herumgegeben.
- Der Fokus des Feedbacks kann verändert werden. Aber: Bleiben Sie unbedingt positiv.

Stichwortverzeichnis

10 Erbsen ... 287

Abschluss des Workshops ... 306
Advocatus Diaboli ... 31
Agile Arbeitsformen ... 64
Agil zusammenarbeiten ... 73
Alle Mann an Bord ... 97
Ambivalenz ... 12
Analogietechnik ... 264, 266
Andere einschätzen ... 183
Anonyme Kartenfrage ... 121
Antreiber ... 232
Aufmerksamkeit fokussieren ... 12
Auftragsklärung ... 8
Aussprache im Team ... 119
Austausch initiieren ... 113
Austausch in konflikthaften Situationen ... 147

Baumaterial ... 105
Begleitend visualisieren ... 133
Belastungen ... 41
Belief durchdenken ... 229
Beobachtung und Austausch ... 289
Berühmte Filme ... 23
Bestärkend abschließen ... 295
Beziehungen ... 9
Bildhauerei ... 101
Blühende Landschaften ... 105
Boxenstopp ... 157
Boykott-Maßnahmen ... 300

Change Parcours ... 88
Change-Prozess ... 83
Chaos ... 58
Chunking ... 213

Danach gefragt ... 291
Das bin ich ... 177
Das Leben der anderen ... 20
Das Schachbrett ... 81
Das Wertequadrat ... 164
Decision-Driver ... 31
DER Lieblingssong aller Zeiten ... 180
Diamonds are forever ... 33
Dicke Luft im Team ... 152
Die Albatros-Kultur ... 249
Die Chinesen sind ... 253
Diskussionen festhalten ... 133
Diskussionsforen ... 142
Dolmetschen ... 160
Doppeln ... 160
Dreierlei öffentliches Feedback ... 152
Durchführungsstrategien ... 63
Dynamic Facilitation ... 134

Ein Herz fürs Team ... 306
Einstiegstext visualisieren ... 27
Emotionale Beteiligung ... 157
Emotionale Entlastung ... 150
Erbsen zählen ... 287
Ergebnisoffenheit ... 13
Erinnerungen austauschen ... 175
Erlebtes darstellen ... 20
Ermutigende Rückmeldungen ... 306
Erste Worte ... 27
Etwas wird zu etwas anderem ... 45

Feedback mit Riemann-Thomann ... 203
Fläche durchqueren ... 61
Flying Frisbee Factory ... 73
Folge-Aufgabe für danach ... 291

Follow-up ... 290
Forumtheater ... 270
Fragenkette ... 109
Freewriting ... 302
Führung des Teams ... 9
Führungsentscheidungen ... 73

Gedanken und Gefühle ... 23
Geheimer Vorbereitungsauftrag ... 242
Gelenktes Beklagen ... 117
Gema ... 182
Gemeinsamkeiten entdecken ... 207
Gemeinsamkeiten und Unterschiede darstellen ... 245
Gesprächsimpulse ... 130
Glaubenssatz ... 229
Gruppendynamik ... 30
Gruppenentscheidungen ... 261
Gruß aus der Zukunft ... 102

Handlungsoptionen ... 270
Heimatgebiet ... 201
Heldendarstellung ... 282
Heldenanalyse ... 138
Heldenpitch ... 140
Heldenverehrung ... 139
Herausfinden, was ist ... 37
Here comes the Sun ... 191
Humor ... 23

Ich rette dich ... 282
Immer Stress mit dem Druck ... 232
Individuelle Werte ... 211
Informationen austauschen ... 136
Inseln im Strom ... 245
Instruktion ... 82
Interaktionsmethode ... 48
Interessant beginnen ... 17
Interkulturelle Zusammenarbeit ... 249
Intuitives Schreiben ... 302
Investigatives Talent-Interview ... 196
In welchem Film bin ich? ... 23

Jammerlappen ... 117
Jeder-mit-Jeder-Feedback ... 126

Kennenlernen ... 175
Kick-off ... 242
Klärendes Gruppengespräch ... 169
Klärung herbeiführen ... 120
Klärungsgespräch ... 13
Knetmasse ... 45
Kollegiale Fallberatung ... 274
Kommunikationsverhalten ... 68
Komplimente-Quickie ... 297
Konkretisieren ... 13
Konzeptionsarbeit ... 9
Kopfstand ... 299
Kreieren, was sein SOLL ... 95
Kulturen thematisieren ... 240

Leitbilder ... 96
LEITER + 0 ... 10
Lernprojekt ... 65
Liebevoll provozieren ... 159
Lösungen finden mit System ... 259
Lösungen kreativ finden ... 278

Manipulative Verben ... 268
Meckerball ... 118
Mediationsverfahren ... 172
Menschen ins Gespräch bringen ... 115
Metapher ... 97, 198, 245
Mit Stress umgehen ... 221
Mitvisualisieren ... 133
Modellierungen ... 46
Moderationsroute für Konfliktsituationen ... 169
Moderator als Übersetzer ... 160
Music Is My First Love ... 175

Neigungen ... 20
Neutralität ... 15

Öffnende Kartenfragen ... 119
Osborn-Checkliste ... 267

Persönlichkeitsprofil ... 256
Perspektivenwechsel ... 102
Positive Verhaltenssignale ... 33
Probleme bearbeiten ... 257
Problemperspektive ... 109
Prozessbegleitung ... 14
Prozess-Beobachter ... 30
Prozesse ... 9

Raum im Chaos ... 58
Regeln und Normen entwickeln ... 299
Ressourcen ... 41

Riemann-Thomann ... 201
Ritual nonverbal ... 123
Rollen ... 30
Rollenanweisungen ... 79
Rollenklärung ... 14
Rollenkonflikte ... 97
Rollenverständnis ... 68
Rückmeldung ... 126

Sag jetzt ehrlich! ... 48
Satzanfänge ... 130
Schiffsmetapher ... 97
Schlüsselbegriff ... 27
Seilerei ... 68
Sichtweisen erheben ... 39
Situationsskizze ... 41
Sonnen-Metapher ... 191
SORK-los ... 223
Spiegelbilder ... 183
Spielfeld ... 81
Spontan-Rollenspiele ... 49
Sportprogramm fürs Team ... 226
Sprichwörter ... 25
Sprüche klopfen ... 25
Sprüche-Sammlung ... 25
Stärken ... 9
Stärken entdecken ... 194
Stärken und Ressourcen ermitteln ... 189
Sternstunde ... 194
Strategieentwicklung ... 82
Stressmechanismen ... 223
Stress verstehen ... 223
Superheld auf heißem Stuhl ... 140
Symbolisches Theater ... 264
Sympathie-Ranking ... 216
Systemisch konsensieren ... 261

Talente ... 20
Team beschreiben mit Riemann-Thomann ... 201
Teaminterview ... 293
Teammitglieder einschätzen ... 177
Teampuzzle ... 198
Team-Pyramide ... 215
Teamwerte ... 207
Tetralemma ... 231
The Dark Side of the Moon ... 52
Themen bearbeiten ... 187
Themenorientierte Improvisation (TOI) ... 48
Time-Keeper ... 32
Training für danach ... 284
Transfer anstoßen ... 279
Transparenz ... 150

Uhrenlauf ... 61
Unausgesprochenes aussprechen ... 160
Unparteilichkeit ... 15

Veränderungsprojekt ... 88
Vernissage ... 42
Versäumnisse und Missverständnisse ... 85
Vertiefend kennenlernen ... 173
Virtuelle Zusammenarbeit ... 142
Virtuell konferieren ... 142
Vision ... 96, 105
Vorhaben unterstützen ... 287
Vorstellungsrunde ... 24

Weg vom Problem, hin zum Ziel ... 109
Wer bin ich heute? ... 30
Wertediskussionen ... 164
Werte ergründen ... 205
Wertekonflikt ... 167
Werte priorisieren ... 214
Werte schätzen ... 214
Wertschätzender Austausch ... 119
Wertschätzung ... 33
Wertstoffbohrung ... 211
Wertvolle Kollegen ... 216
Widerstände ... 261
Wissenstransfer im Team ... 138
With a little Help from a Friend ... 289
Workshop-Auftakt ... 58
Workshop-Ergebnisse vertiefen ... 284
Worst-Case-Szenarien ... 301

Zahlen tippen ... 64
Zeichnung ... 41
Zettelspiel ... 48
Ziel-Bild ... 99
Ziele des Teams ... 9
Zielrahmen ... 109
Zirkulär nachgefragt ... 255
Zitate ... 25
Zusammenarbeit ... 52
Zusammenarbeit live erleben ... 55
Zweck/Auftrag des Teams ... 9

Leseprobe

Laufbahnberatung 4.0

Leseprobe

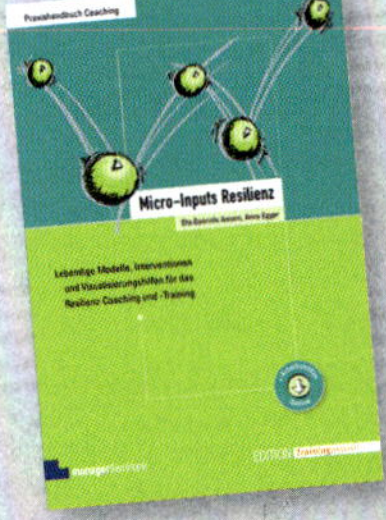
Micro-Inputs Resilienz

Leseprobe

Verhandlungs-Tools

Leseprobe

Solution Tools